纺织服装高等教育"十三五"部委级规划教材

服 装 检 验

陈 亮 主 编

文 斌 副主编

东华大学出版社

·上海·

内容提要

　　本书以现行国家标准和行业标准为依据,系统地介绍了服装检验的基本知识和服装安全检验、服装面辅料检验、服装成品检验、进出口服装检验的抽样、技术要求和检验方法,内容包括服装检验职能、服装检验标准、服装检验抽样与抽样方案、服装检验环境、检验数据、服装标签与使用说明、服装面料的鉴别与含量分析、服装面料的性能检验、常用服装面料的检验、服装衬料等辅助材料的检验、典型成品服装的检验和进出口服装的检验。专业性强,内容详实,有较强的操作性,贴近服装生产企业和贸易企业的从事质量检验人员的实际工作。可作为服装专业本科、高职高专、中职学生学习服装检验的教材,也可作为服装企业质量检验人员的参考或作为培训教材。

图书在版编目(CIP)数据

服装检验/陈亮主编. —上海:东华大学出版社,2017.1
ISBN 978-7-5669-1175-9

Ⅰ.①服… Ⅱ.①陈… Ⅲ.①服装—检验—教材
Ⅳ.①TS941.79

中国版本图书馆 CIP 数据核字(2016)第 293370 号

责任编辑　徐建红
封面设计　高秀静

服装检验
FUZHUANG JIANYAN

陈　亮　主　编
文　斌　副主编

出　　　　版:东华大学出版社(地址:上海市延安西路1882号　邮政编码:200051)
本 社 网 址:http://www.dhupress.net
天猫旗舰店:http://dhdx.tmall.com
营 销 中 心:021-62193056　62373056　62379558
印　　　　刷:苏州望电印刷有限公司
开　　　　本:787 mm×1092 mm　1/16
印　　　　张:19
字　　　　数:500 千字
版　　　　次:2017 年 1 月第 1 版
印　　　　次:2017 年 1 月第 1 次印刷
书　　　　号:ISBN 978-7-5669-1175-9
定　　　　价:59.00 元

前　言

随着经济的迅猛发展,人民物质文化生活水平不断提高,对服装品质提出了更高的要求,服装安全、服装环保生态化、服装制造质量等受到政府部门和消费者的日益重视。为适应服装市场的发展需求和服装专业教学需要,本书从服装检验行业需求出发,以现行国家标准和行业标准为主要依据,注重培养服装检验的实用操作技能,对服装面辅料和成品的抽样和技术要求、检验方法作了较详细的阐述。

本书共分八章,第一章介绍了服装分类、服装检验职能、服装检验工作的基本要素、服装检验标准、服装检验抽样与抽样检验方案、服装检验标准大气、调湿与预调湿、外观检验光照要求、服装检验方法、服装号型、服装纤维含量标识、服装维护符号、服装使用说明等,是实施服装检验的基础。第二章介绍了服装安全要求和生态服装要求,重点介绍了服装安全检验规则、pH 值检验、甲醛含量检验、色牢度检验、异味检验、可分解致癌芳香胺染料检验、重金属元素含量检验、儿童服装附件安全检验等,是服装安全的保障。第三章、第四章、第五章介绍了服装面料基本检验和性能检验、具体的棉布、毛织品、丝绸、针织物、毛皮、皮革面料检验等,是服装成品质量的根本保证。第六章介绍了服装辅料检验,包括服装衬料检验、填料检验、紧扣材料检验、缝纫线检验等,也是服装材料不可缺少的一环。第七、八章介绍了成品服装检验及进出口服装检验的规则和典型服装产品的检验,是服装检验的典型案例。

本书第一章、第三章、第五章、第七章由扬州职业大学陈亮编写,第二章由扬州市产品质量监督检验所施江扬编写,第四章、第六章、第八章由扬州职业大学文斌编写。本书在编写过程中得到了扬州久程户外用品有限公司朱家峰、江苏阿珂姆野营用品有限公司刘在敏的大力支持和帮助,在此表示衷心感谢。

由于作者水平所限,本书难免存在不足与错误,恳请读者批评指正。

编　者

目 录

第一章

服装检验基础

　　服装既是现代人类生活中不可缺少的生活用品，又是文化生活的重要组成部分，是物质需求和精神需求的统一。随着社会的发展，人们对服装的追求已从保暖遮羞发展到追求时尚、舒适、个性，充满了文化色彩，服装已成为人类精神文化生活的重要组成部分，是个人（或团体）文化素养和精神风貌的展示载体。在这个发展过程中，服装品质随着人们生活水平的提高而日益显示出其重要性。因此服装检验作为服装生产和销售重要的一环，势必得到更深层次的重视和发展。

第一节　服装检验基本知识概要

一、服装分类

服装分类分为三个层次，第一层按服装的专业属性或应用领域分为机织服装、针织及钩编服装、毛皮及皮革服装、特种服装、服装配饰和个体防护装备；第二层按人体部位、基本用途划分，如上装、裤装、茄克、风衣、西服等；第三层按性别、年龄段、材质、功能划分，如男装、女装、儿童服装、婴幼儿服装、学生装、棉茄克、运动装等。

服装配饰包括帽、头巾、头饰带、领带、领结、围巾、披肩、手帕、手套、袜子、腰带、鞋（靴）、雨衣、雨具、箱包、票夹等。

特种服装包括军服、制式服装、专业服装等。

个体防护装备是以保护劳动者安全和健康为目的，直接与人体接触的装备或用品，也被称为劳动防护用品。

二、服装检验职能

检验即检查验证的意思，就是为确定某一物质的性质、特征、组成而进行的试验，或根据一定的要求和标准来检查试验对象品质的优良程度。

质量检验，就是对产品的一项或多项质量特性进行观察、测量、试验，并将结果与规定的质量要求进行比较，以判断每项质量特性合格与否的一项活动。质量检验一般包括四个步骤：

1. 度量

度量指通过测量、试验、分析、观察等检验方法，依靠人体感观或工具、仪器、设备定性或定量反映服装的质量特性的过程。度量过程中使用的测量方法要合理，使用的测试工具或仪器要检定合格，测试数据记录要真实。

2. 比较

比较就是把度量结果与规定要求进行对比，确定是否符合质量特性的过程。规定要求可以是产品标准、合同、协议或其他质量文件。比较时，有的可以直接比较，有的还需要对记录的数据进行加工处理才能进行比较（如计算平均值、均方差等）。

3. 判断

判断就是根据比较结果，做出被检产品或一个检验批是否合格的过程。判断要依据一定的检验规则进行，有的还需有一定经验的专职人员才能胜任。

4. 处理

处理即产品检验后的处理，对于单件产品，决定是否出厂（或转入下道工序）；对于批量产品决定是否可以接收或重新进行检验。

质量检验工作职能，就是严格把关、反馈数据、预防质量事故的发生、监督和保证产品质量、促进产品质量的提高。具体地可以分为以下几个职能：

① 鉴别职能，根据产品的技术标准、图样、工艺规程、订货合同或协议的规定，采用相应的检

验方法,测量、检查、试验来度量产品的质量特性,并判定产品的合格或不合格,从而起到鉴别的职能。

② 保证职能,也就是把关职能。在产品质量产生、形成和实现的全过程中,通过对原材料、中间制品、成品的检查、鉴别,分离剔除不合格品,并决定该产品或该批产品是否可以接收。保证不合格的原材料不投入使用,不合格的中间制品不进入下道工序,不合格的成品不出厂。

③ 预防职能,现代质量检验还赋予检验工作中的预防职能。预防职能就是通过检验获得的信息和数据作为质量控制的依据,从而发现生产过程中存在或潜在的质量问题,并通过过程控制,把可能影响产品质量的异常因素控制好,防止同类问题再发生或消除潜在的质量问题。

④ 报告职能,是信息反馈和综合利用的过程,就是对检验中收集到的数据、信息进行分析评估,及时向委托方或上级(高层管理者)或技术部门等报告,为改进设计、提高质量、加强管理、责任划分提供必要的质量信息和依据。质量检验报告为决策者提供决策依据,为质量管理部门制定质量改进、质量控制措施提供技术数据基础。

⑤ 改进职能,即由质量检验人员参与质量改进工作,从而提高质量改进效果,是预防职能的延续和发展。改进职能也可以通过预防职能或报告职能的一部分来体现。

⑥ 监督职能,是市场经济和质量保证的客观要求。监督职能可以分为自我监督、用户监督、社会监督、法律监督、行政监督等。

⑦ 仲裁职能,对发生质量纠纷时,质量检验可以为仲裁机构提供可靠的仲裁依据。

三、服装检验工作的基本要素

服装检验是依据有关法律、行政法规、标准或其他规定,对服装产品质量进行检验和鉴定的工作,其检验要素包括:

1. 服装产品检验标准

根据服装检验的产品对象,明确技术要求或质量标准,制定合理的检验方案。

2. 服装产品检验抽样

服装的检验抽样是按照标准或协议规定,从生产厂或仓库的一批同质产品中抽取一定数量有代表性的单位产品作为测试、分析和评定该批产品质量的样本的过程。

3. 服装产品检验度量

服装产品检验度量是指采用适当的检测方法,定性或定量检测出反映服装产品质量特性的数据。度量有多种方法,根据质量特性的指标特征,依据一定的检验标准方法,利用一定的仪器和设备来进行。主要形式有理化检验、官能检验等。

4. 服装产品检验记录

在服装检验过程中,记录检验数据和检验结果。

5. 服装产品检验比较

比较是将测试结果与规定的要求进行比较,规定的要求可以是产品标准、合同、协议或其他有关质量指标要求的文件。

6. 服装产品检验判定

一般是进行符合性判定,是将服装各检验项目与质量标准符合的程度的判定,做出是否符合各项质量规定的要求。

7. 服装产品检验处理

对单件产品决定是否可以转到下道工序或产品是否准予出厂；对批量产品决定是接收还是拒收，或重新进行全检和筛选；对不合格产品做出明确的处理意见。

第二节　服装检验标准

标准，是对重复性事物和概念所做的统一规定，以科学技术和实践经验的综合成果为基础，经有关方面协商一致，由主管机构批准，以特定形式发布，作为共同遵守的准则和依据。服装标准是服装产品质量检验的重要依据，是服装生产和贸易中检验和评价服装产品质量是否合格的技术要求。

一、标准的分类

1. 按标准发布者分类

标准可分为国际标准、国家标准、区域标准、行业标准、企业标准。

（1）国际标准

国际标准是由国际标准化或国际标准组织通过并公开发布的标准，即国际标准化组织（ISO）、国际电工委员会（IEC）和国际电信联盟（ITU）制定的标准，以及国际标准化组织出版的国际标准题内关键词索引中收录的 27 个国际组织制定的标准。

纺织服装标准由 ISO 制定发布，自愿采用，非强制性质。但因为国际标准集中先进国家的技术经验，加之外贸利益，各国从本国利益出发也会积极采用国际标准。

（2）国家标准

国家标准是一个国家的标准体系和基础，是由国家标准化组织经过法定程序制定、发布的标准，在该国范围内适用。如中国国家标准（GB）、美国国家标准（ANSI）、日本工业标准（JIS）、德国国家标准（DIN）等。

（3）区域标准

区域标准是某一区域标准化组织通过的标准，是为某一区域的利益而建立的。区域是指按地理、经济或政治划分的区域，如欧洲标准，我国的地方标准。

（4）行业标准

行业标准是由行业标准化主管机构或行业标准化组织批准、发布，在某行业范围执行的统一标准。对某些需要制定国家标准，但条件尚不具备的，可以先制定行业标准，条件成熟后再制定成国家标准。

（5）企业标准

企业标准是由企（事）业单位制定、批准、发布的标准，包括公司标准、工厂标准。一般由企业批准、发布，产品标准由其标准主管机关批准备案后发布。

（6）国家标准化指导性技术文件

国家标准化指导性技术文件是为仍处于技术发展过程中（如变化快的技术领域）的标准化

工作提供指南或信息,供科研、设计、生产、使用和管理等有关人员参考使用而制定的标准文件。

标准的先进与否,不是由发布者地位的高低决定的,标准之间也不存在必然的管辖关系。

2. 按标准的性质分类

(1) 强制性标准

强制性标准是指在一定范围内通过法律、行政法规等强制性手段加以实施的标准,具有法律属性。保障人体健康、人身财产安全的标准和法律、行政法规规定强制执行的标准属于强制性标准。在国家标准中以 GB 开头的属强制标准,在服装行业标准中以 FZ 开头的属强制标准。

(2) 推荐性标准

推荐性标准又称为非强制性标准或自愿性标准,是指生产、交换、使用等方面,通过经济手段或市场调节而自愿采用的一类标准。在国家标准中以 GB/T 开头的属推荐性标准,在服装行业标准中以 FZ/T 开头的属推荐性标准。

需要说明的是推荐性标准一经接受并采用,或各方商定同意纳入合同协议中,就成为各方共同遵守的技术依据,具有法律上的约束性。

另外,某些推荐性标准中也可能有强制性的条款,这些条款和强制性标准一样必须强制执行。不能因为列在推荐性标准中而忽视其强制性。

3. 按标准属性分类

(1) 技术标准

技术标准是对需要协调统一的技术事项制定的标准。技术标准包括基础技术标准、产品标准、工艺标准、检测试验方法标准、设备标准、原材料半成品标准及安全、卫生、环保标准等。服装标准大多为技术标准,主要有产品标准、检验测试方法标准等。

(2) 管理标准

管理标准是对需要协调统一的管理事项制定的标准。管理标准的对象不是技术而是管理事项,目的是利用管理标准的要求来规范企业行为,促进企业的发展。

(3) 工作标准

工作标准是指对工作的责任、权利、范围、质量要求、程序、效果、检查方法、考核办法制定的标准。

4. 按标准的载体分类

(1) 文字图表标准

文字图表标准是用文字或图表对标准化对象做出的统一规定,这是标准的基本形态。

(2) 实物标准

实物标准是以实物标准为主,并附有文字说明的标准,即"标准样品",简称"标样"。"标样"是由指定机构按一定技术要求制作成"实物样品"或"样照",如织物起毛起球样照、服装外观疵点样照和色牢度评定的变色、沾色分级样卡等。标样可供检验外观、规格等对照判别之用。

5. 按标准的功能分类

(1) 基础标准

基础标准指在一定范围内(如企业、行业、国家等)可以直接应用,也可以作为其他标准的依据和基础,具有广泛指导意义的标准。

（2）技术语言标准

技术语言标准是为统一专业术语、符号、代码等而制定的标准。

（3）产品标准

产品标准是对产品的结构、规格、技术性能、质量和检验规则、包装、运输等所作的技术规定。它是一定时期和一定范围内具有约束力的产品技术准则，是产品生产、质量检验、选购验收、使用维护和洽谈贸易的技术依据。

（4）方法标准

方法标准包括试验方法、检验方法、分析方法、测定方法、抽样方法、工艺方法、生产方法、操作方法等标准。

与检验有关的是试验方法、检验方法、分析方法、测定方法、抽样方法等标准。这些标准是对产品性能、质量的试验方法所作的规定，包括原理、抽样、取样、操作、精度要求等方面的规定，同时对使用的仪器、设备、条件、方法、步骤、数据分析、结果的计算、评定、合格标准、复验规则等也作了规定。

（5）安全标准

安全标准是指为保护人体健康、生命和财产的安全而制定的标准。

此外，还有卫生标准、环境保护标准、工程建设标准、服务标准等。

二、标准的内容

不同的标准，要求不同，构成也不同。下面介绍产品标准构成内容。

1. 标准的内容

标准的内容是根据标准化对象和制定标准的目的来确定的。如产品标准主要由概述部分、标准的一般部分、标准的技术部分和补充部分四部分组成。

2. 标准的构成

（1）标准的概述部分

概述部分由封面或首页、目次、前言、引言等内容构成。标准的封面和首页说明编号、名称、批准和发布及实施日期；目次说明条文主要划分单元和附录的编号、标题和所在页码；前言说明提供有关该项技术标准的一般信息及采用国际标准的程度，废除和代替的其他文件，重要技术内容的有关情况，与其他文件的关系，实施过渡期的要求以及附录的性质；引言说明提供有关技术标准内容和制定原因的特殊信息或说明，它不包括任何具体要求。

（2）标准的一般部分

标准的一般部分包括标准的名称、范围、引用标准等内容。

技术标准的名称说明标准化对象的名称和所规定的技术特征。

技术标准的范围说明一项技术标准的对象与主题、内容范围和适用的领域。

引用标准说明列出一项技术标准正文中所引用的其他标准文件的编号和名称。

（3）标准的技术部分

这部分是技术标准所要规定的实质性内容，由七个方面组成：

① 定义。技术标准中采用的名词、术语无统一规定时，在该标准中作出定义和说明。

② 符号和缩略语。技术标准中使用的某些符号和缩略语，可以列出它们的一览表，并说明

所列符号、缩略语的功能、意义和具体使用的场合。

③ 要求。产品的技术要求主要是为了满足使用要求而必须具备的技术性能、指标等质量要求。

④ 抽样。明确规定进行抽样的条件、抽样的方法、样品的保存方法。

⑤ 试验方法。可以根据产品要求规定来确定所作试验是型式试验、常规试验、抽样试验。内容包括试验原理、试样的采取或制备、试剂或试样、试验用仪器和设备、试验条件、试验步骤、试验结果的计算、分析和评定、试验记录和试验报告的内容等。试验方法也可以单独为一项标准，即方法标准。

⑥ 分类与命名。这是为符合所规定特性要求的产品、加工或服务而制定一个分类、命名或编号的规则。

⑦ 标志、包装、运输、贮存。为使产品从出厂到交付使用过程中产品质量能得到充分保证，符合规定的贸易条件，对产品的标志、包装、运输、贮存做出统一规定。

（4）标准的补充部分

① 资料性附录。资料性附录是标准中附录的一种形式，不是标准正文的组成部分，不包含任何要求，也不具有标准正文的效力。资料性附录只提供理解标准内容的信息，帮助读者正确掌握和使用标准。

② 规范性附录。规范性附录是标准中附录的另一种形式，不是标准正文的组成部分，但有明确的规定要求，与标准正文具有同样的效力，是标准正文的补充。采用这一形式是为了保证正文主题突出，避免个别条文的臃肿。

③ 脚注。用于提供使用技术标准时参考的附加信息，而不是正式规定，其使用应控制在最低限度。

④ 正文中的注释。用来提供理解条文所必要的附加信息和资料，不包含任何要求。

⑤ 表注和图注。这属于标准正文的内容，可以含要求。

三、标准编号

标准编号是标准出版机构依据标准类别等编写的，方便管理和使用。国际、国外标准编号其结构通常为：标准代号＋专业类号＋顺序号＋年代号。中国标准编号结构为：标准代号＋标准发布顺序＋标准发布年代号。

中国国家标准编号：

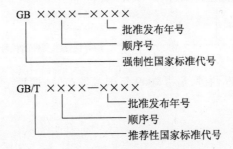

纺织行业标准编号：

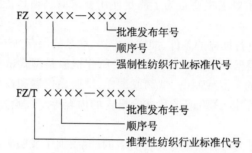

地方标准编号：

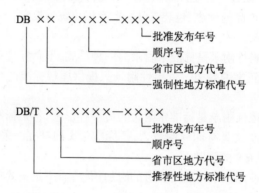

企业标准编号：

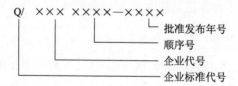

国家技术指导文件编号：

例如：GB/T 2666—2009 西裤，是指 2009 年国家发布的"西裤"产品推荐标准，标准顺序号为 2666。

第三节　服装检验抽样与抽样检验方案

一、抽样方法与样本容量

服装产品及其原辅材料一般数量较大,不能对全部产品进行检验,特别是型式检验,检验中只能抽取其中的部分试样进行检验,这种试样就是样本,样本的数量就是样本容量,而取得这些样本的方法就是抽样方法。

1. 抽样方法

（1）简单随机抽样

简单随机抽样又称为单纯随机抽样,是指从总体 N 个单位中任意抽取 n 个单位作为样本,简单随机抽样的每个样本单位被抽中的概率相等,样本的每个单位完全独立,彼此间无一定的关联性和排斥性。常常用于总体个数较少时,它的主要特征是从总体中逐个抽取。

简单随机抽样在实际抽样时有直接抽选法、抽签法、随机数表法三种。适合总体 N 不大的情况下使用,纯随机抽样则有很大的偶然性,尤其是当总体的变异较大时,纯随机取样的代表性不如经过分组再抽样的代表性高。

服装抽样中会用到随机数法,即利用随机数表、随机数骰子或计算机产生的随机数进行抽样,这里介绍随机数表法和计算机随机数发生器法。

① 随机数表。随机数表一组由 $0 \sim 9$ 数字组成的表,每个数字都有相同的概率出现在每个位置上。随机数表一般为五张,附录 B 列出的是第一张表,为一张 50×50 的随机数表,供参考使用,也可选择其他合适的随机数表。

a. 确定随机数表号与初始点:首先在随机数表的第一张表上随机指定一点,以它为起点依次向右读取 5 个数字,第一个数字若小于 5,则取该数加 1 作为选定的随机数表号,若第一个数字大于或等于 5,则取该数减 4 之差作为选定的随机数表号。第 $2 \sim 3$ 位和 $4 \sim 5$ 位组成两个两位数,若两位数小于 50,则加上 1,若两位数大于等于 50,则减去 49,最后所得的数表示初始点所在的行数和列数。

b. R_0（随机数表法生成的随机数）的获得:从初始点依次向下读取所需 m（根据批量 N 所确定的随机骰子个数,见表 1-1）位数得到所需的随机数 R_0,如读到该页的最后一行则转到第一行依次读取后 m 列,如最后剩下的几列不足 m 列则从下一表号中的第一列开始依次补上。

表 1-1　总体大小或批量 N 与骰子个数 m 的对应关系

N	$1 \sim 10$	$11 \sim 100$	$101 \sim 1\ 000$	$1\ 001 \sim 10\ 000$	$10\ 001 \sim 100\ 000$	$100\ 001 \sim 1\ 000\ 000$
m	1	2	3	4	5	6

c. R（确定的随机数）的获得:

随机数 $R_0 \leqslant N$,则取 $R = R_0$;

随机数 $R_0 > N$,设 $R_0 = K_1 N + R_1$,其中 K_1 为 N/R_0 的取整（$K_1 = 1$ 或 0）。R_1 为 $R_0 > N$ 时,转化为 $<N$ 的随机数。如果 $(K_1 + 1)N > 10^m$,舍弃并重新生成随机数 R_0;如果 $(K_1 + 1)N \leqslant$

10^m,则取 $R = R_1(0 < R_1 < N)$ 或 $R = N(R_1 = 0)$。依此获得 n 个不同的随机数为止。

为提高效率可采用下列方法获得 R：

随机数 $R_0 \leqslant N$，则取 $R = R_0$；

随机数 $R_0 > N$，则取一个大于 N 的适当整数 $M(M = 2 \times 10^{m-1}$ 或 $2.5 \times 10^{m-1}$ 或 $3 \times 10^{m-1}$ 或 $5 \times 10^{m-1})$。设 $R_0 = K_2M + R_2$，其中 K_2 为 R_0/M 的取整。如果 $(K_2 + 1)M > 10^m$，舍弃并重新生成随机数 R_0；如果 $(K_2 + 1)M \leqslant 10^m$，则 $R = R_2(0 < R_2 < N)$ 或 $R = N(R_2 = 0)$ 或舍弃并重新生成 $(R_2 > N)$。依此获得 n 个不同的随机数为止。

d. 采用下列方法所得到的随机数效率会更高。

当 N 小于 200，而所得的读数大于 200，取读数减去 200 的倍数，若其差数小于或等于 N，则作为所要的随机数，若其差数大于 N，则舍弃；当 $200 \leqslant N \leqslant 500$，而所得的读数大于 500，则取读数减去 500，其差数作为所要的随机数。

举例：试从 $N = 150$ 单位产品的批中，抽取含有 $n = 8$ 的单位产品样本。

首先，对单位产品进行从 1 到 150 连续编号。

第二，选初始点。闭上眼睛，用笔尖在第 1 号随机数表上点一点。假设点出的点为 21 行 11 列。则以它为起点依次向右读取 5 个数字分别为 55 743，第一个数字为 5，减去 4 得 1，则选定第一张表。第 2～3 位和 4～5 位组成的两个两位数分别为 57 和 43，57－49 = 8，43 + 1 = 44，则取随机数表第 8 行第 44 列的数 952 作为初始点。自起始点向下读数，依次得到 952、602、273、364、372、579、042、529、421、746、724、772、888、797、455、049、496、873、237、594、550、184、526、600、274、738、593、774、105、577、624、467、939、674、932、714、910、254、731、413、039、461、900、109、897、141、817、303、916、067、387、795、432、050；读到第 54 个读数时，恰有 8 个读数满足要求，即 042、049、105、039、109、141、067、050，则停止读数，并记录下样本的单元号。

第三，按获得的 8 个数字对应产品编号抽取样本，即为随机样本。

② 计算机随机数发生器法。利用计算机随机数发生器，可以生成一系列 0～1 之间的均匀分布的伪随机数。对批量 N 和样本量 n，每次产生一个随机数 r_0，对于 $N \times r_0$ 向上取整数得到一个样本单元编号，如有重复则舍去，直到到获得 n 个不同的样本单元号。

举例：设一批服装件数为 600，计划抽取 8 件服装检验。请用计算机伪随机数法对其进行随机抽样。

解：对 600 件服装进行编号 1～600

利用计算机随机数发生器产生一组 r_0，假设为如下数：0.916、0.139、0.494、0.583、0.824、0.046、0.254、0.385。

计算单元号：$600 \times 0.916 = 549.6$ 向上取整为 550

$\qquad 600 \times 0.139 = 83.4$ 向上取整为 84

$\qquad \cdots$

$\qquad 600 \times 0.0.385 = 231$ 向上取整为 231

按计算所得的单元号取样即可。

对于批量 $N \leqslant 10^3$，r_0 三位小数即可。对于批量 $10^3 < N \leqslant 10^6$，则 r_0 需要 4～6 位小数，可以把两个三位随机数接起来组成 6 位小数，从而获得样本单元号。当然也可由特定的随机数发生器

直接产生6位小数。

在总体或批量 N 较小或者总体各组成部分比较均匀的情况下，简单随机抽样具有明显的优势。一般情况下，除非标准、规范或合同有明确要求，所有统计抽样方案所需样本均采用简单随机抽样方法抽取。

（2）系统抽样

系统抽样先将总体或批的全部单元 N 按一定顺序排列并编号，再依简单随机抽样方法在一定范围内抽取一个起始样本点，然后按固定的间隔依次抽取其余样本点，形成 n 个子样，组成样本。

系统抽样时，先将总体从 $1\sim N$ 相继编号，并计算抽样间距 $K=N/n$，如果 N/n 结果不是整数，则取最接近的一个整数。然后在 $1\sim K$ 中产生一个随机数 R_0，作为样本的第一个单位，接着取 R_0+K，$R_0+2K\cdots R_0+(n-1)K$ 作为样本单元，从而抽取 n 个子样。

系统抽样与简单纯随机抽样比较，可使子样较均匀地分配在总体之中，可以使子样具有较好的代表性。但如果产品质量有规律地波动与等距抽样重合，则会产生系统误差。

举例：有500件服装取样，拟取 $n=12$ 件，采用系统抽样法，请说明如何抽取子样。

解：计算 K 值，$K=500/12=41.7$ 取整数为42

将500件服装进行编号为 $1\sim500$ 号

在42号内产生一个随机数，假定为27

则样本编号为27、69、111、153、195、237、279、321、363、405、447、489

从而取得12件服装子样。

（3）分层抽样

分层抽样先将总体中全部个体按对主要研究指标影响较大的某种特征分成若干"层"，再从每一层内随机抽取一定数量的观察单位组成样本。此时总体划分成若干个称为层的子总体，抽样在每一层中独立抽取，样本由各层样本组成，总体或批的质量由各层样本汇总做出结论。分层后可根据具体情况对不同的层采用不同的抽样方法。分层随机抽样的优点是样本具有较好的代表性，抽样误差较小，分层抽样主要使用于总体中的个体有明显差异。

在总体单元数 N 比较大，特别是总体的各组成部分单元之间差异较大的时候，应该采用分层抽样。

为使分层样本的代表性更好，对层样本量进行分配时，一般采用比例抽样，即要求每层的样本量与层的大小（层中单位产品数）基本上成比例，这个比例也就是每层样本量对总样本量的比例。

举例：现有一批服装，批量为9 000件，分别来自三个不同的加工厂，其中甲厂2 700件，乙厂3 300件，丙厂3 000件。样本数 n 为300件，求各工厂应抽取的服装件数。

解：甲厂抽取的件数为：$300\times2\,700\div9\,000=90$ 件；乙厂抽取的件数为：$300\times3\,300\div9\,000=110$ 件；丙厂抽取的件数为：$300\times3\,000\div9\,000=100$ 件。

若要同时推断各子层的质量，则需要采用计数抽样检验程序：按接收质量限（AQL）检索的逐批检验抽计划（GB/T 2828.1）规定的批量与样本量的比例。

（4）整群抽样

整群抽样又称聚类抽样，是将总体中各单位归并成若干个互不交叉、互不重复的集合，称之为群，然后以群为抽样单位抽取样本的一种抽样方式。应用时要求各群有较好的代表性，即群内各单位的差异要大,群间差异要小。

整群抽样的缺点是往往由于不同群之间的差异较大,由此而引起的抽样误差往往大于简单随机抽样。优点是实施方便、节省人力物力。

先将总体分为 i 个群,然后从 i 个群中随机抽取若干个群,对这些群内所有的或部分选中的个体或单元均进行调查。抽样过程可分为以下几个步骤:确定分群的标准;总体(N)分成若干个互不重叠的部分,每个部分为一群;根据各样本量,确定应该抽取的群数;采用简单随机抽样或系统抽样方法,从 i 群中抽取确定数量的个体或单元。

整群抽样与分层抽样的区别在于分层抽样的样本是从每个层内抽取若干单元或个体构成,而整群抽样则是要么整群抽取,要么整群不被抽取。

四种抽样的抽样误差大小一般是:整群抽样≥简单随机抽样≥系统抽样≥分层抽样。

抽样还可分为多阶段抽样,即先从总体中抽取范围较大的单元,称为一级抽样单元,再从每个抽得的一级单元中抽取范围更小的二级单元,依此类推,最后抽取其中范围更小的单元作为调查单位。

2. 样本容量

样本容量又称"样本数",指一个样本的必要抽样单位数目。而必要的样本单位数目是保证抽样误差不超过某一给定范围的重要因素之一。一般来说,样本的容量大的话,样本的误差就小,反之,误差则大。通常样本单位数大于30的样本可称为大样本,小于30的样本则称为小样本。

样本量的大小不取决于总体的多少,而取决于研究对象的变化程度;所要求或允许的误差大小(即精度要求);要求推断的置信程度。也就是说,当所研究的现象越复杂,差异越大时,样本量要求越大;当要求的精度越高,可推断性要求越高时,样本量越大。

二、服装抽样方案类别

抽样检验是从一个检验批中抽取一定数量的样本,仅对样品进行检验,根据样本中产品的检验结果来推断整批产品的质量。如果推断结果认为该批产品符合预先规定的合格标准,就予以接收;否则就拒收。经过抽样检验认为合格的一批产品中,还可能含有一些不合格品。实施抽样检验,必须设计合理的抽样方案,才能保证检验的质量。

1. 按质量特性值及相应的判定方法分

① 计数抽样方案。计数抽样方案用计数方法检验样本中单位产品质量,将产品质量分为合格或不合格品,然后统计样本中不合格品数,并将不合格品数与判定数组比较,以判断批产品是否合格。判定数组是由合格判定数即判定批合格的样本中的不合格品数的上限标准和不合格判定数即判定批不合格的样本中的不合格品数的下限标准所组成。服装是具有多项质量指标的,适合采用计数抽样方案。

② 计量抽样方案。计量抽样方案是在样本检验中采用计量方法获取样本的均值或标准差,再根据判断规则判定批产品是否合格。计量抽样方案具有样本较小、可充分利用检验样本所获得的质量信息等优点,但使用程序较烦琐、计算复杂,因此,在服装检验中比较适用于单项质量指标的抽样检验。

2. 按方案的制定原理分

① 标准型。以控制抽样检验中的错误大小为原则,只进行批的合格与否的判定。其特点是

一个确定的方案可同时满足生产方和使用方的质量要求。适用于对产品质量不了解的场合。

②挑选型。在检验中,把样本中发现的不合格品更换成合格品,对判为拒收的批进行百分之百检验,剔除其中的不合格品。适用于非破坏性检验。

③调整型抽样方案。调整型抽样方案是由正常、加严、放宽、特宽等抽样方案与转移规则联系在一起,组成的一个完整体系。当产品质量降低时,使用加严方案;若产品质量稳定且比较高时,使用放宽方案,一般情况下使用正常方案。使用何种方案由转移规则决定。这种方案特别适用于连续批的抽样检验。

④连续生产型。将连续生产而在传送带上流转的产品在中途进行检查,通过检查后的产品的平均不合格率被控制在某一值(AQL)以下的检验方法。在开始时是连续对逐个产品进行百分之百的检验,如果结果是不合格品个数在某值以下,那么就改成按一定间隔的抽样检验。检验结果如果又出现不合格品,就重新改成百分之百检验的方式。

3. 按抽取样本的次数分

①一次抽样方案。一次抽样方案只需从受检批总体 N 中抽取 1 个样本 n,根据样本检查的结果,就能做出该批产品是否合格的判定。一次抽样又称为单式抽样或一回抽样。

其特点是方案最简单,使用方便,应用广泛,但样本较大,抽样检验工作量也大。

②二次抽样方案。二次抽样方案是从受检批总体 N 中先抽第一个样本 n_1 进行检验,若据此可判断该批产品合格与否,则终止检验。否则,再抽第二个样本 n_2,再次检验,用两次检验结果综合一起判断该批产品合格与否。

③多次抽样方案。多次抽样方案从受检批总体 N 中抽取一个、两个至多个样本(通常 n 相同,但非必要)后,才能对批的质量做出合格与否的结论,是二次抽样方案的推广,又称为多回抽样。

多次抽样方案的平均样本量小于二次抽样方案,而二次抽样方案的样本量同样小于一次抽样方案,能节省检验费用,但管理较复杂,管理费用会增加。通常一次抽样管理难度和每个产品的抽样费用均低于二次或多次抽样方案。

④序贯抽样方案。每次从受检批中仅抽取一个单位产品进行检验,然后做出合格、不合格或继续抽验的判定,直到能做出批合格与否的判定时才停止。抽查次数预先不能确定,只能在做出决定后才知道抽查次数。

4. 按组成样本的方式分

①逐批抽样检验方案。先将产品组成批,再从一批产品中抽出样本。

②连续抽样检验方案。产品不必组成批,而在连续生产线上某个检验点直接检验产品。

三、计数抽样检验程序:按接收质量限(AQL)检索的逐批检验抽样计划

计数抽样检验程序:按接收质量限(AQL)检索的逐批检验抽样计划可用于最终产品、零部件和原材料、操作、制品、库存品、维修操作、数据或记录、管理程序。主要用于连续系列批,也可用于孤立批。

1. 样品抽取

采用简单随机抽样法从批中抽取样本;当批由子批或层组成时,应使用分层法抽样;样本可以在批生产过程中抽取,也可用在批生产完毕后抽取;当两次或多次抽样时,每个后继样本应在同一批剩余部分中抽取,不放回抽样。

2. 正常、加严和放宽检验

在同一检验水平下,共有三套严格程度不同的抽样方案表供选择。开始检验时,一般选择正常检验方案。

① 正常加严转换。当采用正常检验时,初次检验中连续 5 批或少于 5 批中有 2 批不接收,则转为加严检验。当采用加严检验时,初次检验的连续 5 批接收,则恢复正常检验。

② 正常放宽转换。当采用正常检验时,如当前的转移得分达到 30 分且生产稳定,经有关方面同意可以转为放宽检验。当采用放宽检验时,如果初次检验出现一个批不接收或生产不稳定或其他原因,则恢复正常检验。

a. 转移得分:一次抽样时,当接收数等于或大于 2 时,如果当 AQL 加严一级后该批接收,转移得分加 3,否则转移得分归零;当接收数为 0 或 1 时,如果该批接收,转移得分加 2,否则转移得分归零。二次抽样时,如果该批在检验第一样本后接收,转移得分加 3,否则转移得分归零。多次抽样时,如果该批在检验第一样本或第二样本后接收,转移得分加 3,否则转移得分归零。

b. AQL:即接收质量限,指当一个连续系列批被提交验收抽样时,可容忍的最差过程平均质量水平。

③ 暂停检验。如果在初次加严检验的一系列连续批中不接收批的累计数达到 5 批,则暂停检验,直到供方有改进措施并有效时,才能恢复检验,并从加严检验开始。

此外还有跳批检验,则有着更为严格的要求。

④ 正常、加严、放宽之间的转换规则也可以用流程图表示,见图 1-1。

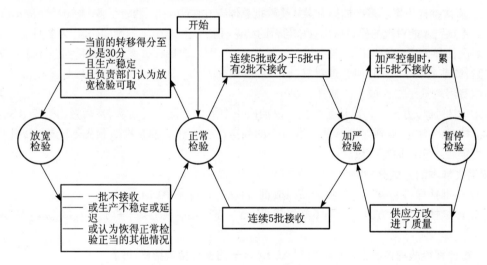

图 1-1　正常、加严、放宽转换规则简图

3. 检验水平

检验水平决定检验量和风险,分Ⅰ、Ⅱ、Ⅲ三个检验水平。如果没有指定,一般情况使用水平Ⅱ,当要求鉴别力较低时可以用水平Ⅰ,当要求鉴别力较高时可以用水平Ⅲ。另外还有四个特殊检验水平:S-1、S-2、S-3、S-4。特殊检验水平可用于样本量相对较小,而又能容许较大抽样风险的情况。将检验水平按照鉴别能力的高低排序,依次为Ⅲ、Ⅱ、Ⅰ、S-4、S-3、S-2、S-1。

利用转移规则可以确定正常检验、加严检验和放宽检验,但不改变已确定的检验水平。

4. 样本量字码

样本量由"样本量字码"确定。样本量字码简称字码,是选择抽样方案的依据。对给定的批量和规定的检验水平,可以从表1-2样本量字码表中查得字码。

表1-2　样本量字码

批量	特殊检验水平				一般检验水平		
	S-1	S-2	S-3	S-4	Ⅰ	Ⅱ	Ⅲ
2~8	A	A	A	A	A	A	B
9~15	A	A	A	A	A	B	C
16~25	A	A	B	B	B	C	D
26~50	A	B	B	C	C	D	E
51~90	B	B	C	C	C	E	F
91~150	B	B	C	D	D	F	G
151~280	B	C	D	E	E	G	H
281~500	B	C	D	E	F	H	J
501~1 200	C	C	E	F	G	J	K
1 201~3 200	C	D	E	G	H	K	L
3 201~10 000	C	D	F	G	J	L	M
10 001~35 000	C	D	F	H	K	M	N
35 001~150 000	D	E	G	J	L	N	P
150 001~500 000	D	E	G	J	M	P	Q
500 001 及以上	D	E	H	K	N	Q	R

5. 抽样方案检索

使用 AQL 和样本量字码可以从抽样方案表中检索抽样方案。在抽样方案表中找到已确定的字码,在字码所在行读取样本量 n,结合 AQL 读取 Ac 和 Re。如果读取的是箭头,则沿着箭头方向读取箭头所指的那一行的 n、Ac 和 Re。如果查得的 $n \geq N$,则全数检验。Ac 为接收数,Re 为拒收数。

抽样方案表共有12张,分别为正常检验一次抽样方案(主表)、加严检验一次抽样方案(主表)、放宽检验一次抽样方案(主表)、正常检验二次抽样方案、加严检验二次抽样方案、放宽检验二次抽样方案、正常检验多次抽样方案、加严检验多次抽样方案、放宽检验多次抽样方案、正常检验一次抽样方案(辅表)、加严检验一次抽样方案(辅表)、放宽检验一次抽样方案(辅表)。辅表用于分数接收数的一次抽样方案,一般不用,这里不作介绍。表1-3为正常检验一次抽样方案(主表)供参考。其他检验方案表请查看 GB/T 2828.1。

当有一次、二次、多次抽样方案可选时,通常比较方案的平均样本量和管理上的难易程度来决定使用哪一类型的抽样方案。

6. 接收的判定

一次抽样方案,如果发现的的不合格品数 ≤Ac,则判定该批接收;如果不合格品数 ≥Re,则判定该批不接收。

二次抽样方案,第一样本中发现的不合格品数 ≤第一 Ac,则判定该批接收;如果不合格品数 ≥第一 Re,则判定该批不接收。如果第一样本中发现的不合格品数介于第一 Ac 和第二 Ac 之间,则应检验第二样本并累计第一和第二样本的不合格数,如果累计不合格品数 ≤第二 Ac,则判定该批接收;如果累计不合格品数 ≥第二 Re,则判定该批不接收。

多次抽样方案,判定方法与二次抽样方案类似,最多在第五样本检验后作出是否接收的判定。

7. 正常检验一次抽样方案举例

① 有一批服装批量为20 000 件,检验水平为 LEVEL Ⅱ,AQL 为4.0,请确定一次抽样方案。

首先,按照服装检验批量8 000 件,查样品量字码(表1-2)为L。

然后,查表1-3,在样本量字码列中找到L,在"L"所在行中对应找到样本量为200,"L"行中AQL4.0所在列的 Ac =14,Rc =15。

最后确定抽样方案为:抽取 200 件服装进行检验,质量不符合数在 14 件及以内的,可判该批服装可接受,质量不符合数在 15 件及以上的,可判该批服装不可接受。

② 有一批服装批量为 200 000 件,检验水平为 LEVEL Ⅱ,AQL 为 4.0,请确定一次抽样方案。

首先,按照服装检验批量 200 000 件,查样品量字码(表1-2)为 P。

然后,查表1-3,在样本量字码列中找到 P,在"P"所在行中对应找到样本量为 800,"P"行中AQL4.0所在列的 Ac 和 Rc 为空,则按箭头所指移动到最近的 Ac 和 Rc。即 Ac =21,Rc =22。对应的 n =315。

最后确定抽样方案为:抽取 315 件服装进行检验,质量不符合数在 21 件及以内的,可判该批服装可接受,质量不符合数在 22 件及以上的,可判该批服装不可接受。

表1-3　正常检验一次抽样方案（主表）

接收质量限(AQL)

（注：表中每格数值为 Ac Re；↓表示采用箭头下面的第一个抽样方案，↑表示采用箭头上面的第一个抽样方案。）

样本量字码	样本量	0.010	0.015	0.025	0.040	0.065	0.10	0.15	0.25	0.40	0.65	1.0	1.5	2.5	4.0	6.5	10	15	25	40	65	100	150	250	400	650	1000
A	2																↓	0 1	1 2	2 3	3 4	5 6	7 8	10 11	14 15	21 22	30 31
B	3															↓	0 1	1 2	2 3	3 4	5 6	7 8	10 11	14 15	21 22	30 31	44 45
C	5														↓	0 1	1 2	2 3	3 4	5 6	7 8	10 11	14 15	21 22	30 31	44 45	↑
D	8													↓	0 1	1 2	2 3	3 4	5 6	7 8	10 11	14 15	21 22	30 31	44 45	↑	
E	13												↓	0 1	1 2	2 3	3 4	5 6	7 8	10 11	14 15	21 22	30 31	44 45	↑		
F	20											↓	0 1	1 2	2 3	3 4	5 6	7 8	10 11	14 15	21 22	30 31	44 45	↑			
G	32										↓	0 1	1 2	2 3	3 4	5 6	7 8	10 11	14 15	21 22	30 31	44 45	↑				
H	50									↓	0 1	1 2	2 3	3 4	5 6	7 8	10 11	14 15	21 22	30 31	44 45	↑					
J	80								↓	0 1	1 2	2 3	3 4	5 6	7 8	10 11	14 15	21 22	30 31	44 45	↑						
K	125							↓	0 1	1 2	2 3	3 4	5 6	7 8	10 11	14 15	21 22	30 31	44 45	↑							
L	200						↓	0 1	1 2	2 3	3 4	5 6	7 8	10 11	14 15	21 22	30 31	44 45	↑								
M	315					↓	0 1	1 2	2 3	3 4	5 6	7 8	10 11	14 15	21 22	30 31	44 45	↑									
N	500				↓	0 1	1 2	2 3	3 4	5 6	7 8	10 11	14 15	21 22	30 31	44 45	↑										
P	800			↓	0 1	1 2	2 3	3 4	5 6	7 8	10 11	14 15	21 22	30 31	44 45	↑											
Q	1250		↓	0 1	1 2	2 3	3 4	5 6	7 8	10 11	14 15	21 22	30 31	44 45	↑												
R	2000	↓	0 1	1 2	2 3	3 4	5 6	7 8	10 11	14 15	21 22	30 31	44 45	↑													

第四节　服装检验环境

温度和湿度对服装的某些物理、机械性能测试结果影响很大,因此纺织品服装测试必须规定统一的测试条件,即纺织品调湿和试验用标准大气。凡是试验中有温湿度要求的,都要在纺织品调湿和试验用标准大气规定的条件下进行调湿和试验。

光照条件会影响人的视觉判断,对服装外观检验影响较大。因此外观检验一般都有光照要求,明确光照强度或采用标准的北光。

一、标准大气规定

1. 试验用标准大气

温度为 20.0 ℃,相对湿度为 65.0% 的大气。

2. 试验用可选标准大气(可选标准大气仅在各有关方同意的的情况下使用)

① 特定标准大气:温度为 23.0 ℃,相对湿度为 50.0% 的大气。

② 热带标准大气:温度为 27.0 ℃,相对湿度为 65.0% 的大气。

3. 标准大气和可选标准大气的容差范围

温度的容差为 ±2.0 ℃,相对湿度容差为 ±4.0%。

4. 温度和相对湿度的测定装置要求

分辨率:温度 ≤0.1 ℃,相对湿度 ≤0.1%。

测量不确定度:温度不超过 ±0.5 ℃,相对湿度不超过 ±2.0%。

二、调湿与预调湿

1. 预调湿

样品在调湿前比较潮湿时,为了使同一样品达到相同的平衡回潮率,避免因材料的吸湿滞后现象影响其检测结果,需要进行预调湿。

纺织品服装的调湿要求是在吸湿状态下进行,即要求调湿的试样比较干燥,为了达到干燥的要求,一般先把试样放在相对湿度为 10.0% ~25.0%,温度不超过 50.0 ℃ 的大气条件下进行预调湿,使之接近平衡,预调湿的结果是使试样的回潮率低于标准回潮率。样品在预调湿期间可以每隔 2 小时连续称重,质量递减率不超过 0.5%,即完成预调湿。一般预调湿 4 小时便达到要求。

2. 调湿

纺织品服装在试验前,把试样放在标准大气下进行调湿平衡。调湿的结果是使试样达到标准回潮率。调湿期间,保证空气能顺畅地通过试样,直到平衡为止。调试过程不能间断,被迫间断必须重新按规定调湿。

是否达到调湿平衡以试样的重量递变量不超过 0.25% 时,可认为达到平衡状态。在标准大气中调湿时,试样连续称量间隔为 2 h;当采用快速调湿时,试样连续称量间隔为 2 ~10 min。快速调湿需要特殊装置。一般面料调湿 24 h 以上、合成纤维面料 4 h 以上即可达到调湿要求。

三、外观检验光照要求

1. 北光

北光即北空昼光,指日出 3 h 以后到日落 3 h 以前的北空光,光照度为 (750 ± 100) lx。

采光方式可采用北空天窗采光或北窗采光。

(1) 天窗采光

天窗朝向:正北向,正北 $\pm 10°$ 范围都可以使用。

天窗倾斜角度 θ(如图 1-2):要求这个倾角在夏天中午太阳升得最高时,太阳的直射光束不能由此天窗射入室内。该倾角与所在的地理纬度有关。

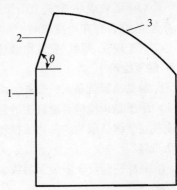

采光口:采光口离地面为 3～4 m,采光口的宽度应不小于 4.5 m。采光口的天窗斜面高度根据所在地光照条件和天窗倾斜角度而定,以保证检验室具有足够的光照度为准。采光口的天窗斜面高度一般为 1.5～2.0 m。

天窗玻璃:普通平板玻璃,最好采用肋状玻璃。

天花板:天花板应采用弧形状的结构,目的是为了取得均匀柔和的光线。

窗外:不应有带彩色或遮光的物体。

1—墙 2—天窗(采光口)
3—弧形天花板 θ—天窗倾斜角度
图 1-2 天窗采光示意图

(2) 北窗采光

北窗朝向:正北向,正北 $\pm 10°$ 范围都可以使用。

采光口:采光口(即窗的高度)离地面应不高于 1.5 m,采光口的宽度(即窗的宽度)应不小于 1.5 m。

窗玻璃:应用普通平板玻璃。

遮阳板:在夏季,为避免太阳光于日出后一段时间从东向和日落前一段时间从西向直射到室内,必须在窗外两侧各装置一块遮阳板。遮阳板的高度与窗的高度相同;遮阳板伸出的距离根据处的地理纬度而定。若采光口的宽度(即窗的宽度)很宽,还需在窗的中间加装置一块遮阳板。

窗外:不应有带彩色的物体。

2. 灯光

一般为 600 lx 及以上的等效光源。入射光与样品表面成 45°角。

3. 检验观察方向与距离

检验人员的视线大致垂直于样品表面,距离约 60 cm。

第五节　服装检验方法概述

一、感观检验

感官检验又称"官能检验",就是依靠人的感觉器官(眼、耳、鼻、舌、手等)来对产品质量特性评价的检验。主要用于目前缺乏可靠技术测量或受其他条件限制无法使用仪器测量的质量特性等。纺织服装检验中主要有手感、颜色、气味、光泽、形态、服装款式、杂质、疵点等多种指标，主要反映的是纺织品服装的外观质量特性。

1. 视觉检验

视觉检验是指检验者通过观察服装的外形、色泽、式样及疵点等来评定服装品质的检验方法。视觉反映的是服装的外观指标特性，通过与标准或其他技术文件比对和分析，判定质量等级或合格与否。

对于服装面料，通过对面料的色彩、花型、手感、疵点等的观察，判断其等级。

对于服装成品，就是查看服装的款式、色彩、外观、缝制与整烫质量等来判定其质量指标是否合格、是否存在质量缺陷。

对于夜光、霓红、变色服装还需要在黑暗或灯光条件下检验。

2. 触觉检验

触觉检验就是人的皮肤与服装接触后的感觉反映。目前有手感和刺痒性两种。

手感是指检验者通过手的触摸、按压来感受纺织品服装的特性，如光滑、弹性、软硬等，其本质就是纺织品服装的一些机械物理性能作用于人手的感觉。手感检验一般经过捏、摸、抓等几个步骤。

刺痒性是反映服装面料或服装产品性能对人体皮肤的刺激反应。一般以手臂皮肤感觉来检验。

触觉检验结果一般以文字的形式来表述。

3. 嗅觉检验

国家纺织产品基本安全技术规范和生态纺织品技术要求都明确规定纺织品不得有异味，因此纺织品服装的气味检验不容忽视。

需要用嗅觉进行检测的异常气味有霉味、高沸点石油味（如汽油、煤油味）、鱼腥味、芳香烃气味、香味等。

对于功能纺织品，如带有中药的，药味也是嗅觉检验的内容。

进行嗅觉检验时，要求取样后24小时内必须检验完成，检验时，检验人员不能吸烟、喝酒、吃对嗅觉有影响的食品，不能化妆，不能疲劳，检验时还需先洗手，再带上手套。

4. 听觉检验

听觉检验在纺织品服装应用不多。如纤维鉴别时，燃烧时一些合成纤维会发出声响。另外，丝绸产品会有丝鸣声。

5. 味觉检验

在服装上尚没有正式规范的应用。

纺织品服装感官检验属于分析型感官检验，通过人的感觉器官分析判断出被检测对象的质量特性。因此检验人员需要丰富的经验才能胜任，并且结果有一定的主观性。

二、仪器检验

把仪器的测试值与感官评定结果联系起来，最终用仪器代替感观评定，这样的检验叫仪器检验。

如测试面料特征的织物风格仪，就是通过面料弯曲性能、摩擦性能、压缩特性、起拱变形、交织阻力、平整度和平方米重量等多项特征值,来评价面料的风格手感特征。

再如测色仪(色差仪),根据 CIE 色空间的 Lab,Lch 原理,测量显示出样品与被测样品的色差 ΔE 以及 ΔLab 值,反射率等数据,来表征颜色的差异性。

三、理化检验

理化检验是指利用物理的、化学的技术手段,采用计量器具、仪器仪表和测试设备或化学物质等,对产品进行检验而获取检验结果的检验方法。

理化检验在服装尤其是面料检验中应用很广,如面料的长度、幅宽、断裂强度、撕裂强度、耐磨性能、透气性能、保暖性能、水洗尺寸变化性能、面料的成分鉴定、pH 值测定、甲醛的测定等。

四、色牢度检验

色牢度是指印染纺织品在加工和使用过程中抵抗外界因素保持原有色泽的能力。受日晒、雨淋、汗渍、摩擦、刷洗、洗涤、熨烫等因素影响,纺织品服装的颜色会发生褪色或沾染到其它纺织品上,我们把它叫作褪色、沾色。

常见的色牢度检验有:耐水洗色牢度、耐汗渍色牢度、耐摩擦色牢度、耐唾液色牢度等,耐晒色牢度也有时会被要求检验。

色牢度的判定需要用到"GB 250 评定变色用灰色样卡""GB 251 评定沾色用灰色样卡""GB 730 纺织品色牢度试验耐光和耐气候牢度蓝色羊毛标准"这三个标准。GB250 是考核变色(褪色)的,GB251 是考核沾色的,而 GB730 是专门考核耐光和耐气候色牢度评级的。

考核沾色时还需要用到标准贴衬物,分单纤维贴衬织物和多纤维标准贴衬织物两类,根据需要加以选择。单纤维贴衬织物有棉和黏纤标准贴衬织物、毛标准贴衬织物、聚酯标准贴衬织物、聚丙烯腈标准贴衬织物、丝标准贴衬织物、聚酰胺标准贴衬织物、亚麻和苎麻标准贴衬织物七种。多纤维标准贴衬织物有两种:①丝、漂白棉、聚酰胺、聚酯、聚丙烯腈、毛;②丝、漂白棉、聚酰胺、聚酯、聚丙烯腈、黏纤。

五、生物检验

生物检验主要用于检验动植物纺织原料的卫生检疫,测定其是否存在有害微生物或是否符合卫生要求。生物检验分为微生物检验法和生物学检验法。

如羽绒类服装就要求对嗜温性需氧菌、粪链球菌、梭状牙孢杆菌、沙门氏菌等微生物进行检验。

六、仪器分析检验

仪器分析检验就是利用比较复杂和精密的仪器对纺织产品进行定性、定量和结构分析。常用的仪器分析检验方法有分光光度法、色谱分析法、质谱分析法、原子光谱吸收法等。

如服装面料中的重金属元素含量、甲醛含量、杀虫剂残留量等都需要通过仪器分析检验来实现。

第六节　服装标签与使用说明

一、服装号型

服装的长、短、大小肥瘦通过服装的号型来表示。

1. 成人服装号型

号：用人的身高（cm）数值表示，是设计和选购服装长短的依据。

型：用人体的上体胸围或下体腰围（cm）数值表示，是设计和选购服装长短的依据。

体型：用人体的胸围与腰围（cm）数值差数为依据划分为四类体型，即 Y、A、B、C，具体分类标准见表 1-4。

表 1-4　体型分类

体　　型		Y	A	B	C
胸围与腰围差值/cm	男子	22～17	16～12	11～7	6～2
	女子	24～19	18～14	13～9	8～4

号型系列：以各体型中间体为中心，向两边依次递增或递减组成。其中，身高以 5 cm 分档组成系列，胸围以 4 cm 分档组成系列，腰围以 4 cm、2 cm 分档组成系列。因此身高与胸围搭配为 5·4 号型系列，身高与腰围搭配组成 5·4 和 5·2 号型系列。

号型标志：上下装分别标明号型，号与型之间用斜线分开，后接体型分类代号。如上装号型标志 170/88A，170 代表号，88 代表型，A 代表体型类别。下装号型标志 170/74A，170 代表号，74 代表型，A 代表体型类别。

2. 儿童服装号型

儿童服装有号、型，但不分体型。号型系列以身高范围不同进行分档，规定如下：

身高 52～80 cm 婴儿，身高以 7 cm 分档，胸围以 4 cm 分档，腰围以 3 cm 分档分别组成 7·4 和 7·3 号型系列；

身高 80～130 cm 儿童，身高以 10 cm 分档，胸围以 4 cm 分档，腰围以 3 cm 分档分别组成 10·4 和 10·3 号型系列；

身高 135～155 cm 女童和 135～160 cm 男童，身高以 5 cm 分档，胸围以 4 cm 分档，腰围以 3 cm 分档分别组成 5·4 和 5·3 号型系列；

号型标志：上下装分别标明号型，号与型之间用斜线分开。如上装号型标志 150/68，150 代表号，68 代表型。下装号型标志 150/60，150 代表号，60 代表型。

3. 针织内衣号型

针织内衣只有号和型，不分体型。

号：用人的身高（cm）数值表示，是设计内衣长短的依据。

型：用人体的胸围或臀围（cm）数值表示，是设计内衣肥瘦的依据。

号型系列:成年男子以身高 170 cm、围度 95 cm,成年女子以身高 160 cm、围度 90 cm 为中心两边依次递增或递减组成,号型均以 5 cm 分档组成系列。儿童身高以 50 cm 为起点(终点为 160 cm),围度以 45 cm 为起点依次递增组成系列。身高 130 cm 及以下时,号以 10 cm 分档组成系列,围度以 5 cm 并重复一次分档组成系列;身高 130 cm 以上及 160 cm 以下时,号以 5 cm 分档组成系列,围度以 5 cm 并重复一次分档组成系列;身高与围度搭配组成 5·5 号型系列。

号型标志:号与型之间用斜线分开。如号型标志 170/95, 170 代表号,95 代表型。

产品分类:成人内衣分为 A、B、C 三类,以 14 N 定负荷力作用,横向伸长率≤80% 为 A 类; 80% <横向伸长率≤120% 的为 B 类;120% <横向伸长率≤180% 的为 C 类。儿童内衣不分类。

二、服装纤维含量标识

1. 纤维含量标签要求

每件服装应附纤维含量的耐久性标签,标明产品中所含各组分纤维的名称及其含量。纤维含量标签上的文字应清晰、醒目,应使用国家规定的规范汉字,也可同时使用其他语言文字表示。耐久性标签应附着在产品的合适位置,并保证标签上的信息不被遮盖或隐藏。耐久性纤维含量标签的材料应对人体无刺激。

2 件套或多件套服装,成套交付给最终消费者时,可将纤维含量的信息仅标注在一件主要服装上。如每件服装纤维含量不同或纤维含量相同但可以单件出售,则每件服装上都要有各自独立的纤维含量标签。

当被包装的服装销售时,如果不能清楚地看到服装上的纤维含量信息,则需在包装上或产品说明书上标明产品的纤维含量。

纤维含量可与使用说明书的其他内容标注在同一标签上。当有多种形式时纤维含量标签时应保持其纤维含量的一致。

2. 纤维含量和纤维名称标注的原则

纤维含量以该纤维占产品或产品某部分的纤维总量的百分率表示,一般标注到整数位。

纤维含量通常采用净干质量结合公定回潮率计算的公定质量百分率表示。如果采用净干质量百分率表示纤维含量,但需要注明为净干质量;采用显微镜法测定纤维含量以方法标准的结果表示;未知公定回潮率的纤维采用同类纤维公定回潮率或标准回潮率。

纤维名称应使用规范的名称,并符合有关国家标准或行业标准。天然纤维采用 GB/T 11951、羽绒采用 GB/T 17685、化学纤维和其他纤维采用 GB/T 4146 和 ISO 2076 中规定的名称。化学纤维有简称的一般采用简称。

对国家标准或行业标准中没有统一名称的纤维,可标为“新型(天然、再生、合成)纤维”,如果需要,则要提供新型纤维的证明或验证方法。由两种或两种以上的纤维原料组分复合的纤维,列出每种组分名称＋复合纤维表示,组分之间用“/”分开。如“涤纶/锦纶复合纤维”。通过添加成分的改性纤维,在原纤维名称前加上添加的成分和改性来表示,如蛋白改性聚丙烯腈纤维。含有 50% 以上 85% 以下的丙烯腈的腈纶标注为改性腈纶。由两种及以上不同线型大分子构成,含有 85% 及以上的脂基官能团且多次拉伸 50% 能快速回复到原长的纤维,可标注为“弹性聚酯复合纤维”。没有可靠定性鉴别的动物毛纤维,可标注为“其他特种动物毛”。

在纤维名称前面或后面可以添加如实描述纤维形态特点的术语,如涤纶(七孔)、棉(丝光)

等;如果需要,则要提供描述纤维形态特点的证明或验证方法。

附着在服装上的其他材料,根据其材料性质和来源,可标注为"纤维素材料"或"植物材料"或"禽鸟材料"等。

3. 纤维含量表示方法

① 仅有一种纤维成分的产品,在纤维名称前面或后面加"100%"、"纯"或"全"表示。例如:

棉 100%		纯棉		全棉

② 2种及以上纤维组分的产品,一般按纤维含量递减顺序列出每一种纤维的名称,并在名称的前面或后面列出纤维含量的百分比。当产品的各种纤维含量相同时,纤维名称的顺序可任意排列。例如:

60% 棉	棉 60%	50% 棉	50% 黏纤
30% 涤纶	涤纶 30%	50% 黏纤	50% 棉
10% 锦纶	锦纶 10%		

③ 如果采用提前印好的非耐久性标签,标签上纤维名称按一定顺序列出,且留有空白处用于填写纤维含量百分比,则不需要按纤维含量的优先顺序排列。

④ 含量≤5%的纤维,可列出该纤维的具体名称,也用可"其他纤维"表示,当产品中有2种及以上各自含量≤5%的纤维且总量≤15%时,可集中标为"其他纤维"。例如:

60% 棉	60% 棉	90% 棉	90% 棉
36% 涤纶	36% 涤纶	5% 涤纶	10% 其他纤维
4% 黏纤	4% 其他纤维	3% 黏纤	
		2% 氨纶	

⑤ 含有2种及以上化学性质相似且难以定量分析的纤维,列出每种纤维的名称,也可列出其大类纤维名称,合并表示其总的含量。例如:

| 70% 棉 | 再生纤维素纤维 100% |
| 30% 莱赛尔纤维 + 黏纤 | |

⑥ 带有里料的产品应分别标明面料和里料的纤维名称及其含量。如果面料和里料采用同一种织物可合并标注。例如:

| 面料:80% 羊毛/20% 涤纶 |
| 里料:100% 涤纶 |

⑦ 含有填充物的产品应分别标明外套和填充物的纤维名称及其含量,羽绒填充物应标明羽绒类别和含绒量。例如:

面/里料:65% 棉/35% 涤纶	面料:80% 棉/20% 锦纶
填充物:100% 桑蚕丝	里料:100% 涤纶
	填充物:灰鸭绒(含绒量 80%)

⑧ 由2种及以上不同织物拼接构成的产品应分别标明每种织物的纤维名称及其含量,单个

或多个织物面积不超过表面积15%的可不标。面料(或里料)的拼接织物成分或含量相同时,可合并标注。例如:

> 前片:65%羊毛/35%腈纶
> 其余:100%羊毛

> 身:100%棉
> 袖:100%涤纶

> 方格:70%羊毛/30%涤纶
> 条形:60%涤纶/40%黏纤

> 红色:100%羊绒
> 黑色:100%羊毛

⑨ 含有2种及以上明显可分的纱线系统、图案或结构的产品,可分别标明各系统或图案的纤维成分含量;也可作为一个整体,标明每一种纤维含量;对纱线系统、图案或结构变化较多的产品可仅标注较大面积部分的含量。例如:

> 绒毛:90%棉/10%锦纶
> 地布:100%涤纶

> 63%棉
> 30%涤纶
> 7%锦纶

> 白色纱:100%涤纶
> 绿色纱:100%黏纤
> 灰色纱:100%棉

⑩ 由2层及以上材料构成的产品,可以分别标明各层的纤维含量,也可作为一个整体,标明每一种纤维含量。例如:

> 外层:50%棉/50%黏纤
> 内层:100%棉
> 中间层:100%涤纶

> 60%棉
> 20%涤纶
> 20%黏纤

⑪ 当产品的某个部位上添加有起加固作用的纤维时,则应标出主要纤维的名称及其含量,可说明包含添加纤维的部位以及添加的纤维名称。例如:

> 55%棉/45%黏纤
> 脚趾和脚跟部位含锦纶

⑫ 在产品中含有能够判断为特性纤维(如弹性纤维或金属纤维等),或存在易于识别的花纹或图案的装饰线(若拆除装饰纤维或纱线会破坏产品的结构),当其纤维含量≤5%时,可表示为"××部分除外",也可单独将其含量标出。如果需要,可以表明特性纤维或装饰线的纤维成分及其占总量的百分比。例如:

> 80%羊毛
> 20%涤纶
> 装饰线除外

> 羊毛80%
> 涤纶20%
> 装饰线100%涤纶

> 77%棉
> 19%黏纤
> 4%聚酯薄膜纤维

> 65%羊毛
> 35%涤纶
> 弹性纤维除外

> 63%羊毛
> 34%涤纶
> 3%氨纶

⑬ 在产品的起装饰作用的部件、非外露部件以及小部件,例如花边、褶边、滚边、贴边、腰带、饰带、衣领、袖口、下摆罗口、松紧口、衬布、衬垫、口袋、内胆布、商标、局部绣花、贴花、连接线、局

部填充物等,其纤维含量可以不标。除衬布、衬垫、内胆布等非外露部件外,若单个部件的面积或同种织物多个部件的总面积超过产品表面积的15%时,则应标注该部件的纤维含量。

⑭ 含有涂层、黏着剂或薄膜等难以去除的非纤维物质的产品,可仅标明产品中每种纤维的名称。如果需要,可以说明是否包含涂层或胶等。

涤纶:100%	涤纶:75%(含胶) 羊毛:25%
基布:涤纶/棉	涤纶/棉(涂层除外)

⑮ 结构复杂的产品(如文胸、腹带)可仅标注主要部分或贴身部分的纤维含量,对于因不完整或不规则花型等造成的纤维含量变化较多的织物,可仅标注纤维名称。例如:

烂花:涤纶/棉 底布:100%涤纶	里料:棉100% 侧翼:锦纶/涤纶/氨纶

4. 纤维含量允差

① 产品或产品的某一部分完全由一种纤维组成时,用"100%""纯""全"表示纤维含量,纤维含量允差为0。

对于山羊绒,由于会产生形态变异,出现"疑似羊毛"的现象,山羊绒含量≥95%,"疑似羊毛"≤5%,可标示为"100%山羊绒""纯山羊绒""全山羊绒"。羊毛产品中可含有山羊绒。

② 产品或产品的某一部分中含有能够判定为是装饰纤维或特性纤维(如弹性纤维、金属纤维等),且这些纤维的总含量≤5%(纯毛粗纺产品≤7%)时,可使用"100%""纯""全"表示纤维含量,并说明"××纤维除外",标明的纤维含量允差为0。例如:

100%羊毛 弹性纤维除外	纯棉 装饰纤维除外

③ 产品或产品的某一部分含有2种及以上的纤维时,除了许可不标注的纤维外,在标签上标明的每一种纤维含量允许偏差为±5%,填充物的允许偏差为±10%。

④ 当标签上的某种纤维含量≤10%时,纤维含量允差为3%;当某种纤维含量≤3%时,实际含量不得为0。当标签上的某种填充物的纤维含量≤20%时,纤维含量允差为5%。当某种填充物纤维含量≤5%时,实际含量不得为0。

⑤ 当产品中某种纤维含量或两种及以上纤维总量≤0.5%时,可不计入总量,标为"含微量××纤维"或"含微量其他纤维"。例如:

100%棉(含微量涤纶)	80%羊毛(含微量兔毛) 20%锦纶

三、服装维护符号

1. 基本符号和具体描述符号

服装维护基本符号和具体描述符号见表1-5。

表1-5 基本符号和具体描述符号

基本符号			具体描述符号		
项目	符号	说明	项目	符号	说明
水洗		用水洗槽表示水洗程序	不允许的处理		基本符号叠加叉号,表示不允许进行该程序
漂白		用三角形表示漂白程序	缓和处理		基本符号下面添加1条横线,表示该程序处理条件较缓和
干燥		用正方形表示干燥程序	非常缓和处理		基本符号下面添加2条横线,表示该程序处理条件更缓和
熨烫		用手工熨斗表示熨烫程序	水洗处理温度	数字例如"60"	与水洗符号在一起表示洗涤温度(℃)
专业维护		用圆圈表示专业干洗或湿洗维护程序	干燥和熨烫处理温度	·	与干燥、熨烫符号叠加表示处理的温度。点数多表示温度高,但不成比例增加。同样点数,干燥与熨烫的温度并不相同

2. 水洗符号

用洗涤槽代表手洗或机洗的家庭洗涤程序,附加描述符号表达允许的最高洗涤温度和最剧烈洗涤条件。水洗符号及说明见表1-6。

表1-6 水洗符号

符号	说明	符号	说明	符号	说明
	最高洗涤温度95℃采用常规程序		最高洗涤温度50℃采用缓和程序		最高洗涤温度30℃采用缓和程序
	最高洗涤温度70℃采用常规程序		最高洗涤温度40℃采用常规程序		最高洗涤温度30℃采用非常缓和程序
	最高洗涤温度60℃采用常规程序		最高洗涤温度40℃采用缓和程序		手洗 最高洗涤温度40℃
	最高洗涤温度60℃采用缓和程序		最高洗涤温度40℃采用非常缓和程序		不可水洗
	最高洗涤温度50℃采用常规程序		最高洗涤温度30℃采用常规程序		

3. 漂白符号

漂白符号见表1-7。

表1-7　漂白符号

符号	说明	符号	说明	符号	说明
△	允许任何漂白剂	△	仅允许氧漂/非氯漂	⨻	不可漂白

4. 干燥符号

干燥分为自然干燥和翻转干燥。

自然干燥符号是在正方形内添加竖线表示悬挂自然干燥程序,横线表示平摊自然干燥程序,左上角再添加一条斜线表示在阴凉处自然干燥程序。自然干燥符号见表1-8。

表1-8　自然干燥符号

符号	说明	符号	说明	符号	说明	符号	说明
▯	悬挂凉干	▯	悬挂滴干	▭	平摊凉干	▭	平摊滴干
▱	在阴凉处悬挂凉干	▱	在阴凉处悬挂滴干	▱	在阴凉处平摊凉干	▱	在阴凉处平摊滴干

翻转干燥符号是用正方形里的圆来表示水洗后翻转干燥程序,在符号里添加一个或两个圆点表示该程序允许的最高温度。翻转干燥符号见表1-9。

表1-9　翻转干燥符号

符号	说明	符号	说明	符号	说明
⊡	可使用翻转干燥,常规温度,排气口最高温度80 ℃	⊡	可使用翻转干燥,较低温度,排气口最高温度60 ℃	⊠	不可翻转干燥

5. 熨烫符号

用熨斗代表家庭熨烫程序,可带蒸汽或不带蒸汽,在符号里添加一、二或三个圆点分别表示熨斗底板的最高温度。熨烫符号见表1-10。

表1-10　熨烫符号

符号	说明	符号	说明	符号	说明	符号	说明
⌧	最高温度200 ℃	⌧	最高温度150 ℃	⌧	最高温度110 ℃,蒸汽熨斗可能造成不可回复损伤	⌧	不可熨烫

6. 专业维护符号

圆圈代表由专业人员对服装的专业干洗和湿洗程序,专业维护符号见表1-11。

表1-11　专业维护符号

符号	说明	符号	说明
Ⓟ	使用四氯乙烯和符号F代表的所有溶剂的专业干洗 常规干洗	⊗	不可干洗
Ⓟ̲	使用四氯乙烯和符号F代表的所有溶剂的专业干洗 缓和干洗	Ⓦ	专业湿洗 常规湿洗
Ⓕ	使用碳氢化合物溶剂的专业干洗 常规干洗	Ⓦ̲	专业湿洗 缓和湿洗
Ⓕ̲	使用碳氢化合物溶剂的专业干洗 缓和干洗	Ⓦ̳	专业湿洗 非常缓和湿洗

7. 符号的使用

① 应使用足够的和适当的符号表示服装的处理程序,符号所代表的处理程序适用于整件服装。

② 选定的符号按水洗、漂白、干燥、熨烫和专业维护的顺序排列。

③ 符号直接标注在标签上,标签使用的材料要能承受标签上注明的维护处理程序,标签和符号应足够大,在服装的使用寿命期内保持易于辨认。

④ 标签应永久地固定在服装上,且符号不被掩藏,消费者很容易发现和辨认。

四、服装使用说明

使用说明是向使用者传达如何正确、安全使用产品以及与之相关的产品功能、基本性能、特性的信息。通常以使用说明书、标签、铭牌等形式表达。它可以用文件、词语、标志、符号、图表、图示以及听觉或视觉信息,采取单独或组合的方法表示。它们可以用于产品上、包装上、也可以作为随同文件或资料交付。

使用说明是交付产品的组成部分,所有内容应简明、准确、科学、通俗易懂,应如实介绍产品,不应有夸大虚假的内容。

1. 使用说明的内容

（1）制造者的名称和地址

服装应标明承担法律责任的制造者依法登记注册的名称和地址。进出口服装应标明原产地国家或地区,以及代理商或进口商或销售商在中国大陆依法登记注册的名称和地址。

（2）产品名称

服装应标明名称且表明产品的真实属性。国家标准、行业标准对产品名称有术语及定义的,宜采用其规定的名称。国家标准、行业标准对产品名称没有术语及定义的,应使用不会引起消费者误解或混淆的名称。

（3）产品号型或规格

以服装号型的表示方法标明产品的适穿范围。针织类服装也可标明产品长度或产品围度。

（4）纤维成分及含量

标明服装面料、里料或填充料纤维的成分及含量。皮革服装标明皮革的种类名称。

（5）维护方法

使用规定的图形符号表述维护方法,可增加对图形符号相对应的说明性文字。当图形符号满足不了需要时,可用文字予以说明。

（6）执行的标准

标明产品所执行的国家、行业、地方或企业的产品标准编号。

（7）安全类别

标明符合国家纺织产品基本安全技术规范规定的安全类别。婴幼儿服装必须特别注明"婴幼儿用品"。

此外,因使用不当可能造成产品损坏的产品宜标明使用注意事项;有贮藏要求的产品宜说明贮藏方法。

2. 使用说明的形式

（1）一般要求

使用说明可以采用一种或多种形式,采用多种形式时内容需要保持一致。使用说明有以下几种形式:直接印刷或织造在产品上;固定在产品上的耐久性标签;悬挂在产品上的标签;悬挂、粘贴或固定在产品包装上的标签;直接印刷在产品包装上;随同产品提供的资料等。

（2）耐久性标签

号型或规格、纤维成分及含量和维护方法三项内容采用耐久性标签,其余内容采用其他形式。

如果产品被包装、陈列等,消费者不易发现产品耐久性标签上的信息,则还要采取其他形式标注该信息。

3. 使用说明的位置

（1）一般要求

使用说明应附着在产品上或包装上的明显部位或适当部位。使用说明要按单件产品或销售单元为单位提供。

（2）耐久性标签

耐久性标签应在产品的使用寿命内永久性地附在产品上,且位置要适宜。

服装的纤维成分及含量和维护方法耐久性标签,上装一般可缝在左摆缝中下部,下装可缝在腰头里子下沿或左边裙侧缝、裤侧缝上。

特殊工艺的产品上耐久性标签的安放位置可根据需要设置。

4. 其他要求

使用说明上文字应清晰、醒目,图形符号应直观、规范。所用文字为国家规定的规范汉字,可同时使用相应的汉语拼音、少数民族文字或外文,但汉语拼音和外文的字体大小应不大于相应的汉字。

耐久性标签应由适宜的材料制作,在产品使用寿命期内保持清晰易读。

5. 使用说明质量检验

凡不符合使用说明要求规定的不符合项有一项即作为一个缺陷,其中规定的内容项目缺少的、没有耐久性标签的、耐久性标签上缺少号型规格的或纤维成分及含量的或维护方法的、同件产品不同形式使用说明同一项目标注内容不一致的,都作为严重缺陷。

思考与实践

1. 什么是质量检验,一般包括哪四个步骤?质量检验工作职能有哪些?

2. 强制标准和推荐标准有什么不同,在服装检验中如何运用?

3. 采用随机数表法,从 $N=250$ 单位产品的批中,抽取含有 $n=10$ 的单位产品样本。

4. 一批服装有 8 000 件,采用正常检验一次抽样方案,检验水平 II,AQL 为 2.5,请确定样本量字码、样本量、接收限和拒收限。

5. 简述服装检验用标准大气条件。并说明如何进行预调湿和调湿。

6. 每人准备一件服装(不同种类),分小组讨论服装标签内容。

第二章

服装安全检验

　　随着人民生活水平的不断提高,人们的服装安全意识也日益加强。服装面料等在印染和后整理等过程中要加入各种染料、助剂等整理剂,这些整理剂中或多或少地含有或产生对人体有害的物质。当有害物质残留在纺织品上并达到一定量时,就会对人们的皮肤乃至人体健康造成危害。例如含甲醛的服装会释放出游离甲醛,可能会通过穿着人的呼吸道及皮肤接触对呼吸道黏膜和皮肤产生强烈刺激,引发呼吸道炎症和皮肤炎症;服装的 pH 值过高或过低,也可能会会对皮肤产生刺激,并使皮肤受到其他病菌的侵害;染色牢度指标不合格的服装易脱色,也容易使服装上的染料转移到人的皮肤上,在细菌的生物催化作用下,可能成为人体病变的诱发因素;异味的存在说明纺织产品上有过量的化学物质残留;可分解芳香胺染料,在一定条件下会还原出芳香胺,通过皮肤被人体逐渐吸收,导致肌体病变,甚至能改变人体原有 DNA 结构,诱发癌症等。

第一节　服装安全标准

我国 2001 年正式颁布了"GB 18401—2001 纺织品甲醛含量的限定",并于 2003 年 1 月 1 日起正式实施,国家对纺织品中有害物质的控制,从甲醛开始拉开了序幕。2003 年 11 月 27 日,中国国家质量监督检验检疫总局正式发布国家强制标准"GB 18401—2003 国家纺织产品基本安全技术规范",并于 2005 年 1 月 1 日起正式实施,增加了耐摩擦色牢度、耐汗渍色牢度、耐水色牢度、水萃取液的 pH 值、禁用染料、耐唾液色牢度的强制要求,形成了一整套纺织产品有害物质的控制体系要求。2011 年 1 月 14 日又颁布了"GB 18401—2010 国家纺织产品基本安全技术规范",并于 2012 年 8 月 1 日正式实施。2010 版标准与 2003 版相比,删除了"供需双方另有协议的除外",即只要是在我国境内生产和销售的纺织产品都必须符合标准的技术要求,没有任何例外,具有通用性和强制性。增加了家用纺织品的安全规范要求,对婴幼儿规定进行了调整,适用身高从"80 cm 及以下"调整为"100 cm 及以下",年龄由"24 个月"调整为"36 个月",并明确了染色牢度、甲醛、pH、可分解致癌芳香胺染料试样的取样说明。

一、国家纺织产品基本安全技术规范技术要求

1. 纺织产品被分为 3 类

A 类:婴幼儿用品。年龄在 36 个月及以下的婴幼儿穿着或使用的纺织产品。例如儿童内衣、围嘴、睡衣、手套、外衣、帽子等。

B 类:直接接触皮肤的产品。在穿着或使用时,产品的大部分面积直接与人体皮肤接触的纺织产品。例如内衣、衬衣、裙子、裤子、泳衣、帽子等。

C 类:非直接接触皮肤的产品。在穿着或使用时,产品不直接与人体皮肤接触,或仅有小部分面积与人体皮肤接触的纺织产品。例如外衣、裙子、裤子等。

2. 纺织产品基本安全技术要求

(1) 技术要求

纺织产品基本安全规范技术要求见表 2-1。

表 2-1　纺织产品基本安全规范技术要求

项目		A 类	B 类	C 类
甲醛含量/(mg/kg)		20	75	300
pH 值		4.0～7.5	4.0～8.5	4.0～9.0
染色牢度/级	耐水(变色、沾色)	3～4	3	3
	耐酸汗渍(变色、沾色)	3～4	3	3
	耐碱汗渍(变色、沾色)	3～4	3	3
	耐干摩擦	4	3	3
	耐唾液(变色、沾色)	4	—	—
异味		无		
可分解致癌芳香胺染料/(mg/kg)		禁用(限量值≤20 mg/kg)		

后续加工工艺中必须要经过湿处理的非最终产品,pH值可放宽大至4.0~10.5之间。

染色牢度对需经洗涤褪色工艺的非最终产品、本色及漂白产品不要求考核;扎染等传统的手工着色产品不要求;耐唾液色牢度仅考核婴幼儿纺织产品。

（2）致癌芳香胺种类

国家纺织产品基本安全技术规范已明确的致癌芳香胺有24种:4-氨基联苯、联苯胺、4-氯-邻甲苯胺、2-萘胺、邻氨基偶氮甲苯、5-硝基-邻甲苯胺、对氯苯胺、2,4-二氨基苯甲醚、4,4′-二氨基二苯甲烷、3,3′-二氯联苯胺、3,3′-二甲氧基联苯胺、3,3′-二甲基联苯胺、3,3′-二甲基-4,4′-二氨基二苯甲烷、2-甲氧基-5-甲基苯胺、4,4′-亚甲基-二-(2-氯苯胺)、4,4′-二氨基二苯醚、4,4′-二氨基二苯硫醚、邻甲苯胺、2,4-二氨基甲苯、2,4,5-三甲基苯胺、邻氨基苯甲醚、4-氨基偶氮苯、2,4-二甲基苯胺、2,6-二甲基苯胺。

3. 产品安全类别标注

一般适用于身高100 cm及以下的婴幼儿使用的产品可作为婴幼儿纺织产品,婴幼儿纺织产品必须在使用说明上标明"婴幼儿用品"字样。其他产品应按件在使用说明上标明所符合的基本安全技术要求的一种类别(A类、B类或C类)。

二、婴幼儿及儿童服装安全规定

我国首个专门针对婴幼儿及儿童纺织产品的强制性国家标准"GB 31701—2015 婴幼儿及儿童纺织产品安全技术规范"于2016年6月1日正式实施,并设置了两年的过渡期,即2018年6月1日起,市场上的所有婴幼儿及儿童服装均须符合"GB 31701—2015 婴幼儿及儿童纺织产品安全技术规范"规定要求。

在此以前,婴幼儿及儿童服装尚未制定专门的国家强制性标准,主要体现在"GB18401 国家纺织产品基本安全技术规范"中,另外有"FZ/T 81014 婴幼儿服装""FZ/T 81003 儿童服装、学生服""GB/T 22702 儿童上衣拉带安全规格""GB/T 22704 提高机械安全性的儿童服装设计和生产实施规范""GB/T 22705 童装绳索和拉带安全要求"几个推荐性标准。但是婴幼儿服装中关于洗涤要求与可萃取重金属含量要求虽然列在推荐标准中,但已注明为强制性要求,这一点需要特别注意。

"GB 31701—2015 婴幼儿及儿童纺织产品安全技术规范"标准对婴幼儿及儿童服装的安全性能进行了全面规范,婴幼儿及儿童纺织产品应符合GB18401,同时最终产品还应符合GB31701增加的要求。以下主要介绍说明该标准的增加的要求。

1. 婴幼儿及儿童服装类别划分

婴幼儿服装:小于36个月的婴幼儿服装产品。

儿童服装:3~14岁的儿童服装产品。儿童服装又可分为7岁以下儿童服装、7岁及7岁以上儿童服装。

2. 安全技术类别

分为A、B、C三类(与GB 18401的安全技术类别一一对应),要求婴幼儿纺织产品应符合A类要求,直接接触皮肤的儿童纺织产品至少符合B类要求,非直接接触皮肤的儿童纺织产品至少符合C类要求。

3. 服装使用说明

婴幼儿纺织产品应在使用说明上标明婴幼儿及儿童纺织产品安全技术规范的标准编号即

GB31701 及"婴幼儿用品"。

儿童纺织产品除在使用说明上标明强制性标准的编号外还要说明符合的安全技术要求类别(产品按件标注一种类别)。

标明了安全技术类别的婴幼儿及儿童纺织产品可不必标注 GB18401 的安全技术类别。

4. 婴幼儿及儿童纺织产品的面料、里料、附件所用织物

应符合 GB18401 中对应安全技术类别的要求,除此之外还应满足表 2-2 规定的要求。

表 2-2 婴幼儿及儿童纺织产品的面料、里料、附件所用织物要求

项目		A 类	B 类	C 类
耐湿摩擦色牢度/级 ≥		3(深色2-3)	2-3	—
重金属/(mg/kg)≤	铅	90	—	—
	镉	100	—	—
邻苯二甲酸酯/% ≤	邻苯二甲酸二(2-乙基)己酯(DEHP)、邻苯二甲酸二丁酯(DBP)和邻苯二甲酸丁基苄基酯(BBP)	0.1	—	—
	邻苯二甲酸二异壬酯(DINP)、邻苯二甲酸二异癸酯(DIDP)和邻苯二甲酸二辛酯(DNOP)	0.1	—	—
燃烧性能		1 级(正常可燃性)		

耐湿摩擦色牢度对本色及漂白产品不要求。重金属限量仅考核含有涂层和涂料印染的织物,指标为铅、镉总量占涂层或涂料质量的比值。邻苯二甲酸酯限量仅考核含有涂层和涂料印染的织物。燃烧性能仅考核产品的外层面料;羊毛、腈纶、改性腈纶、锦纶、丙纶和聚酯纤维的纯纺织物,以及由这些纤维混纺的织物不考核;单位面积质量大于 90 g/m^2 的织物不考核。

5. 婴幼儿及儿童纺织产品所用纤维类和羽绒羽毛填充物

应符合 GB 18401 中对应安全技术类别的要求,羽绒羽毛填充物应符合 GB/T 17685 中微生物技术指标的要求。

6. 婴幼儿及儿童服装的附件

(1)婴幼儿纺织产品上,不宜使用≤3 mm 的附件,可能被婴幼儿抓起咬住的各类附件抗拉强力应符合以下要求:附件的最大尺寸 >6 mm,抗拉强力 ≧ 70N;附件的尺寸在 3~6 mm 的,抗拉强力 ≧ 50N;对于最大尺寸 ≤3 mm,或者无法夹持(夹持时附件发生变形或损伤)的附件,考核附件洗涤后的变化,洗涤后附件有轻微、可见的松动或附件、织物明显损坏或附件从织物上完全脱离则为不合格。

(2)附件不应存在可触及的锐利尖端和锐利边缘。

7. 绳带

(1)婴幼儿及 7 岁以下儿童服装

头部和颈部不应有任何绳带。

肩带应是固定的、连续且无自由端的。肩带上的装饰性绳带不应有长度超过 75 mm 的自由端或周长超过 75 mm 的绳圈。

固着在腰部的绳带,从固着点伸出的长度不应超过 360 mm,且不应超出服装底边。

短袖袖子平摊至最大尺寸时,袖口处绳带的伸出长度不应超过 75 mm。

（2）7 岁及以上儿童服装

头部和颈部调整服装尺寸的绳带不应有自由端,其他绳带不应有长度超过 75 mm 的自由端。

头部和颈部:当服装平摊至最大尺寸时不应有突出的绳圈,当服装平摊至合适的穿着尺寸时突出的绳圈周长不应超过 150 mm;除肩带和颈带外,其他绳带不应使用弹性绳带。

固着在腰部的绳带,从固着点伸出的长度不应超过 360 mm。

短袖袖子平摊至最大尺寸时,袖口处绳带的伸出长度不应超过 140 mm。

（3）婴幼儿及儿童服装共同要求

除腰带外,背部不应有绳带伸出或系着。长袖袖口处的绳带扣紧时应完全置于服装内。

长至臀围线以下的服装,底边处的绳带不应超出服装下边缘。长至脚踝处的服装,底边处的绳带应该完全置于服装内。

其他部位的伸出的绳带长度（服装平摊至最大尺寸）不应超过 140 mm。

绳带的自由末端不允许打结或使用立体装饰物。

两端固定且突出的绳圈的周长不应超过 75 mm,平贴在服装上的绳圈其固定端不应超过 75 mm。

8. 其他

婴幼儿及儿童服装产品及其包装中不允许使用或残留金属针等锐利物。

缝制在可贴身穿着的婴幼儿服装上的耐久性标签,应置于不与皮肤直接接触的位置。

三、服装絮用纤维安全规定

服装絮用纤维是指作为服装填充物的纤维制品,是以天然纤维或化学纤维及加工成的絮片、垫毡等。服装絮用纤维与人体密切接触,因此其安全非常重要。

1. 纤维原料来源要求

纤维来源非常重要,是强制性要求。下列来源均不得作为服装絮用纤维:医用纤维性废弃物、使用过的殡葬用纤维制品、来自传染病疫区无法证明未被污染的纤维制品、国家禁止进口的废旧纤维制品、其他被严重污染或有毒有害的物质、被污染的纤维下脚、废旧纤维制品或其再加工纤维、纤维制品下脚或其再加工纤维、纤维手扯长度在 13 mm 以下的棉短绒、长 3 mm 及以下的纤维重量占总重 58% 以上的棉短绒、经脱色漂白处理的纤维下脚、纤维制品下脚、再加工纤维、未洗净的动物纤维、发霉变质的絮用纤维。

2. 杂质异物要求

絮用纤维中不得有金属物或尖锐物等有危害性的杂质,不得有昆虫、鸟类、啮齿动物等的排泄物或其他不卫生物质,不能有明显的粉尘。

棉纤维长度 13 mm 及以下的短纤维含量不得超过 25%,棉与化纤混合的絮用纤维短纤维含量不得超过棉净干含量的 25%。

棉纤维含杂率不大于 1.4%,其他纤维含杂率不大于 2.0%。

混合纤维制品各组分实际含量不得低于标注含量的 10%（绝对百分比），标注含量少于 30% 的纤维实际含量不少于标注含量的 70%（按净干含量计算）。

3. 卫生要求

不得检出绿脓杆菌、金黄色葡萄球菌和溶血性链球菌等致病菌，不得对皮肤和黏膜产生不良刺激和过敏反应，肉眼观察不得检出蚤、蜱、臭虫等可传播疾病与危害健康的节足动物和蟑螂卵夹，不得有异味（如霉味、汽油味、柴油味、鱼腥味、芳香烃气味、未洗净动物纤维膻味、臊味等）。

第二节　服装安全检验

一、国家纺织产品基本安全技术规范检验规则

① 从每批产品中按品种、颜色随机抽取有代表性样品，每个品种按不同颜色各抽取 1 个样品。

② 服装取样数量应满足试验需要。如采用服装原料试验，取样至少距布端头 2 m，样品尺寸为长度不小于 0.5 m 的整幅宽；

③ 样品抽取后密封放置，不应进行任何处理。

④ 取样说明：

a. 染色牢度试验的取样：对于花型循环较大或无规律的印花和色织产品，分别取各色相检测，以级别最低的作为试验结果。

b. 甲醛、pH 值和可分解致癌芳香胺染料试验的取样：

有颜色图案的产品：有规律图案的产品，按循环取样，剪碎混合后作为一个试样。图案循环很大的产品，按地、花面积的比例取样，剪碎混合后作为一个试样。独立图案的产品，其图案面积能满足一个试样时，图案单独取样；图案很小不足一个试样时，取样应包括该图案，不宜从多个样品上剪取后合为一个试样。图案较小处仅检测可分解芳香胺。

多层及复合的产品：能手工分层的产品，分层取样，分别测定；不能手工分层的产品，整体取样。

⑤ 根据产品的类别对照要求评定，如果样品的测试结果全部符合相应类别的要求（含有两种及以上组件的产品），每种组件均符合相应类别的要求，则该样品的基本安全性能合格，否则为不合格。对直接接触皮肤的产品和非直接接触皮肤的产品中重量不超过整件制品 1% 的小型组件不考核。

⑥ 如果所抽取样品全部合格，则判定该批产品的基本安全性能合格。如果有不合格样品，则判定该样品所代表的品种或颜色的产品不合格。

婴幼儿及儿童纺织产品安全技术规范检验规则与以上规定基本一致。

二、pH 值检验

pH 值检验是在室温下，用带有玻璃电极的 pH 计测定纺织品水萃取液的 pH 值。试验中所用试剂必须为分析纯。

1. 试验用水与缓冲溶液

① 试验用水:蒸馏水或去离子水(至少满足三级水要求),pH 值在 5 ~ 7.5 范围。第一次使用前要检验水的 pH 值。不在规定范围的水,可用化学性质稳定的玻璃仪器重新蒸馏或采用其他方法使水的 pH 值达标。酸或有机物质可以通过蒸馏 1 g/L 的高锰酸钾和 4 g/L 的氢氧化钠溶液的方式去除。碱可以通过蒸馏稀硫酸去除。如果蒸馏水不是三级水,可以用烧杯以适当的速率将 100 mL 蒸馏水煮沸(10 ±1)min,盖上盖子冷却到室温。

② 氯化钾溶液,0.1 mol/L,用试验用水配制。

③ 缓冲溶液,用于测定前校准 pH 计,要求与待测溶液 pH 值相近。缓冲溶液配制后每月须更新一次。

邻苯二甲酸氢钾溶液(0.05 mol/L)的配制:称取 10.21 g 邻苯二甲酸氢钾,放入 1 L 容量瓶中,用蒸馏水或去离子水溶解后定容至刻度。试溶液 20 ℃时的 pH 值为 4.00,25 ℃时的 pH 值为 4.01。

磷酸二氢钾和磷酸氢二钠溶液(0.08 mol/L)的配制:称取 3.9 g 磷酸二氢钾和 3.54 克磷酸氢二钠,放入 1 L 容量瓶中,用蒸馏水或去离子水溶解后定容至刻度。试溶液 20 ℃时的 pH 值为 6.87,25 ℃时的 pH 值为 6.86。

四硼酸钠溶液(0.01 mol/L)的配制:称取 3.80 g 四硼酸钠十水合物,放入 1 L 容量瓶中,用蒸馏水或去离子水溶解后定容至刻度。试溶液 20 ℃时的 pH 值为 9.23,25 ℃时的 pH 值为 9.18。

2. 试样准备

从批量大样中选取有代表性的实验室样品,其数量应满足全部测试样品。将样品剪成约 5 mm × 5 mm 的碎片,以便样品能够迅速润湿。避免污染和用手直接接触样品。每个测试样品准备 3 个平行样,每个称取(2.00 ±0.05)g。

3. 水萃取液的制备

在室温下(一般控制在 10 ~ 30 ℃)制备三个平行样的水萃取液:在具塞烧瓶中加入一份试样和 100 ml 水或氯化钾溶液,盖紧瓶塞。充分摇动片刻,使样品完全湿润。将烧瓶置于机械振荡器 2 h ± 5 min(如果能够确认振荡 2 h 与振荡 1 h 的试验结果无明显差异,可采用振荡 1 h 进行测定),并记录萃取液的温度。机械振荡器可采用往复式或旋转式机械振荡器,往复式速率至少为 60 次/min,旋转式速率至少为 30 周/min。

4. 仪器校准

用两种或三种缓冲溶液校对 pH 计。先用蒸馏水清洗 pH 计电极,清洗后用滤纸吸干。电源接通后,预热 30 min,进行标定,把选择开关旋钮调到 pH 档,调节温度补偿旋钮,使旋钮白线对准溶液温度值;把斜率调节旋钮顺时针旋到底(即调到 100% 位置);把清洗过的电极插入缓冲溶液中,调节定位调节旋钮,使仪器显示读数与该缓冲溶液当时温度下的 pH 值相一致;用蒸馏水清洗过的电极,再插入其它 pH 值的标准溶液中,调节斜率旋钮使仪器显示读数与该缓冲溶液中当时温度下的 pH 值一致。

5. 测试

把玻璃电极浸没到同一萃取液(水或氯化钾溶液)中数次,直到示值稳定。

将第一份萃取液倒入烧杯,迅速把电极浸没到液面下至少 10 mm 的深度,用玻璃棒轻轻地搅拌溶液直到示值稳定（本次测定值不记录）。

将第二份萃取液倒入另一个烧杯，迅速把电极（不清洗）浸没到液面下至少 10 mm 的深度，静置直到示值稳定并记录。

取第三份萃取液，迅速把电极（不清洗）浸没到液面下至少 10 mm 的深度，静置直到示值稳定并记录。

记录的第二份萃取液和第三份萃取液的值作为测量值。如果两个 pH 测量值之间差异（精确到 0.1）大于 0.2，则另取其他试样重新测试，直到得到两个有效的测量值，计算其平均值，结果保留一位小数。

当某种样品使用水和氯化钾溶液的测定结果发生争议时，推荐采用氯化钾溶液作为萃取介质的测定结果。

需要注意的是试验使用的玻璃仪器，要求化学性质稳定，仅用于本试验，并单独放置，闲置时用蒸馏水注满。主要有：A 级 1 L 容量瓶，250 mL 具塞玻璃或聚丙烯烧瓶，150 mL 烧杯，100 mL 量筒，玻璃棒。

三、甲醛含量检验

甲醛含量检验采用水萃取法。是将试样在 40 ℃ 水浴中萃取一定时间，萃取液用乙酰丙酮显色后，在 412 nm 波长下，用分光光度计测定显色液中甲醛的吸光度，对照标准甲醛工作曲线，计算出样品中游离甲醛的含量。水萃取法适用于游离甲醛含量为 20 mg/kg 至 3 500 mg/kg 之间的纺织品。

1. 试验用水和化学试剂

试验中所用化学试剂均为分析纯，所用水均为蒸馏水或三级水。

试剂一：乙酰丙酮试剂，（纳氏试剂）在 1 000 mL 容量瓶中加入 150 g 乙酸氨，用 800 mL 水溶解，然后加入 3 mL 冰乙酸和 2 mL 乙酰丙酮，用水稀释至刻度，用棕色瓶贮存。贮存开始 12 h 颜色逐渐变深，为此，用前必须贮存 12 h，试剂 6 星期内有效，经长时间贮存后其灵敏度会稍起变化，故每星期应画一校正曲线与标准曲线校对为妥。

试剂二：甲醛溶液，浓度约为 37%（质量浓度）。

试剂三：双甲酮乙醇溶液，1 g 双甲酮，用乙醇溶液溶解并稀释至 100 mL，现用现配。

2. 甲醛标准溶液的配制及标定

① 甲醛含量约 1 500 μg/mL 的甲醛原液的制备。用水稀释 3.8 mL 浓度约为 37% 的甲醛溶液至 1 L，用标准方法测定甲醛原液浓度。标定的方法有两种，即亚硫酸钠法和碘量法，这里介绍亚硫酸钠法，具体方法是：移取 50 mL 亚硫酸钠（每升水溶解 126 g 无水亚硫酸钠）加入三角烧瓶中，加百里酚酞指示剂（10 g 百里酚酞溶剂于 1 L 乙醇溶液中）2 滴，如需要，加入几滴硫酸（0.01 mol/L）直至蓝色消失。移 10 mL 甲醛原液至瓶中（蓝色将再出现），用硫酸滴至颜色消失，记下硫酸用量体积（注：硫酸溶液的体积约为 25 ml），上述操作步骤重复进行一次，1 mL 硫酸（0.01 mol/L）相当于 0.6 mg 的甲醛，然后计算原液中甲醛浓度：甲醛浓度 = 硫酸用量（mL）×0.6×1 000/甲醛原液用量（mL），计算结果的平均值。该原液可贮存四星期，用以制备标准稀释液。

② 稀释。相当于 1 g 测试样品中加入 100 mL 水，测试样品甲醛的含量等于标准曲线中对

应的甲醛浓度的100倍。

③ 甲醛标准溶液(S2)的制备。取10 mL甲醛原液在容量瓶中稀释至200 mL,此溶液甲醛含量为75 mg/L。

④ 甲醛校正溶液的制备,根据标准溶液制备校正溶液。在500 ml容量瓶中用水稀释下列所示中至少5种溶液:

1 mL标准溶液至500 mL,包含0.15 μg甲醛/mL = 15 mg甲醛/kg织物

2 mL标准溶液至500 mL,包含0.30 μg甲醛/mL = 30 mg甲醛/kg织物

5 mL标准溶液至500 mL,包含0.75 μg甲醛/mL = 75 mg甲醛/kg织物

10 mL标准溶液至500 mL,包含1.50 μg甲醛/mL = 150 mg甲醛/kg织物

15 mL标准溶液至500 mL,包含2.25 μg甲醛/mL = 225 mg甲醛/kg织物

20 mL标准溶液至500 mL,包含3.00 μg甲醛/mL = 300 mg甲醛/kg织物

30 mL标准溶液至500 mL,包含4.50 μg甲醛/mL = 450 mg甲醛/kg织物

40 mL标准溶液至500 mL,包含6.00 μg甲醛/mL = 600 mg甲醛/kg织物

计算工作曲线 $y = a + bx$,此曲线用于所有测量数据,如果测试样品中甲醛含量高于500 mg/kg,稀释样品溶液。(若要使校正溶液中的甲醛浓度和织物实验溶液中浓度相同,须进行双重稀释。如果每千克织物中含有20 mg甲醛,用100 mL水萃取1.00 g样品溶液中含有20 μg甲醛,依次类推,则1 mL试验溶液中的甲醛含量为0.2 μg)

3. 试样准备

样品不进行调湿,防止影响样品中甲醛的含量。测试前,将样品密封保存。密封的方法可以把样品放入一个聚乙烯包袋里贮存,外包铝箔(可预防甲醛通过包装袋气孔散发。此外如果直接接触,催化剂及其他留在整理过的未清洗织物上的化合物会和铝箔发生反应)。

从样品中取两块试样剪碎,称取(1±0.01)g的试样,如果甲醛含量过低,可增加试样重量至2.5 g,保证满意的精度。

将每个试样分别放入250 mL具塞三角烧瓶或碘量瓶中,加入100 mL水,盖紧盖子,放入(40±2)℃水浴(60±5)min,用过滤器过滤至另一三角烧瓶或碘量瓶中,供分析测试。

因未进行调湿,若出现异议,采用调湿后的试样质量计算校正系数,校正试样的质量。从样品上剪取试样后立即称量,按照GB/T 6529进行调湿后再称量,用二次称量值计算校正系数,然后用校正系数计算出试样校正质量。

4. 试验分析

① 用单标移液管吸取5 mL过滤后的样品溶液和5 mL标准甲醛溶液放入两支试管中,分别加入5 mL乙酰丙酮溶液摇动。

② 先把试管在(40±2)℃水浴中保温(30±5)min,然后取出,常温下避光冷却(30±5)min。同时用同样的方法,用5 mL水和5 mL乙酰丙酮溶液的混合液作空白对照,用10 mm的吸收池在分光光度计412 nm波长处测定吸光度。

③ 如预期从织物上萃取的甲醛含量大于500 mg/kg,或实验采用5∶5比例,计算值大于500 mg/kg时,要稀释萃取液使之吸光度在工作曲线的范围内。在计算结果时,要考虑稀释因素予以消除。

④ 如样品溶液的颜色偏深,取5 mL样品溶液放入另一试管,加5 mL水,用相同的方法操

作,用水作空白对照。

⑤ 做两个平行试验(已显现的黄色暴露于阳光下一定时间会造成褪色,因此避免在强烈阳光下操作)。

⑥ 如果怀疑吸收光不是来自于甲醛而是样品溶液颜色产生的,用双甲酮进行一次确认实验(双甲酮与甲醛反应,使因甲醛反应而产生的颜色消失)。

⑦ 双甲酮确认试验:取5 mL样品溶液移入一试管(必要时稀释),加1 mL双甲酮乙醇溶液并摇动,把溶液放入(40±2)℃水浴中显色(10±1)min,加5 mL乙酰丙酮试剂摇动,继续放入(40±2)℃水浴(30±5)min,取出室温下避光冷却(30±5)min。对照溶液用水而不是用样品溶液,来自样品中的甲醛在412 nm的吸光度将消失。

5. 结果的计算和表示

各试验样品用下式校正样品的吸光度:

$$A = A_S - A_b - (A_d)$$

式中:A——样品校正吸光度;

　　A_s——试验样品测得的吸光度;

　　A_b——空白试剂中测得的吸光度;

　　A_d——空白试剂中测得的吸光度(仅用于变色或玷污的情况下)。

用样品校正吸光度数值,通过工作曲线查出甲醛含量,用μg/mL表示。

从每一样品中萃取的甲醛含量用下式计算:

$$F = \frac{c \times 100}{m}$$

式中:F——从织物样品中萃取的甲醛含量(mL/kg)

　　c——读自工作曲线上的萃取液中的甲醛浓度(mg/L);

　　m——试样的质量(g)。

取两次测试结果的平均值作为试验结果,计算结果修约到整数位。如果结果小于20 mg/kg,报告为"未检出"。

四、色牢度检验

1. 色牢度检验用贴衬物与灰卡

(1) 贴衬物

对于沾色试验需要选用一块多纤维贴衬物或二块单纤维贴衬物。

选用单纤维贴衬物时,第一块用试样的同类纤维,第二块纤维品种按表2-3选择,其他种类纤维或参照同类或相近纤维使用。进行耐唾液色牢检验时,第一块为聚酰胺纤维时,第二块选择羊毛或黏胶纤维。

如果是混纺产品或交织物,第一块由含量较多的纤维制成,第二块由含量次之的纤维制成。另有规定的按规定执行。

如需要,还可准备一块不上色的织物(如聚丙烯类)。

表2-3　色牢度沾色试验第二块单纤维贴衬物的选择

第一块	棉	羊毛	丝	麻	黏纤	聚酰胺	聚酯	聚丙烯腈
第二块	羊毛	棉	棉	羊毛	羊毛	羊毛或棉	羊毛或棉	羊毛或棉

（2）灰卡

灰卡有评定变色用灰色样卡（GB 250）和评定沾色用灰色样卡（GB 251）。

2. 耐水色牢度

耐水色牢度检验是将纺织品试样与一块或二块规定的贴衬织物贴合一起，浸入水中，挤去水分，置于试验装置的两块平板中间，承受规定压力。干燥试样和贴衬织物，用灰色样卡或分光光度仪评定试样的变色和贴衬织物的沾色。

① 试验装置：由一副不锈钢架构成，弹簧压板及重锤质量合计为5 kg，底部为60 mm × 115 mm，试样受压12.5 kPa。重锤去除后试验装置仍能保持试样受压（12.5 ±0.9）kPa不变。如组合试样尺寸不足40 mm ×100 mm，重块施加于试样的压力仍应为（12.5 ±0.9）kPa。

② 试验用水：采用三级水。

③ 试样准备

采用多纤维贴衬物：取（40 ±2）mm ×（100 ±2）mm试样一块，正面与一块（40 ±2）mm ×（100 ±2）mm多纤维贴衬织物相接触，沿一短边缝合，形成一个组合试样。

采用单纤维贴衬物：取（40 ±2）mm ×（100 ±2）mm试样一块，夹于两块（40 ±2）mm ×（100 ±2）mm单纤维贴衬织物之间，沿一短边缝合，形成一个组合试样。

④ 测试：组合试样在室温下置于三级水中，使之完全浸湿，浴比为50 ：1。放置30 min，不时拨动，保证试液良好浸透。然后取出试样，倒去残液，用玻璃棒夹挤试样去除溶液。将组合试样平置于两块玻璃或丙烯酸树脂板之间，玻璃或丙烯酸树脂板规格为60 mm ×115 mm ×1.5 mm受压（12.5 ±0.9）kPa，放于已预热的试验装置中。每台试验设备，可装多至10块试样，每块试样间用一块板隔开，如试样数少于10块，隔板数量仍按10块试样放置11块保持不变。

将带有组合试样的装置，放入烘箱（37 ±2）℃内，处理4 h。

展开组合试样（试样和贴衬仅由一条缝线连接，如需要可以断开所有缝线），如发现有干燥的迹象，必须弃去，重做。将试样和贴衬物分开（仅由一条缝线连接）悬挂在不超过60 ℃的空气中干燥。

⑤ 评级：用灰色样卡或评定变色或沾色用分光光度仪评定试样的变色和贴衬织物的沾色。

3. 耐汗渍色牢度

耐汗渍色牢度检验是将纺织品试样与规定的贴衬织物合在一起，放在含有组氨酸的两种不同试液中，分别处理后，去除试液，放在试验装置内两块具有规定压力的平板之间，然后将试样和贴衬物分别干燥。用灰色样卡评定试样变色和贴衬沾色。

① 试验装置：采用耐水色牢度相同的装置。

② 试液：试液用三级水配制，试剂采用化学纯，现配现用。

碱液每升含：L-组氨酸盐酸盐一水合物（$C_6H_9O_2N_3 \cdot HCl \cdot H_2O$）　　　　　　　0.5 g

　　　　　氯化钠（NaCl）　　　　　　　　　　　　　　　　　5 g

　　　　　磷酸氢二钠十二水合物（$Na_2HPO_4 \cdot 12H_2O$）　　　　　　5 g 或

磷酸氢二钠二水合物（$Na_2HPO_4 \cdot 2H_2O$）　　　　　　　　　　　　　2.5 g

用 0.1 mol/L 氢氧化钠溶液调整试液 pH 值至 8.0 ±0.2

酸液每升含：L-组氨酸盐酸盐一水合物（$C_6H_9O_2N_3 \cdot HCl \cdot H_2O$）　　　0.5 g

氯化钠（NaCl）　　　　　　　　　　　　　　　　　　　　　　　　　　5 g

磷酸氢二钠二水合物（$Na_2HPO_4 \cdot 2H_2O$）　　　　　　　　　　　　　2.5 g

用 0.1 mol/L 氢氧化钠溶液调整试液 pH 值至 5.5 ±0.2

③ 试样准备：把(40 ±2)mm ×(100 ±2)mm 试样夹在两块(40 ±2)mm ×(100 ±2)mm 单纤维贴衬物之间，或正面与一块多纤维织物相贴合并沿一短边缝合，形成一个组合试样。试验需两块组合试样。

如果是印花产品试样，正面与二贴衬物每块的一半相接触，剪下其余一半，交叉覆于背面，缝合二短边。或与一块多纤维衬物引贴合，缝一短边。如不能包括全部颜色，需用多个组合试样。

④ 试验分析：在浴比为 50:1 的酸液(pH 值为 5.5 ±0.2)、碱液(pH 值为 8.0 ±0.2)里分别放入一块组合试样，使其完全润湿，然后在室温下放置 30 min，必要时可稍加撤压和拨动，保证试液能良好而均匀地渗透。取出试样，倒去残液，用两根玻璃棒夹去组合试样上过多的试液，或把组合试样放在试样板上，用另一块试样板刮去过多的试液，将试样夹在两块试样板中间。用同样方法放好其他组合试样，然后使试样受压(12.5 ±0.9)kPa。酸碱试验的仪器注意要分开，不能混用。把带有组合试样的酸、碱二组仪器放在恒温箱里，在(37 ±2)℃温度下放置 4 h。拆去组合试样上除一条短边外的所有缝线，展开组合试样，悬挂在温度不超过 60 ℃的空气中干燥。

⑤ 评级：用灰色样卡或分光光度测色仪或色度计评定变色和沾色牢度级别。

4. 耐摩擦色牢度测定

耐摩擦色牢度测定是将试样分别用一块干摩擦布和湿摩擦布摩擦，评定摩擦布沾色程度。

① 试验摩擦头和材料：摩擦头垂直压力为(9 ±0.2)N，直线往复动程为(104 ±3)mm，往复速度 60 次/min。试验有两种不同尺寸的摩擦头，方形摩擦头用于绒类织物（包括地毯），摩擦表面大小为(19 ×25.4)mm，圆形摩擦头用于其他纺织品，圆头直径为(16 ±0.1)mm。

材料：摩擦用棉布，采用退浆、漂白、不含任何整理剂的棉织物（符合 GB 7565），剪成所需的尺寸。方形摩擦头摩擦用布尺寸为(25 ±2)mm ×(100 ±2)mm，圆形摩擦头尺寸为(50 ±2)mm ×(50 ±2)mm。

耐水砂纸：一般选 600 目耐水氧化铝细砂纸。也可用 1 mm 不锈钢丝，网孔宽约为 20 mm 的金属网。

② 试样准备：准备两组不小于 50 mm ×140 mm 的样品，分别用于干摩擦和湿摩擦色牢度测试。每组样品两块，一块长度方向平行于经向，另一块平行于纬向。若精度要求较高，可以增加样品数量。

还有一种剪取试样的可选方案，即试样长度方向与经向或纬向成一定角度。

棉针织物只做直向，因此每组试样各一块即可。

当测试有多种颜色的纺织品时，应细心选择试样的位置，应使所有颜色都被摩擦到。若各种颜色的面积足够大时，必须全部取样。

试样和磨擦布在试验前必须在标准大气条件下调湿,一般至少 4 h 以上,棉织物、毛织物可能时间更长。

③ 测试:最佳的测试效果宜在标准大气条件下进行。

干摩擦试验:用夹紧装置将一块试验样品固定在试验机底板上,使试样的长度方向与仪器的动程方向一致。在试样与试验平台之间,放一层砂纸或金属网,减少试样摩擦过程中的移动。将干摩擦布固定在试验机的摩擦头上,使摩擦布的经向与摩擦头运行方向一致。在干摩擦试样的长度方向上,在 10 s 内摩擦 10 次,往复动程为(104 ± 3)mm,垂直压力为(9 ± 0.2)N。

湿摩擦试验:称量调湿后的摩擦布,将其完全浸入蒸馏水中,重新称量摩擦布,确保其含水量在 95% ~ 100%(如果影响评级,也可采用其他含水率,常用 65%),然后进行摩擦试验,方法同干摩擦试验。最后在室温下晾干。

④ 评定等级:在摩擦布背面放三层摩擦布,在适当光源条件下,用 GB251 灰色沾色样卡评定干、湿摩擦布的沾色级数。

5. 耐唾液色牢度测定

耐唾液色牢度测定是将试样与规定的贴衬织物贴合在一起,于人造唾液中处理后去除试液,放在试验装置内两块平板之间并施加规定压力,然后将试样和贴衬织物分别干燥,用灰色样卡评定试样的变色和贴衬织物的沾色。

① 试验装置:与耐水色牢度相同。

② 试液配制:用三级水配制,现配现用。每升溶液中含:

乳酸 $CH_3 \cdot CH(OH) \cdot COOH$ 3.0 g

尿素 $H_2N \cdot CO \cdot NH_2$ 0.2 g

氯化钠 NaCl   4.5 g

氯化钾 KCl   0.3 g

硫酸钠 Na_2SO_4 0.3 g

氯化铵 NH_4Cl 0.4 g

③ 试样准备:与耐汗渍色牢度测定相同。

④ 试验分析:在浴比 50 : 1 的人造唾液里放入一块组合试样,使其完全润湿,然后在室温下放置 30 min,必要时可稍加按压和搅动,以保证试液能良好而均匀地渗透。取出试样,用两根玻璃棒夹去组合试样上过多的试液,将试样夹在两块试样板中间,然后使试样受压 12.5kPa。把带有组合试样的仪器放在恒温箱里,在(37 ± 2)℃的温度下放置 4 h。拆去组合试样上除一条短边外的所有缝线,展开组合试样,悬挂在温度不超过 60 ℃的空气中干燥。

⑤ 评级:用灰色样卡评定试样的变色和贴衬织物与试样接触一面的沾色。

五、异味检验

异味检验中将纺织品试样置于规定环境中,利用人的嗅觉来判定其带有的气味。

1. 取样

织物试样:尺寸不小于 20 cm × 20 cm。纱线和纤维试样:重量不少于 50 g。

抽取样品后应立即将其放入洁净无气味的密闭容器内保存。

2. 检验

试验应在得到样品后 24 h 内完成。样品开封后,立即进行该项目的检测。试验应在洁净的无异常气味的测试环境中进行。

将试样放于试验台上,操作者事先应洗净双手,戴上手套,双手拿起试样靠近鼻腔,仔细嗅闻试样所带有的气味,如检测出有霉味、高沸程石油味(如汽油、煤油味)、鱼腥味、芳香烃气味、香味(GB/T 18885 要求,GB 18401 无此要求)中的一种或几种,则判为"有异味",并记录异味类别。否则判为"无异味"。

3. 注意事项

操作者应是经过训练和考核的专业人员。应有 2 人独立评判,并以 2 人一致的结果为样品检测结果。如 2 人检测结果不一致,则增加 1 人检测,最终以 2 人一致的结果为样品检测结果。为了保证试验结果的准确性,参加气味测定的人员,事先不能吸烟或进食辛辣刺激食物,不能化妆。由于嗅觉易于疲劳,测定过程中需适当休息。

六、可分解致癌芳香胺染料检验

先检测是否有禁有偶氮染料,如检出苯胺或 1,4 苯二胺时,则继续检测 4-氨基偶氮苯。

纺织品在柠檬酸盐缓冲溶液介质中用连二亚硫酸钠还原分解产生可能存在的致癌芳香胺,用适当的液-液分配柱提取溶液中的芳香胺,浓缩后,用合适的有机溶剂定容,用配有质量选择检测器的气相色谱仪(GC/MSD)进行测定。必要时,选用另外一种或多种方法对异构体进行确认。用配有二极管阵列检测器的高效液相色谱仪(HPLC/DAD 或气相色谱仪进行定量。

GB/T 17952—2011《纺织品禁用偶氮染料的测定》和 GB/T 23344—2009《纺织品 4-氨基偶氮苯的测定》对检验方法作了详细的规定,一般由专业机构测定。这里不作介绍,需要时请参看有关标准。

七、重金属元素、邻苯二甲酸酯含量检验

有涂层和涂料印染的织物 A 类婴幼儿服装还需要考核重金属元素铅、镉的含量,考核邻苯二甲酸酯含量。

1. 铅、镉含量测定

试样经浓酸消解,消解后的溶液经稀释定容后用电感耦合等离子体发射光谱仪(ICP-AES)在适当的条件下测定铅和镉的发射强度,或用原子吸收分光光度计测量铅和镉的吸光度,对照标准工作曲线确定各种金属离子的浓度,计算出试样中重金属的总量。用此方法铅的检出限为 2.50 mg/kg,镉的检出限为 0.25 mg/kg。

2. 邻苯二甲酸酯含量测定

邻苯二甲酸酯测定的主要是:邻苯二甲酸二(2-乙基)己酯(DEHP)、邻苯二甲酸二丁酯(DBP)和邻苯二甲酸丁基苄基酯(BBP)、邻苯二甲酸二异壬酯(DINP)、邻苯二甲酸二异癸酯(DIDP)和邻苯二甲酸二辛酯(DNOP)。

试样经三氯甲烷超声波提取,提取液定容后,用气相色谱-质量选择检测器(GC-MSD)测定,采用选择离子检测进行确证,外标法定量。用此方法邻苯二甲酸二异壬酯(DINP)、邻苯二甲酸二异癸酯(DIDP)的检出限为 50μg/g,其余的检出限为 10μg/g。

重金属元素、邻苯二甲酸酯含量的测定要求测定人员应有正规实验室工作的实践经验,并

采取适当的安全和健康措施,防止出现可能的安全问题。因此具体的测定方法这里不作介绍,需要时请参考 GB/T 30157—2013《纺织品 总铅和总镉含量的测定》和 GB/T 20388—2006《纺织品 邻苯二甲酸酯的测定》。

八、儿童服装附件安全检验

儿童服装附件安全检验主要测量服装附件的抗拉强力。检验时采用拉力测试仪测定,用上夹钳和下夹钳分别夹持住附件和主体,拉伸至定负荷下作用一定的时间,评定附件是否从主体上脱落或松动。

对于最大尺寸≤3 mm 或者无法夹持的附件,评定洗涤后附件的变化。

1. 抗拉强力试验

将抽取的样品在进行调湿,调湿和试验均采用标准大气。样品不需要剪取,直接测试成品上附件。

按技术要求设定好拉伸定负荷值(50 N 或 70 N)。选择合适的夹持器,夹持附件时不得引起被测附件明显变形、破碎等不良现象。开启拉伸仪,以一定的速度缓慢拉伸试样至定负荷,在定负荷下保持 10 s。出现附件从主体上脱落或附件破损或织物断裂、撕裂等均为不合格。

2. 洗涤试验

首先检查试样上的每个附件,并详细记录附件在试样上的初始状态。然后按照 GB/T 8629 中的规定,采用 A 型洗衣机,40 ℃正常搅拌程序对试样进行洗涤,悬挂晾干。检查洗涤后试样上的每个附件,记录洗涤后附件状态。出现附件有轻微、可见的松动或附件、织物明显损坏或附件从织物上完全脱离的现象均为不合格。

九、服装絮用纤维卫生检验

不得检出绿脓杆菌、金黄色葡萄球菌和溶血性链球菌等致病菌,不得对皮肤和黏膜产生不良刺激和过敏反应,肉眼观察不得检出蚤、蜱、臭虫等可传播疾病与危害健康的节足动物和蟑螂卵夹,不得有异味(如霉味、汽油味、柴油味、鱼腥味、芳香烃气味、未洗净动物纤维膻味、臊味等)。

绿脓杆菌、金黄色葡萄球菌和溶血性链球菌检验按 GB15979 规定进行。皮肤刺激试验、过敏反应试验按卫生部《消毒技术规范》实验技术规范"皮肤刺激试验"和"皮肤变态反应试验"进行。

第三节　生态纺织品与生态纺织品标准

欧洲在数十年前已经对纺织品的有害物质开展研究和测试,1991 年德国海恩斯坦研究院和奥地利维也纳纺织研究院共同制定了世界上第一部用于测定纺织品上有害物质的纺织生态学标准——Oeko-Tex Standard 100。1992 年由 15 个国家组成的国际环保纺织协会颁布,从颁布起就成为国际上判定纺织品生态性能的基准,具有广泛性和权威性。

我国在生态纺织品安全性能检测技术方面同样制定了法令法规,内容涵盖了纺织品国际贸易对生态安全性能的各项检测要求,主要有"GB/T 18885—2009 生态纺织品技术要求"、"SN/T 1622—2005 进出口生态纺织品检测技术要求"、"HJ/T 307—2006 环境标志产品技术要求生态纺织品"和"GB/T 22282—2008 纺织纤维中有毒有害物质的限量"几个标准。下面主要介绍"GB/T 18885—2009 生态纺织品技术要求"有关规定。

一、纺织产品分类

按照产品的最终用途,分为四类:

① 婴幼儿用品:年龄在 36 个月及以下的婴幼儿使用的产品。

② 直接接触皮肤用品:在穿着或使用时,大部分面积与人体皮肤直接接触的产品。

③ 非直接接触皮肤用品:在穿着或使用时,不直接接触皮肤或只有小部分面积与人体皮肤直接接触的产品。

④ 装饰材料:用于装饰的纺织产品。

二、生态纺织品的技术要求

与服装有关的技术要求见表 2-4,部分装饰材料要求列出仅供参考。表 2-4 中有关指标说明如下:

pH 值,后续工艺中必须经过湿处理的服装产品值可放宽至 4.0 ~ 10.5 之间。

金属附件禁止使用铅和铅合金。无机材料制成的附件铜含量不考核,非婴幼儿用品无机材料制成的附件铅含量不考核。

合格限量值:Cr(Ⅳ)为 0.5 mg/kg,芳香胺为 20 mg/kg,致敏染料和其他染料为 50 mg/kg。

邻苯二甲酸酯仅考核涂层、塑料溶胶印花、弹性泡沫塑料和塑料配件等产品。

抗菌整理剂、普通阻燃整理剂符合本技术要求的整理除外。

耐干摩擦色牢度对洗涤褪色型产品不要求。对于颜料、还原染料或硫化染料,耐干摩擦色牢度允许为 3 级。

异常气味的种类有霉味、高沸程石油味(如汽油、煤油味)、鱼腥味、芳香烃气味、香味。

表 2-4 生态纺织品的技术要求

项 目		单 位	婴幼儿用品	直接接触皮肤用品	非直接接触皮肤用品	装饰材料
pH 值		—	4.0 ~ 7.5	4.0 ~ 7.5	4.0 ~ 9.0	4.0 ~ 9.0
甲醛	≤ 游离	mg/kg	20	75	300	300

续表

项　目			单　位	婴幼儿用品	直接接触皮肤用品	非直接接触皮肤用品	装饰材料
可萃取的重金属 ≤		锑	mg/kg	30.0	30.0	30.0	—
		砷		0.2	1.0	1.0	1.0
		铅		0.2	1.0	1.0	1.0
		镉		0.1	0.1	0.1	0.1
		铬		1.0	2.0	2.0	2.0
		铬（六价）		低于检出限			
		钴		1.0	4.0	4.0	4.0
		铜		25.0	50.0	50.0	50.0
		镍		1.0	4.0	4.0	4.0
		汞		0.02	0.02	0.02	0.02
杀虫剂 ≤		总量（包括 PCP/TeCP）	mg/kg	0.5	1.0	1.0	1.0
苯酚化合物 ≤		五氯苯酚	mg/kg	0.05	0.5	0.5	0.5
		四氯苯酚（TeCP 总量）		0.05	0.5	0.5	0.5
		邻苯基苯酚		50	100	100	100
氯苯和氯化甲苯			mg/kg	1.0	1.0	1.0	1.0
邻苯二甲酸酯	≤	DINP, DNOP, DEHP, DIDP, BBP, DBP（总量）	%	0.1	—	—	—
	≤	DEHP, BBP, DBP（总量）			0.1		
有机锡化合物 ≤		三丁基锡（TBT）		0.5	1.0	1.0	1.0
		二丁基锡（DBT）		1.0	2.0	2.0	2.0
		三苯基锡（TPhT）		0.5	1.0	1.0	1.0
有害染料 ≤		可分解芳香胺染料	mg/kg	禁用			
		致癌染料		禁用			
		致敏染料		禁用			
		其他染料		禁用			

续表

项　目		单　位	婴幼儿用品	直接接触皮肤用品	非直接接触皮肤用品	装饰材料
抗菌整理剂		—	无			
阻燃整理剂	普通	—	无			
	PBB，TRIS，TEPA，pentaPDE，octaPDE	—	禁用			
色牢度(沾色) ≤	耐水	级	3	3	3	3
	耐酸汗液		3~4	3~4	3~4	3~4
	耐碱汗液		3~4	3~4	3~4	3~4
	耐干摩擦		4	4	4	4
	耐唾液		4	—	—	—
异常气味		—	无			
石棉纤维		—	禁用			

三、生态纺织品检验规则

与纺织品基本安全技术规范要求略有差异。具体要求如下：

① 按有关标准规定或双方协议执行，否则按②~④要求执行。

② 从每批产品中随机抽取有代表性样品，试样数量应满足规定的试验方法的要求。

③ 样品抽取后，应密封放置，不应进行任何处理。

④ 服装试样：以一个单件(套)为一个样品。服装原料布匹试样：至少从距布端2 m以上取样，每个样品尺寸为1 m×全幅；

⑤ 判定规则，如果测试结果中有一项超出规定的限量值，则判定该批产品不合格。

另外，生态纺织品要求对所有分解芳香胺染料均需检测，检测按"GB/T 17592纺织品禁用偶氮染料的测定"进行，其中氨基偶氮苯的测定按"GB/T 23344纺织品4-氨基偶氮苯的测定"进行。致癌染料的测定按GB/T 20382执行；致敏染料的测定按GB/T 20383执行；其他有害染料的测定按GB/T 23345执行。

思考与实践

1. "国家纺织产品安全技术规范"把纺织产品分为哪几类？安全检验项目有哪些？

2. 婴幼儿服装中不允许含有哪些可萃取的重金属？

3. 分组讨论婴幼儿服装和儿童服装设计和生产加工中要注意哪些安全问题？

4. 检验测量一块纯棉印染面料的pH值。

5. 练习测量各种色牢度。

6. 练习测量面料的甲醛含量。

第三章

服装面料基本检验

　　服装的三大要素即款式、色彩、材料。服装材料作为服装三大要素之一其最基本的是服装面料,面料不仅可以诠释服装的风格和特性,而且直接左右着服装的色彩、造型的表现效果。

　　纯棉、纯毛、纯丝、纯麻等天然纤维面料是自然、环保、生态、返璞归真的体现,而大豆、牛奶、玉米、竹等现代纤维则是科技、高端、富贵、幽雅飘逸的张扬。

第一节 服装面料成分的定性鉴别

纺织科技高度发展,新纤维层出不穷,服装面料新名词也是层出不穷。如何正确识别服装面料,已成为服装检验中的一项重要工作。

一、纤维鉴别方法

纤维是面料构成的最基本单元,纤维特性决定面料最基本的特性。纺织纤维分为天然纤维、再生纤维、合成纤维等几大类。天然纤维由于来自不同的动植物体,有着各不相同的外观特征,可以通过显微镜观察其纵向和横向特征来判定。再生纤维、合成纤维是工厂制造的,没有特别的外观特征,主要从其他物理与化学特性来鉴别。所以纤维鉴别就是根据各种纤维特有的物理、化学等性能,采用不同的分析方法对样品进行测试,通过对照标准照片、标准谱图及标准资料来鉴别未知纤维的类别。

纤维鉴别技术经过多年的发展比较成熟和规范的主要有燃烧法、显微镜法、溶解法、含氯含氮呈色反应法、熔点法、密度梯度法、红外吸收光谱鉴别方法、双折射率测定方法。

鉴别时取样的正确与否对于检验结果至关重要,通常来讲所取试样应具有充分的代表性。对于某些色织或提花面料,试样的大小应至少为一个完整的循环图案或组织。如果发现试样存在不均匀性,如面料中存在类型、规格和颜色不同的纱线时,则应按每个不同的部分逐一取样。

当试样上附着的整理剂、涂层、染料等物质可能掩盖纤维的特征,干扰鉴别结果的准确性时,应选择适当的溶剂和方法将其除去,但这种处理方法和所使用的溶剂不得损伤纤维或使纤维的性质有任何改变。

排除干扰对试样进行预处理的方法一般是,选用三氯乙烷、乙醚、乙醇洗涤(或萃取)试样,去除试样中夹带的油脂、蜡质、尘土或其他会掩盖纤维特征的杂质。而对染色纤维中的染料,可视为纤维的一部分,不必去除,如果试样上的染料对鉴别有干扰,可以进行脱色,但不得损伤纤维或使纤维性质有任何改变。

纤维鉴别中使用的试剂一般为分析纯或化学纯。

纤维鉴别中常用的方法为燃烧法、显微镜法、溶解法。熔点法在鉴别合成纤维时也常会用到。下面介绍上述常用的五种鉴别方法。

1. 燃烧法

燃烧法是根据纤维靠近火焰、接触火焰和离开火焰时的状态及燃烧时产生的气味和燃烧后残留物特征来辨别纤维类别。各种纤维燃烧状态见表3-1。

表3-1 各种纤维燃烧状态

纤维种类	燃烧状态			燃烧的气味	残留物特征
	靠近火焰时	接触火焰时	离开火焰时		
棉	不熔不缩	立即燃烧	迅速燃烧	纸燃味	呈细而软的灰黑絮状

纤维种类	燃烧状态			燃烧的气味	残留物特征
	靠近火焰时	接触火焰时	离开火焰时		
麻	不熔不缩	立即燃烧	迅速燃烧	纸燃味	呈细而软的灰白絮状
蚕丝	熔融卷曲	卷曲、熔融、燃烧	略带闪光燃烧有时自灭	烧毛发味	呈松而脆的黑色颗粒
动物毛绒	熔融卷曲	卷曲、熔融、燃烧	燃烧缓慢有时自灭	烧毛发味	呈松而脆的黑色焦炭状
竹纤维	不熔不缩	立即燃烧	迅速燃烧	纸燃味	呈细而软的灰黑絮状
黏纤、铜氨纤维	不熔不缩	立即燃烧	迅速燃烧	纸燃味	呈少许灰白色灰烬
莱赛尔纤维莫代尔纤维	不熔不缩	立即燃烧	迅速燃烧	纸燃味	呈细而软的灰黑絮状
醋纤	熔缩	熔融燃烧	熔融燃烧	醋味	呈硬而脆不规则黑块
大豆蛋白纤维	熔缩	缓慢燃烧	继续燃烧	特异气味	呈黑色焦炭状硬块
牛奶蛋白改性聚丙烯腈纤维	熔缩	缓慢燃烧	继续燃烧有时自灭	烧毛发味	呈黑色焦炭状,易碎
聚乳酸纤维	熔缩	熔融缓慢燃烧	继续燃烧	特异气味	呈硬而黑的圆珠状
涤纶	熔缩	熔融燃烧冒黑烟	继续燃烧有时自灭	有甜味	呈硬而黑的圆珠状
腈纶	熔缩	熔融燃烧	继续燃烧冒黑烟	辛辣味	呈黑色不规则小珠,易碎
锦纶	熔缩	熔融燃烧	自灭	氨基味	呈硬淡棕色透明圆珠状
维纶	熔缩	收缩燃烧	继续燃烧冒黑烟	特有香味	呈不规则焦茶色硬块
氯纶	熔缩	熔融燃烧冒黑烟	自灭	刺鼻气味	呈深棕色硬块
偏氯纶	熔缩	熔融燃烧冒烟	自灭	刺鼻药味	呈松而脆的黑色焦炭状
氨纶	熔缩	熔融燃烧	开始燃烧后自灭	特异气味	呈白色胶状
芳纶1414	不熔不缩	燃烧冒黑烟	自灭	特异气味	呈黑色絮状
乙纶	熔缩	熔融燃烧	熔融燃烧液态下落	石蜡味	呈灰白色蜡片状
丙纶	熔缩	熔融燃烧	熔融燃烧液态下落	石蜡味	呈灰白色蜡片状
聚苯乙烯纤维	熔缩	收缩燃烧	继续燃烧冒黑烟	略有芳香味	呈黑而硬的小球状

纤维种类	燃烧状态			燃烧的气味	残留物特征
	靠近火焰时	接触火焰时	离开火焰时		
碳纤维	不熔不缩	像烧铁丝一样发红	不燃烧	略有辛辣味	呈原有状态
金属纤维	不熔不缩	在火焰中燃烧并发光	自灭	无味	呈硬块状
石棉	不熔不缩	在火焰中发光,不燃烧	不燃烧,不变形	无味	不变形,纤维略变深
玻璃纤维	不熔不缩	变软,发红光	变硬,不燃烧	无味	变形,呈硬珠状
酚醛纤维	不熔不缩	像烧铁丝一样发红	不燃烧	稍有刺激性焦味	呈黑色絮状
聚砜酰胺纤维	不熔不缩	卷曲燃烧	自灭	带有浆料味	呈不规则硬而脆的粒状

燃烧时需要注意安全,具体的方法步骤如下:

① 从样品上取试样少许,用镊子夹住,缓慢靠近火焰,观察纤维对热的反应(如熔融、收缩)情况并作记录。

② 将试样移入火焰中,使其充分燃烧,观察纤维在火焰中的燃烧情况并作记录。

③ 将试样撤离火焰,观察纤维离火后的燃烧状态并作记录。

④ 当试样火焰熄灭时,嗅闻其气味并作记录。

⑤ 待试样冷却后观察残留物的状态,用手轻捻残留物并作记录。

一般需要燃烧几次才能观察清楚纤维的燃烧特征,只有清楚观察和记录燃烧特征才有可能分辨出纤维的基本类别。

2. 显微镜法

用显微镜观察未知纤维的纵面和横截面形态,对照纤维的标准照片和形态描述来鉴别未知纤维的类别。

各种常见纤维横截面和纵面特征见表3-2。

表3-2　各种常见纤维横截面和纵面特征

纤维名称	横截面形态	纵面形态
棉	有中腔,呈不规则的腰圆形	扁平带状,稍有天然扭转
丝光棉	有中腔,近似圆形或不规则腰圆形	近似圆柱状,有光泽和缝隙
苎麻	腰圆形,有中腔	纤维较粗,有长形条纹及竹状横节
亚麻	多边形,有中腔	纤维较细,有竹状横节
大麻	多边形、扁圆形、腰圆形等,有中腔	纤维直径及形态差异很大,横节不明显
罗布麻	多边形、腰圆形等	有光泽,横节不明显

纤维名称	横截面形态	纵面形态
黄麻	多边形,有中腔	有长形条纹,横节不明显
竹纤维	腰圆形,有空腔	纤维粗细不匀,有长形条纹及竹状横节
桑蚕丝	三解形或多边形,角是圆的	有光泽,纤维直径及形态有差异
柞蚕丝	细长三角形	扁平带状,有微细条纹
羊毛	圆形或近似圆形(或椭圆形)	表面粗糙,有鳞片
白羊绒	圆形或近似圆形	表面光滑,鳞片较薄且包覆较完整,鳞片间距较大
紫羊绒	圆形或近似圆形,有色斑	除具有白羊绒形态特征外,有色斑
兔毛	圆形、近似圆形或不规则四边形,有髓腔	鳞片较小与纤维纵向呈倾斜状,髓腔有单列、双列、多列
羊驼毛	圆形或近似圆形,有髓腔	鳞片有光泽,有的有通体或间断髓腔
马海毛	圆形或近似圆形,有的有髓腔	鳞片较大有光泽,直径较粗,有的有斑痕
驼绒	圆形或近似圆形,有色斑	鳞片与纤维纵向呈倾斜状,有色斑
牦毛绒	椭圆形或近似圆形,有色斑	表面光滑,鳞片较薄,有条状褐色色斑
黏胶纤维	锯齿形	表面平滑、有清晰条纹
莫代尔纤维	哑铃形	表面平滑,有沟槽
莱赛尔纤维	圆形或近似圆形	表面平滑,有光泽
铜氨纤维	圆形或近似圆形	表面平滑,有光泽
醋酯纤维	三叶形或不规则锯齿形	表面光滑,有沟槽
牛奶蛋白改性聚丙烯腈纤维	圆形	表面光滑,有沟槽和/或微细条纹
大豆蛋白纤维	腰子形(或哑铃形)	扁平带状,有沟槽和疤痕
聚乳酸纤维	圆形或近似圆形	表面平滑,有的有小黑点
涤纶	圆形或近似圆形及各种异形截面	表面平滑,有的有小黑点
腈纶	圆形、哑铃状或叶状	表面平滑,有沟槽和(或)条纹
变性腈纶	不规则哑铃形、蚕茧形、土豆形等	表面有条纹
锦纶	圆形或近似圆形及各种异形截面	表面光滑,有小黑点
维纶	腰子形(或哑铃形)	扁平带状,有沟槽
氯纶	圆形、蚕茧形	表面平滑
偏氯纶	圆形或近似圆形及各种异形截面	表面平滑
氨纶	圆形或近似圆形	表面平滑,有些呈骨形条纹

续表

纤维名称	横截面形态	纵面形态
芳纶1414	圆形或近似圆形	表面平滑,有的带有疤痕
乙纶	圆形或近似圆形	表面平滑,有的带有疤痕
丙纶	圆形或近似圆形	表面平滑,有的带有疤痕
聚四氟乙烯纤维	长方形	表面平滑
碳纤维	不规则的碳末状	黑而匀的长杆状
金属纤维	不规则的长方形或圆形	边线不直,黑色长杆状
石棉	不均匀的灰黑糊状	粗细不匀
玻璃纤维	透明圆珠形	表面平滑,透明
酚醛纤维	马蹄形	表面有条纹,类似中腔
聚砜酰胺纤维	似土豆形	表面似树叶状

纵面观察,将适量纤维均匀平铺于载玻片上,加上一滴透明介质(一般为甘油)盖上盖玻片,用生物显微镜观察其形态,与标准照片或标准资料对比。

横截面观察,先要制作切片,一般采用哈氏切片器。将一小束纤维试样梳理整齐,紧紧夹入哈氏切片器的凹槽中间,以锋利刀片先切去露在外面的纤维,然后装好弹簧装置并旋紧螺丝。稍微转动刻度螺丝,将露出的纤维切去。再稍微旋一下螺丝,用挑针滴一小滴火棉胶溶液,待固化后,用刀片小心地切下切片。将切好的纤维横截面切片置于载玻片上,加上一滴透明介质(一般为甘油)盖上盖玻片,用生物显微镜观察其形态,与标准照片或标准资料对比。也可采用回转式切片机,哈氏切片器切片厚度一般为 $10\sim30\ \mu m$,而回转式切片机切片厚度可以达到 $1\sim40\ \mu m$。

3. 溶解法

溶解法是利用纤维在不同温度下的不同化学试剂中的溶解特性不同来鉴别纤维。常见纤维溶解性能见表3-3。

表3-3 常见纤维溶解性能

纤维种类	溶液(溶剂)											
	95%~98%		70%		60%		40%		36%~38%		15%	
	硫酸		硫酸		硫酸		硫酸		盐酸		盐酸	
	24~30℃	沸	24~30℃	沸	24~30℃	沸	24~30℃	沸	24~30℃	沸	24~30℃	沸
棉	S	S_0	S	S_0	I	S	I	P	I	P	I	P
麻	S	S_0	S	S_0	P	S_0	I	S_0	I	P	I	P
蚕丝	P	S_0	S_0		S	S_0	I	S_0	P	S	I	S
动物毛绒	I	I	I	I	I	I	I	I	I	I	I	I
黏胶纤维	S_0	S_0	S	S_0	P	S_0	I	S	S	S_0	I	P

续表

纤维种类	溶液(溶剂)											
	95%~98%		70%		60%		40%		36%~38%		15%	
	硫酸		硫酸		硫酸		硫酸		盐酸		盐酸	
	24~30℃	沸	24~30℃	沸	24~30℃	沸	24~30℃	沸	24~30℃	沸	24~30℃	沸
莱赛尔纤维	S_0	S_0	S	S_0	S	S	I	S_0	S	S_0	I	P
莫代尔纤维	S_0	S_0	S	S_0	S	S	I	S	S	S_0	I	P
铜氨纤维	S_0	S_0	S_0	S_0	S_0	S_0	I	S_0	I	S_0	I	P
醋酯纤维	S_0	S_0	S_0	S_0	S	S_0	I	I	S	S_0	I	S
三醋酯纤维	S_0	S_0	S_0	S_0	S	S_0	I	I	S	S_0	I	P
大豆蛋白纤维	P	S_0	P	S_0	P	S_0	I	S_0	P	S_0	P	S_0
牛奶蛋白改性聚丙烯腈纤维	S	S_0	I	S_0	I	S_0	I	I	I	I	I	I
聚乳酸纤维	S	S_0	I	S	I	I	I	I	I	I	I	I
涤纶	S_0		I	I	I	I	I	I	I	I	I	I
腈纶	S	S_0	I	S	I	I	I	I	I	I	I	I
锦纶6	S_0		S_0		S_0		S_0	I	S_0		S_0	
锦纶66	S_0		S	S_0	S	S_0	S	S_0	S_0		I	S
氨纶	S	S_0	S	S	I	S_0	I	P	I	I	I	I
维纶	S	S_0	S	S_0	S	S_0	P	S_0	S_0		I	S
氯纶	I	I	I	I	I	I	I	I	I	I	I	I
偏氯纶	I	I	I	I	I	I	I	I	I	I	I	I
乙纶	I	□	I	□	I	□	I	I	I	I	I	I
丙纶	I	□	I	□	I	□	I	I	I	I	I	I
芳纶	P	S	I	I	I	I	I	I	I	I	I	I
聚苯乙烯纤维	I	S	I	□	I	□	I	□	I	I	I	I
碳纤维	I	I	I	I	I	I	I	I	I	I	I	I
酚醛纤维	I	I	I	I	I	I	I	I	I	I	I	I
聚砜酰胺纤维	S	S_0	I	S	I	I	I	I	I	I	I	I
噁二唑纤维	P	S_0	I	I	I	I	I	I	I	I	I	I
聚四氟乙烯纤维	I	I	I	I	I	I	I	I	I	I	I	I
石棉	I	I	I	I	I	I	I	I	I	I	I	I
玻璃纤维	I	I	I	I	I	I	I	I	I	I	I	I

续表

纤维种类	溶液(溶剂)											
	1 mol/L		5%		65%~68%		88%		99%		15%	
	次氯酸钠		氢氧化钠		硝酸		甲酸		冰乙酸		氢氟酸	
	24~30℃	沸	24~30℃	沸	24~30℃	沸	24~30℃	沸	24~30℃	沸	24~30℃	沸
棉	I	P	I	I	I	S_0	I	I	I	I	I	—
麻	I	P	I	I	I	S_0	I	I	I	I	I	—
蚕丝	S	S_0	I	S_0	S	S_0	I	I	I	I	I	—
动物毛绒	S	S_0	I	S_0	△	S_0	I	I	I	I	I	—
黏胶纤维	I	P	I	I	I	S_0	I	I	I	I	I	—
莱赛尔纤维	I	I	I	I	I	S_0	I	I	I	I	I	—
莫代尔纤维	I	I	I	I	I	S_0	I	I	I	I	I	—
铜氨纤维	I	I	I	I	I	S_0	I	I	I	I	I	—
醋酯纤维	I	I	I	P	S	S_0	S_0	S_0	S	S_0	I	—
三醋酯纤维	I	I	I	P	S	S_0	S_0	S_0	S	S_0	I	—
大豆蛋白纤维	I	S	I	I	S	S_0	I	S	I	I	I	—
牛奶蛋白改性聚丙烯腈纤维	I	P	I	I	I	S_0	I	S	I	I	I	—
聚乳酸纤维	I	I	I	I	□	S_0	I	□	I	P	I	—
涤纶	I	I	I	I	I	I	I	I	I	I	I	—
腈纶	I	I	I	I	S	S_0	I	I	I	I	I	—
锦纶6	I	I	I	I	S_0	S_0	S_0	S_0	I	S_0	I	—
锦纶66	I	I	I	I	S_0	S_0	S_0	S_0	I	S_0	I	—
氨纶	I	I	I	I	I	S	I	S_0	I	I	I	—
维纶	I	P	I	I	S_0	S_0	S	S_0	I	I	I	—
氯纶	I	I	I	I	I	I	I	I	I	I	I	—
偏氯纶	I	I	I	I	I	I	I	I	I	I	I	—
乙纶	I	I	I	I	I	□	I	I	I	I	I	—
丙纶	I	I	I	I	I	I	I	I	I	I	I	—
芳纶	I	I	I	I	I	I	I	□	I	□	I	—
聚苯乙烯纤维	I	□	I	I	I	I	I	□	I	□	I	—
碳纤维	I	I	I	I	I	I	I	I	I	I	I	—

续表

纤维种类	溶液（溶剂）											
	1 mol/L		5%		65%~68%		88%		99%		15%	
	次氯酸钠		氢氧化钠		硝酸		甲酸		冰乙酸		氢氟酸	
	24~30℃	沸	24~30℃	沸	24~30℃	沸	24~30℃	沸	24~30℃	沸	24~30℃	沸
酚醛纤维	I	I	I	I	I	I	I	I	I	I	I	—
聚砜酰胺纤维	I	I	I	I	I	I	I	I	I	I	I	—
噁二唑纤维	I	I	I	I	I	I	I	I	I	I	I	—
聚四氟乙烯纤维	I	I	I	I	I	I	I	I	I	I	I	—
石棉	I	I	I	I	I	I	I	I	I	I	S	—
玻璃纤维	I	I	I	I	I	I	I	I	I	I	S	—

纤维种类	溶液（溶剂）									
	铜氨		65% 硫氰酸钠		N,N-二甲基甲酰胺		丙酮		四氢呋喃	
	24~30℃	沸	24~30℃	沸	24~30℃	沸	24~30℃	沸	24~30℃	沸
棉	S	—	I	I	I	I	I	I	I	I
麻	S	—	I	I	I	I	I	I	I	I
蚕丝	S	—	I	I	I	I	I	I	I	I
动物毛绒	I	—	I	I	I	I	I	I	I	I
黏胶纤维	S_0	—	I	I	I	I	I	I	I	I
莱赛尔纤维	P	—	I	I	I	I	I	I	I	I
莫代尔纤维	S	—	I	I	I	I	I	I	I	I
铜氨纤维	S	—	I	I	I	I	I	I	I	I
醋酯纤维	I	—	I	I	S	S_0	S_0	S_0	S_0	S_0
三醋酯纤维	I	—	I	I	S	S_0	P	P	P	S_0
大豆蛋白纤维	I	—	I	I	I	I	I	I	I	I
牛奶蛋白改性 聚丙烯腈纤维	I	—	I	S_0	I	P	I	I	I	I
聚乳酸纤维	I	—	I	P	I	S/P	I	P	P	P
涤纶	I	—	I	I	I	S/P	I	I	I	I
腈纶	I	—	I	I	S/P	S_0	I	I	I	I
锦纶6	I	—	I	I	I	S/P	I	I	I	I

续表

纤维种类	溶液(溶剂)									
	铜氨		65%硫氰酸钠		N,N-二甲基甲酰胺		丙酮		四氢呋喃	
	24~30℃	沸	24~30℃	沸	24~30℃	沸	24~30℃	沸	24~30℃	沸
锦纶66	I	—	I	I	I	I	I	I	I	I
氨纶	I	—	I	I	I	S_0	I	I	I	I
维纶	I	—	I	I	I	I	I	I	I	I
氯纶	I	—	I	I	S_0	S_0	I	P	S_0	S_0
偏氯纶	I	—	I	I	I	S_0	I	I	S_0	S_0
乙纶	I	—	I	I	I	I	I	I	I	I
丙纶	I	—	I	I	I	I	I	I	I	I
芳纶	I	—	I	I	I	I	I	I	I	I
聚苯乙烯纤维	I	—	I	I	I	I	I	I	P	S
碳纤维	I	—	I	I	I	I	I	I	I	I
酚醛纤维	I	—	I	I	I	I	I	I	I	I
聚砜酰胺纤维	I	—	I	I	S_0	S_0	I	I	I	I
噁二唑纤维	I	—	I	I	I	I	I	I	I	I
聚四氟乙烯纤维	I	—	I	I	I	I	I	I	I	I
石棉	I	—	I	I	I	I	I	I	I	I
玻璃纤维	I	—	I	I	I	I	I	I	I	I

纤维种类	溶液(溶剂)										
	苯酚		苯酚		吡啶		1,4-丁内酯		二甲亚亚砜		环已酮	
	50℃	沸	24~30℃	沸	24~30℃	沸	24~30℃	沸	24~30℃	沸	24~30℃	沸
棉	I	I	I	I	I	I	I	I	I	I	I	I
麻	I	I	I	I	I	I	I	I	I	I	I	I
蚕丝	I	I	I	I	I	I	I	I	I	I	I	I
动物毛绒	I	I	I	I	I	I	I	I	I	I	I	I
黏胶纤维	I	I	I	I	I	I	I	I	I	I	I	I
莱赛尔纤维	I	I	I	I	I	I	I	I	I	I	I	I
莫代尔纤维	I	I	I	I	I	I	I	I	I	I	I	I

纤维种类	溶液(溶剂)											
	苯酚		苯酚		吡啶		1,4-丁内酯		二甲亚亚砜		环已酮	
	50℃	沸	24~30℃	沸	24~30℃	沸	24~30℃	沸	24~30℃	沸	24~30℃	沸
铜氨纤维	I	I	I	I	I	I	I	I	I	I	I	I
醋酯纤维	S	S_0	S_0	S_0	S_0	S_0	S_0	S_0	S	S_0	S	S_0
三醋酯纤维	I	I	S_0	S_0	S_0	S_0	P	S_0	S	S_0	S	S_0
大豆蛋白纤维	I	I	I	I	I	I	I	I	I	P	I	I
牛奶蛋白改性聚丙烯腈纤维	I	I	I	P	I	I	I	I	P	S_0	I	I
聚乳酸纤维	I	S_0	I	P	S	I	I	S_0	I	S	I	S
涤纶	I	S_0	Pss	S_0	I	I	I	S	I	S	I	S
腈纶	I	I	I	□	I	I	I	S_0	S	S_0	I	I
锦纶6	S_0	S_0	S_0	S_0	I	I	I	S_0	I	S_0	I	I
锦纶66	S_0	S_0	S_0	S_0	I	I	I	S_0	I	S_0	I	I
氨纶	I	I	P	□	I	S	I	S_0	S	S_0	I	S_0
维纶	I	Pss	I	Pss	I	I	I	I	S	S_0	I	I
氯纶	I	□	I	S_0	I	S	S	S_0	S	S_0	S	S_0
偏氯纶	I	S_0	I	S_0	△	S_0	I	S	I	S_0	I	S_0
乙纶	I	□	Pss	□	I	I	I	□	I	□	I	S
丙纶	I	I	I	P	I	I	I	I	I	□	I	S
芳纶	I	I	I	I	I	I	I	I	I	I	I	S
聚苯乙烯纤维	P	S	P	S	P	S	I	I	I	S	S	S_0
碳纤维	I	I	I	I	I	I	I	I	I	I	I	I
酚醛纤维	I	I	I	I	I	I	I	I	I	I	I	I
聚砜酰胺纤维	I	I	I	I	I	I	I	I	I	I	I	I
噁二唑纤维	I	I	I	I	I	I	I	I	I	I	I	I
聚四氟乙烯纤维	I	I	I	I	I	I	I	I	I	I	I	I
石棉	I	I	I	I	I	I	I	I	I	I	I	I
玻璃纤维	I	I	I	I	I	I	I	I	I	I	I	I

续表

纤维种类	溶液(溶剂)							
	四氯化碳		二氯甲烷		二氧六环		乙酸乙酯	
	24~30℃	沸	24~30℃	沸	24~30℃	沸	24~30℃	沸
棉	I	I	I	I	I	I	I	I
麻	I	I	I	I	I	I	I	I
蚕丝	I	I	I	I	I	I	I	I
动物毛绒	I	I	I	I	I	I	I	I
黏胶纤维	I	I	I	I	I	I	I	I
莱赛尔纤维	I	I	I	I	I	I	I	I
莫代尔纤维	I	I	I	I	I	I	I	I
铜氨纤维	I	I	I	I	I	I	I	I
醋酯纤维	I	I	I	S	S_0	S_0	S	S
三醋酯纤维	I	I	S	S_0	S_0	S_0	I	P
大豆蛋白纤维	I	I	I	I	I	I	I	I
牛奶蛋白改性聚丙烯腈纤维	I	I	I	I	I	I	I	I
聚乳酸纤维	I	P	P	P	P	P	I	S
涤纶	I	I	I	I	I	I	I	I
腈纶	I	I	I	I	I	I	I	I
锦纶6	I	I	I	I	I	I	I	I
锦纶66	I	I	I	I	I	I	I	I
氨纶	I	I	I	I	I	I	I	I
维纶	I	I	I	I	I	I	I	I
氯纶	I	P		S_0	S	S_0	P	S_0
偏氯纶	I	I	I	I	I	S_0	I	I
乙纶	I	I	I	I	I	I	I	I
丙纶	I	P	I	I	I	I	I	I
芳纶	I	I	I	I	I	I	I	I
聚苯乙烯纤维	S_0	—	P	P	P	P	S	S_0
碳纤维	I	I	I	I	I	I	I	I

续表

纤维种类	溶液(溶剂)							
	四氯化碳		二氯甲烷		二氧六环		乙酸乙酯	
	24~30℃	沸	24~30℃	沸	24~30℃	沸	24~30℃	沸
酚醛纤维	I	I	I	I	I	I	I	I
聚砜酰胺纤维	I	I	I	I	I	I	I	I
噁二唑纤维	I	I	I	I	I	I	I	I
聚四氟乙烯纤维	I	I	I	I	I	I	I	I
石棉	I	I	I	I	I	I	I	I
玻璃纤维	I	I	I	I	I	I	I	I
说明:S₀—立即溶解;S—溶解;P—部分溶解;Pss——微溶;□—块状;I—不溶解;△—溶涨								

① 溶液的配制。铜氨溶液的配制:取适量的氢氧化铜于小烧杯中,缓慢注入氢氧化铵溶液(氢氧化铜:氢氧化铵约为1:200),边注入边搅拌,操作应在通风橱中进行。将配好的溶液静置片刻,慢慢将清液倒出,即为呈宝石蓝色透明的铜氨溶液。

其他溶液的配制:按化学药品特性,采用常规化学溶解方法配制。

② 每个试样取样2份进行试验。将少量纤维试样置于试管或小烧杯中,根据表3-3注入适量溶剂或溶液,在常温20~30℃(苯酚50℃)下摇动5 min。试样和试剂的用量比至少为1:50,观察纤维的溶解情况。

对有些在常温下难于溶解的纤维,需做加温试验。将装有试样和溶剂或溶液的试管或小烧杯加热至规定温度并保持3 min,观察纤维的溶解情况。在使用如乙酸乙酯、二甲亚砜等易燃性溶剂时,为防止溶剂燃烧或爆炸需将试样和溶剂放入小烧杯中,在封闭电炉上加热,并于通风橱内进行试验。

③ 如溶解结果差异显著,需要重新试验。

4. 含氯含氮呈色反应法

含有氯、氮元素的纤维用火焰、酸碱法检测,会呈现特定的呈色反应。由此可区别纤维中是否含有氯或氮元素,从而知道纤维类别。部分含氯含氮纤维呈色反应见表3-4。

表3-4　部分含氯含氮纤维呈色反应

序号	纤维种类	Cl(氯)	N(氮)
1	蚕丝	×	√
2	动物毛绒	×	√
3	大豆蛋白纤维	×	√
4	牛奶蛋白改性聚丙烯腈纤维	×	√
5	聚乳酸纤维	×	√

序号	纤维种类	Cl（氯）	N（氮）
6	腈纶	×	√
7	锦纶	×	√
8	氯纶	√	×
9	偏氯纶	√	×
10	腈氯纶	√	×
11	氨纶	×	√
注：√——有　×——无				

含氯试验：取干净的铜丝，用细砂纸将表面的氧化层除去，将铜丝在火焰中烧红立即与试样接触，然后将铜丝移至火焰中，观察火焰是否呈绿色，如含氯就会呈现绿色的火焰。

含氮试验：试管中放入少量切碎的纤维，并用适量碳酸钠覆盖，在酒精灯上加热试管，试管口放上红色石蕊试纸。如红色石蕊试纸变蓝色，说明有氮存在。

5. 熔点法

合成纤维在高温作用下，由固态转变为液态。通过目测和光电检测从外观形态的变化测出纤维的融熔温度即熔点。不同种类的合成纤维具有不同的熔点，依此鉴别纤维的类别。由于某些合成纤维的熔点比较接近，有的纤维没有明显的熔点，因此熔点法一般不单独应用，而是作为验证或用于测定纤维熔点。合成纤维熔点见表3-5。

表3-5　部分合成纤维熔点

纤维名称	熔点范围/℃	纤维名称	熔点范围/℃
醋酯纤维	255～260	三醋酯纤维	280～300
涤纶	255～260	氨纶	228～234
腈纶	不明显	乙纶	130～132
锦纶6	215～224	丙纶	160～175
锦纶66	250～258	聚四氟乙烯纤维	329～333
维纶	224～239	腈氯纶	188
氯纶	202～210	维氯纶	200～231
聚乳酸纤维	175～178	聚对苯二甲酸丙二醇酯纤维（PTT）	228
聚对苯二甲酸丁二酯纤维（PBT）	226		

测定熔点时，取少量纤维放在两片盖玻片之间，置于熔点仪显微镜的电热板上，并调焦使纤维成像清晰。升温速率约3～4℃/min，在此过程中仔细观察纤维形态变化，当发现玻璃片中的大多数纤维熔化时，此时的温度即为熔点。倘用偏光显微镜，调节起、检偏振镜的偏振面相互垂

直,使视野黑暗,放置试样使纤维的几何轴在直交的起偏振镜和检偏振镜间的45°位置上。熔融前纤维发亮,而其他部分黑暗,当纤维一开始融化,亮点即消失,记录这时的温度就是熔点。

每个试样需要测定三次,取其平均值作为试验结果(修约至整数)。

二、单一成分纤维鉴别

(1)面料纤维品种信息已知

如果客户提供一个样品或公司采购一批面料,可根据客户或供应商提供的面料信息,确定纤维的种类,可以通过燃烧法观察燃烧特征、显微镜观察纵向和截面形态特征、溶解试验观察在不同试剂中的溶解特性、熔点法试验等来进行鉴别。当然,鉴别时不需要每个试验都做,只要有足够证据证明其是或不是某种纤维即可。

(2)无面料纤维品种信息

如果只有面料样品,并无面料相关信息,则鉴别相对困难得多。通常情况下,先采用显微镜法将待测纤维进行大致分类。其中天然纤维素纤维(如棉、麻等)、部分再生纤维素纤维(如黏纤等)、动物纤维(如羊毛、羊绒、兔毛、驼绒、羊驼毛、马海毛、牦牛绒、蚕丝等),这些纤维因其独特的形态特征用显微镜法即可鉴别。

合成纤维、部分人造纤维(如莫代尔、莱赛尔等)及其他纤维在经显微镜初步鉴别后,再采用燃烧法、溶解法等一种或几种方法进行进一步确认后最终确定待测纤维的种类。

此外,对于有经验的检验员可以通过感观检验大致确定纤维种类,然后加以验证即可。一般来讲纯纺织物有如下特征:

纯棉布:一般手感柔软,弹性较差,容易产生折皱,纤维长短不一,布面光泽柔和。

纯毛精纺呢绒:手感柔软,富有弹性。表面平整光洁,光泽柔和自然,织纹细密清晰。有一定抗皱性。

纯毛粗纺毛呢:手感紧密厚实、丰满富有弹性。表面有细密的绒毛,一般看不见织纹。

真丝绸:手感滑爽柔软、外观轻盈飘逸。绸面平整细洁,光泽柔和,色彩鲜艳纯正。干燥情况下,手摸绸面有拉手感,撕裂时有"丝鸣声"。

三、多组分纤维鉴别

多组分纤维定性鉴别没有专门的方法,与单一成分的纤维鉴别方法大体上相同。

对于混纺织物来说,验证性检验相对比较容易,可以通过显微镜观察法观察纵向和横向形态特征来区分。也可以用溶解法方法保留其中的一种纤维不溶解,对这种不溶解的纤维再通过燃烧法、溶解法等方法加以验证。

如果面料缺少相关信息,就比较困难。可以先通过显微镜观察再进行溶解试验来检验。一般混纺纱,显微镜观察纵向或横向特征,即可鉴别。如不能鉴别,则采用溶解法,并用显微镜观察溶解情况,再进一步溶解残存的纤维,如果是合成纤维可以用熔点法进一步来验证。

同样有经验的检验人员可以凭经验来大致判断纤维类别,然后再进行验证。常见混纺织物有如下特征:

黏棉布(包括人造棉、富纤布):布面光泽柔和明亮,色彩鲜艳,平整光洁,手感柔软,弹性较差,抗皱能力较差。

涤棉布:光泽较纯棉布明亮,布面平整,洁净无纱头或杂质。手感滑爽、挺括,弹性比纯棉布好,抗皱能力较好。

毛涤混纺呢绒:外观具有纯毛织物风格。呢面织纹清晰,平整光滑,手感不如纯毛织物柔软,有硬挺粗糙感,弹性超过全毛和毛粘呢绒,抗皱能力较好。

毛腈混纺呢绒:大多为精纺。毛感强,具有毛料风格,有温暖感。弹性不如毛涤。

毛锦混纺呢绒:呢面平整,毛感强,外观具有蜡样光泽,手感硬挺,有一定抗皱能力。

粘胶丝织物(人丝绸):绸面光泽明亮但不柔和,色彩鲜艳,手感滑爽,柔软、悬垂感强,但不及真丝绸轻盈飘逸。抗皱能力较差。撕裂时声音嘶哑。经、纬纱沾水弄湿后,易拉断。

第二节 服装面料成分含量测定

服装面料成分含量测定,是针对混纺面料而言的。混纺面料纤维含量测定,是根据纤维的溶解性能,选择合适的溶剂,溶解去除某种(或某几种)纤维,把不溶解纤维称重,从而计算出各种纤维的含量。

一、通则规定

1. 取样

(1)面料取样

① 从由单个长度不超过 1 m 的样品所组成的批样中取样。除去布边,沿布样对角裁一个对角线布条作为实验室样品。

如布条质量为 Xg,则布条的面积为$\dfrac{X \cdot 10^4}{M}$cm²,其中 M 为面料单位面积质量(g/m²)。

根据计算结果裁取实验室样品,预处理后将其分成四等份,重叠在一起,从中裁取试样,并保证每一层试样长度一致。

② 从由单个长度超过 1 m 的样品所组成的批样中取样。从批样两端分别截取一段不多于 1 m 的全幅布样,将这两块布样沿经向分成两等份,剪切线左右两部分打上标记。

把一块布样的左半部分与另一块布样的右半部分拼在一起,并且使剪切线重合。剪去布边,沿一块布样的下方角到另一块布样的上方角剪取一对角线布条,按第①种方法处理这两个半幅组成的对角线布条。

③ 从由不同长度的样品所组成的批样中取样。按①②处理每个样品,每个样品试验结果应在报告中写明。

④ 从带有纱线分布图案的织物中取样。如在批样中有一个完整的图案单元,且批样长度不超过 1 m,则按第①条规定取样。如批样中长度超过 1 m,则按第②条取样。若图案循环较大或不对称,可将其剪成小碎片,充分混合后按第①条规定取样。

如批样中未包含一个完整的图案单元,应在试验报告中说明。

（2）成品取样

批样通常是一些完整的成品，或是能代表这些成品的一部分。首先确定成品的各个部分是否具有相同的部分，若相同，则把成品所有部分作为一个批样，从中抽取能够代表批样的实验室样品；若不同，则将成品每个部分单独作为一个批样对待，从中抽取能够代表批样的实验室样品。

2. 预处理

经过加工或整理的面料，可能含有油脂、蜡质或整理剂，这些物质可能是纤维本身带有的，也可能后来添加的。混合物中还可能存在盐类和其他水溶性物质。在分析过程中，这些物质中的某些物质可能影响试剂溶解，也可能部分或全部物质被试剂溶解掉，从而引起分析误差。因此，在分析之前最好去除这些非纤维物质。而对于染色纤维中的染料，一般认为染料是纤维的一部分而不必去除。

一般情况下的处理方法是，在索氏萃取器中用石油醚（馏程为 40 ~ 60 ℃）萃取样品 1 h，每小时至少循环 6 次。待样品中的石油醚挥发后，把样品浸入冷水中浸泡 1 h，再在（65 ± 5）℃的水中浸泡 1 h。两种情况下浴比均为 1:100，不时地搅拌溶液，挤干，抽滤，或离心脱水，从而去除样品中的多余水分，然后自然干燥样品。对于大多数纤维油脂、脂肪和蜡脂已基本去除，如果还含有其他不能萃取的非纤维物质，要根据物质的种类选择适当的方法进行。

3. 试样制备

实验室样品每个至少 5 g，要具有代表性，预处理后的样品，剪成 10 mm 左右的长度。每试样至少 1 g，特别注意面料中包含的不同组分的纱线。

4. 定量分析通用程序：

（1）烘干与冷却

烘干要求在密闭的通风箱内进行，温度为（105 ± 3）℃，时间一般不小于 4 h，但不超过 6 h，使试样烘干至恒重。需要注意的是，称量瓶、过滤坩埚及瓶盖也要同时烘干。烘干后，盖好瓶盖再从烘箱中取出，并迅速移入干燥器内。至完全冷却，时间不少于 2 h。

（2）称重

将干燥器和天平放在一起，保证较快的称量速度。将冷却后的称量瓶或坩埚取出，在 2 min 内称出质量，精确到 0.000 2 g。在干燥、冷却、称重过程中，不要用手直接接触称量瓶或坩埚、试样或残留物。

5. 结果计算

① 以净干质量为基础计算公式：

$$P = \frac{100\, m_1 d}{m_0}$$

式中：P——不溶组分净干质量分数（%）；

m_0——试样的干燥质量（g）；

m_1——残留物的干燥质量（g）；

d——不溶组分的质量变化修正系数。

② 以净干质量为基础结合公定回潮率计算公式：

$$P_M = \frac{100P(1 + 0.01a_2)}{P(1 + 0.01a_2) + (100 - P)(1 + 0.01a_1)}$$

式中：P_M——结合公定回潮率的不溶组分百分率(%)；

P——净干不溶组分百分率(%)；

a_1——可溶组分的公定回潮率(%)；

a_2——不溶组分的公定回潮率(%)。

③ 以净干质量为基础,结合公定回潮率以及预处理中非纤维物质和纤维物质的损失率计算公式：

$$P_A = \frac{100P[1 + 0.01(a_2 + b_2)]}{P[1 + 0.01(a_2 + b_2)] + (100 - P)[(1 + 0.01(a_1 + b_1)]}$$

式中：P_A——混合物中净干不溶组分结合公定回潮率及非纤维物质去除率的百分率(%)；

P——净干不溶组分百分率(%)；

a_1——可溶组分的公定回潮率(%)；

a_2——不溶组分的公定回潮率(%)；

b_1——预处理中可溶纤维物质的损失率,和(或)可溶组分中非纤维物质的去除率(%)；

b_2——预处理中不溶纤维物质的损失率,和(或)可溶组分中非纤维物质的去除率(%)。

第二种组分的百分率(P_{2A})等于$100 - P_A$。

采用某种特殊预处理时,则要测出两种组分在这种特殊处理中的b_1和b_2值。如可能,可以通过提供每一种组分的纯净纤维进行特殊预处理来测得。除含有的天然伴生物质或制造过程产生的物质外,纯净纤维不应有非纤维物质。

6. 精密度

各种分析方法的精密度,与重现性有关。重现性指的是可靠性,即由操作人员在不同的实验室或不同的时间,采用同一种方法对相同混合物的试样进行分析,其测定值之间的相同程度。

重现性用置信度为95%时的置信界限来表示,即在不同的实验室里,应用同一方法,对相同混合物的试样进行一系列分析时,在100次试验中仅有5次超出范围。

二、常见混纺面料成分测定举例

1. 涤棉混纺面料

参照的标准:GB/T 2910.11—2009《纺织品 定量化学分析 第11部分 纤维素纤维与聚酯纤维混合物(硫酸法)》。

用硫酸把棉纤维从已知干燥质量的混合物物中溶解去除,收集残留物,清洗、烘干和称重；用修正后的质量计算其占混合物干燥质量的百分率,由差值得出纤维素纤维的百分含量。

硫酸溶液配制:将700 mL 75%的硫酸(1.84 g/mL)小心地加入到350 mL水中,溶液冷却至室温后,再加水至1 L。

氨水溶液配制:将80 mL浓氨水(0.88 g/mL)加水稀释至1 L。

先按通用程序把试样和三角烧瓶、坩埚进行烘干、冷却、称重。然后把准备好的试样放入三角烧瓶中,每克试样加入200 mL硫酸溶液,塞上玻璃塞,摇动烧瓶将试样充分润湿后,将烧瓶保持(50±5)℃放置1 h,每隔10 min摇动一次。将残留物过滤到玻璃砂芯坩埚,真空抽吸排液,再加少量硫酸清洗烧瓶。真空抽吸排液,加入新的硫酸溶液至坩埚中清洗残留物,重力排液至少1 min后再用真空抽吸。冷水连续洗涤若干次,稀氨水中和两次,再用冷水洗涤。每次洗涤先重力排液再抽吸排液。最后将坩埚和残留物烘干,冷却,称重。

按通则中规定进行结果计算,涤纶纤维的 d 值取 1.00。

2. 毛涤混纺面料

参照的标准:GB/T 2910.4—2009《纺织品 定量化学分析 第 4 部分:某些蛋白质纤维与某些其他纤维的混合物(次氯酸盐法)》

用次氯酸盐(次氯酸钠或次氯酸锂)溶液把羊毛纤维从已知干燥质量的混合物中溶解去除、收集残留物,清洗、烘干和称重,用修正后的质量计算其占混合物干燥质量的百分率。由差值得出羊毛纤维的质量百分率。

次氯酸钠溶液的配制:在 1 mol/L 的次氯酸钠溶液中加入氢氧化钠,使其含量为 5 g/L。可用碘量法滴定,使其浓度在 0.9 ~ 1.1 mol/L。

次氯酸锂溶液的配制:有效氯浓度为(35 ±2)g/L(约 1 mol/L)的次氯酸锂溶液(氢氧化钠浓度为(5 ±0.5)g/L)可以替代次氯酸钠溶液。将 100 g 含有 35% 有效氯(或 115 g 含有 30% 有效氯)的次氯酸锂溶于 700 mL 水中,加入 5 g 氢氧化钠溶于 200 mL 水中,最后加水至 1 L。

稀乙酸溶液的配制:将 5 mL 冰乙酸加水稀释至 1 L。

先按通用程序把试样和三角烧瓶、坩埚进行烘干、冷却、称重。然后把试样放入三角烧瓶内,每克试样加入 100 mL 次氯酸盐溶液,经充分润湿后,在水浴上剧烈振荡 40 min。用已知干重的玻璃砂芯坩埚过滤,用少量次氯酸盐溶液将残留物清洗到玻璃坩埚中。真空抽吸排液。再依次用水清洗、稀乙酸溶液中和,最后用水连续清洗残留物,每次洗后先用重力排液,再用真空抽吸排液。最后将坩埚和残留物真空抽吸排液、烘干、冷却、称重。

按通则中规定进行结果计算,涤纶纤维的 d 值取 1.00。

以上举例介绍的是二组分纤维成分测定,其他二组分纤维混纺面料、三组分纤维混纺面料、四组分纤维混纺面料成分测定等此处不再作介绍,需要时请按附录 A 中"五、纤维鉴别与定量分析类标准"找到对应的标准,按标准规定进行测定。

除化学分析法外,对于可以通过手工分拣能够分离不同种类纤维的,还可以采用手工分拣法。具体方案请参照资料 FZ/T 01101—2008《纺织品 纤维含量的测定 物理法》。

第三节　服装面料的结构分析检验

服装面料的结构分析检验,就是检查面料规格是否符合要求。主要检查面料的组织、经纬密度、单位长度和单位面积重量、纱线线密度等几项。

一、正反面判定与经纬向确定

对于整匹的面料来讲,正反面和经纬向是比较容易判断的。如果是裁片,就要困难多了。

面料正反面判断一般依面料其外观效应来区分,没有固定的标准,只要能判断正确就可以。常用的判断方法有下面几种:

① 一般正面的花纹,色泽均比反面清晰美观。

②具有条格外观的面料和配色模纹面料其正面花纹清晰悦目。

③凸条及凹凸织物面料,正面紧密细腻,具有条状或图案凸纹,而反面较粗糙有较长的浮长线。

④单面起毛织物,起毛的一面为正面。双面起毛织物,绒毛光洁整齐的一面为正面。

⑤布边光洁,整齐的一面为正面。

⑥双层,多层及多重织物,如正反面的经纬密度不同,则正面具有较大的密度或正面的原料较佳。

⑦纱罗织物,纹路清晰绞经突出的一面为正面。

⑧毛巾织物,以毛圈密度大的一面为正面。

大多数面料正反面明显不同,但也有不少面料的正反面非常相似,这时不需要强求区别正反面。

面料经纬向的判定,主要依据以下原则来进行区分:

①有布边的,与布边平行的纱线为经纱,与布边垂直的则是纬线。

②未退浆处理的,含有浆料的是经纱,不含浆料的是纬纱。

③一般织物密度大的为经纱,密度小的为纬纱。

④有明显筘痕,筘痕方向为经向。

⑤若纱线的一组是股线,另一组是单纱时,通常股线为经纱,单纱为纬纱。

⑥若单纱织物的成纱捻向不同,Z 捻纱为经纱,S 捻纱为纬纱。

⑦若成纱的捻度不同,捻度大的多数为经纱,捻度小的为纬纱。

⑧如果经纬纱特数,捻向,捻向差异都不大,纱线的条干均匀,光泽较好的为经纱。

⑨毛巾类织物,其起毛圈的纱线为经纱,不起毛圈的纱线为纬纱。

⑩条子织物其条子方向通常是经向。

⑪若有一个系统的纱线具有多种不同特数,此系统纱线为经向。

⑫纱罗织物,有扭绞的纱线为经纱,无扭绞的纱线为纬纱。

⑬非弹性纤维面料,经向几乎没有弹性,纬向有一定的弹性。

以上有的是依据织物设计的一般原则来判断的,不是绝对的,需要综合考虑,视具体情况进行确定。

二、组织分析检验

1. 组织图

组织图是在意匠纸(由规则的水平细线和竖直细线构成的适合表征织物组织和图案的纸)上表示织物中经纬纱线的交织规律的图形。经纱浮在纬纱上时,在意匠纸的方格上画上一个符号,表示经组织点,不画的方格表示纬组织点。组织点是经纱与纬纱相互沉浮的交叉处。

机织物中经纱和纬纱相互交织的规律称为织物组织。由最少根数的经纱和纬纱构成的可重复的织物组织称为完全组织,构成一个完全组织所需的最少经纬纱数,称为完全组织经纬纱数。

2. 组织分析

组织分析前,必须确定面料的正反面和经纬向,样品大小必须包含若干个完全组织,并确定拆纱方向。

分析时拆除两垂直边上的纱线,露出约 1 cm 长的纱缨,用分析针平行于纱缨拨动纱线,记录组织点。连续从织物中逐次地拨出纱线,观察和记录每根纱线的交织情况,直至获得一个完全组织。如果需要可对织物的浮面烧灼和轻微修剪,以改善组织点的清晰度。

对于简单组织和稀疏结构的面料可直接裸眼或照布镜观察经纬纱交织规律,绘出组织图。

组织图绘制完成后,判定面料组织是否与面料规格相符。

三、单位长度和单位面积质量测定

调湿和试验大气条件要求采用标准大气环境。

首先对面料进行预调湿,然后去边。去边的目的是防止布边单位长度或面积质量与布身相差较大,从而影响布身的单位长度或面积质量。

1. 能在标准大气中调湿的一块织物的单位长度或单位面积质量的测定

试样在标准大气中进行调湿,然后在标准大气中测定长度、质量和幅宽。

对于整段织物可以测定整段长度、质量和幅宽。也可以从整段中间取长度 3 ~ 4 m(最少不少于 0.5 m)的织物测定长度、质量和幅宽。

对于一块织物,与织物布边垂直且平行地剪取整幅织物长度 3 ~ 4 m(最少不少于 0.5 m),然后测定长度、质量和幅宽。

测定后计算单位长度调湿质量(g/m)和单位面积调湿质量(g/m²),计算结果修约到个位。

2. 不能在标准大气中调湿的整段织物的单位长度或单位面积质量的测定

首先测定整段面料在普通大气中松驰后的长度、质量和幅宽。再从整段织物中剪取一块长度 3 ~ 4 m(最少不少于 1 m)的整幅织物,测定其长度、质量和幅宽。上面两步尽可能同时进行。然后将这一块织物在标准大气中调湿后测定长度、质量和幅宽。

测定后,将整段织物与一块织物用比例的方法求出整段织物在标准大气中的长度、质量、幅宽。从而再计算标准大气下的单位长度质量(g/m)或单位面积质量(g/m²)。计算结果修约到个位。

3. 小样品单位面积质量的测定

从织物的非边且无褶皱部分剪取有代表性的样品 5 块,每块大小约为 15 cm × 15 cm。遇到大花型且局部区域有明显单位面积质量不同,要选用包含此花型完全组织整数倍的样品。

(1)单位面积调湿质量的测定

每个样品无张力平放于桌面上,调湿平衡后,截取 100 cm² 大小的正方形或圆形试样。大花型截取的样品可以是完全组织整数倍的矩形,然后测定试样的长度、宽度。最后测定试样的质量(精确到 0.001 g)。利用测定的数据计算单位面积的调湿质量(g/m²),求出 5 块试样的的平均值作为测定结果(修约到个位)。

(2)单位面积干燥质量和公定质量的测定

截取 100 cm² 大小的正方形或圆形试样。大花型截取的样品可以是完全组织整数倍的矩形,并测定试样的长度、宽度。

干燥采用通风式干燥箱,可以采用箱内称重法或箱外称重法。

箱内称重法是将所有试样一并放入干燥箱内的称量容器内,在(105 ±3)℃下干燥至恒量

（以至少 20 min 间隔连续称量试样，两次称量质量之差不超过后一次称量质量的 0.20%），称量试样质量（精确到 0.01 g）。

箱外称量法是把所有试样放在称量容器内，然后一并放入干燥箱内，敞开容器盖，在（105±3）℃下干燥至恒量。将称量容器盖好，移至干燥器内冷却至室温（不少于 30 min）。称量试样（连同容器）质量（精确到 0.01 g），再称空容器质量（精确到 0.01 g）。

测定完成后，用去除容器质量后的试样质量之和除以 5 个试样面积之和，从而得到单位面积干燥质量（g/m²），结果修约到个位。

单位面积公定质量，需要考虑公定回潮率，如果是纯纺织物，直接把试样干燥质量折算成公定回潮率下的公定质量，从而计算出单位面积公定质量（g/m²），结果修约到个位。如果是混纺织物，则要根据混纺比、试样干燥质量和纤维品种的公定回潮率分别计算出每种纤维材料的公定质量，再计算出单位面积公定质量（g/m²）。

四、经纬密度测定

机织物密度是指在无折皱和无张力下，单位长度所含的经纱根数和纬纱根数，一般以根/10 cm 表示。经密是织物纬向单位长度内所含的经纱根数，纬密则是织物经向单位长度内所含的纬纱根数。

试验要求采用标准大气，一般检验可在普通大气中测量。试样测试前要求暴露在试验大气中至少 16 h。试样要求平整无折皱，无明显纬斜。测量时应选取不少于五个经纬向均不同的有代表性的部位进行测定。

1. 最小测量距离

密度越小，最小测量距离要求越大，要保证足够的测量根数，目的是防止局部密度变化影响结果可靠性。最小测量距离要求见表 3-6。

表 3-6　机织物密度最小测量距离

每厘米纱线根数	最小测量距离/cm	被测量的纱线根数	精确度百分率（计数到 0.5 根纱线以内）
10	10	100	>0.5
10~25	5	50~125	1.0~0.4
25~40	3	75~120	0.7~0.4
>40	2	>80	<0.6

对于采用织物分解法裁取至少含有 100 根纱线的试样。对宽度只有 10 cm 或更小的狭幅织物，计数包括边经纱在内的所有经纱，并用全幅经纱根数表示结果。

当织物是由纱线间隔稀疏不同的大面积图案组成时，测定长度应为完全组织的整数倍，或分别测定各区域的密度。

2. 织物分解法

在调湿后样品的适当部位剪取略大于最小测量距离的试样。在试样的边部拆去部分纱线，用钢尺测量，使试样达到规定的最小测定距离 2 cm，允差 0.5 根。将准备好的试样，从边缘起逐根拆点,为便于计数,可以把纱线排列成 10 根一组,即可得到织物在一定长度内经纬向的纱线根数。如经纬密同时测定,可剪取一矩形试样,使经纬向的长度均满足于最小测定距离。拆解试样即可得到一定长度内的经纱根数和纬纱根数。

3. 织物分析镜法

将织物摊平,把织物分析镜放在上面,选择一根纱线并使其平行于分析镜窗口的一边,由此逐一计数窗口内的纱线根数。同样的方法测出另一系统纱线的根数。

4. 移动式织物密度镜法

移动式织物密度镜,内有 5 至 20 倍的放大镜,放大镜中有标志线,可通过螺杆在刻度尺上的基座上移动。

将织物摊平,把织物密度镜放在上面,让放大镜标志线平行于待测系统的纱线,并使起点标志线位于两根纱张中间,在规定的测量距离内计数纱线根数。如终点位于最后一根纱线上,不足 0.25 根的不计,在 0.25 ~ 0.75 根作 0.5 根计,0.75 以上作 1 根计。

5. 结果计算与表示

将测得的一定长度内的纱线根数折算成 10 cm 长度内所含纱线的根数。分别计算出经纬密的平均数,结果精确到 0.1 根/10 cm。如纱线密度间隔稀疏不同,则需表示出各个不同区域的密度值。

五、面料纱线线密度测定

从长方形的织物试样中拆下纱线,测定其伸直长度,在试验用的标准大气中调湿后测定其质量,或测定烘干质量加上商业允贴或公定回潮率。根据质量与伸直长度总和计算线密度。

1. 试样准备

先将样品调湿至少 24 h。从调湿过的样品中裁剪经纬向试样至少 2 块。每个试样的长度最好相同,约为 250 mm(考虑夹钳中的长度,需要适当增加,宽度至少包括 50 根纱线。

试验采用捻度仪使纱线伸直,根据不同细度施加不同的张力,张力大小按表 3-7 施加。如果规定的张力不能使纱线伸直或已伸长,可另外选取,但必须加以说明。

表 3-7　织物中拆下纱线线密度测定施加张力

纱线	线密度/tex	伸直张力/cN
棉纱、棉型纱	≤7 >7	0.75 × 线密度值 (0.2 × 线密度值) + 4
毛纱、毛型纱、中长型纱	15 ~ 60 61 ~ 300	(0.2 × 线密度值) + 4 (0.07 × 线密度值) + 12
非变形长丝纱	所有线密度	0.5 × 线密度值

2. 夹持纱线与长度测定方法

用分析针轻轻地从试样中部拨出最外侧一根纱线,在两端各留下约 1 cm 仍交织着。拆下纱线的一端,握住端部防止退捻,对准好基线将头部夹入夹钳,同样方法夹好另一端。使夹钳分开,逐渐达到预加张力,记录钳口距离作为纱线的伸直长度。

3. 长度测定

调整好伸直张力,从每一试样中拆下并测定 10 根纱线的伸直长度(精确到 0.5 mm)。然后从每个试样中拆下至少 40 根纱线,与同一试样中已测取长度的 10 根形成一组。

试样规定的预调湿用的标准大气中预调湿 4 h,然后暴露在试验用的标准大气中 24 h,或者每隔至少 30 min 其质量的递变量不大于 0.1%。将 2 组经纱一起称重,2 组纬纱一起称重。

对于商业允贴或公定回潮率,需把试样放在通风烘箱中加热至 105 ℃,并烘至恒定质量,直至每隔 30 min 质量递变量不大于 0.1%。将 2 组经纱一起称重,2 组纬纱一起称重。

如果要求去除非纤维物质,去除方法按纤维混合物定量分析前非纤维物质的去除方法除去非纤维物质,然后测定。

如果要求测定股线中单纱线密度,则需将股线分离成单纱进行测定。

4. 结果表示

结果用特克斯(即 1 000 m 长的纱线的质量克数) tex 表示。

第四节　服装面料的几何尺寸及其变化检验

一、长度、幅宽的测定

织物长度即沿纵向从起始端至终端的距离。织物幅宽是指与织物长度方向垂直的织物最外两边间的距离。织物有效幅宽是指除布边、标志、针孔或其他非同类区域后的织物宽度。

长度和幅宽测定虽说比较简单,但规范测量保证准确性也很重要。测量的方法是将松驰状态下的织物在标准大气条件下置于光滑的平面上,使用钢尺测定织物长度和幅宽,对于长度可分段测定再求和计算出总长度。

织物是否达到松驰状态,可预先沿着长度方向标记两点,连续每隔 24 h 测量一次长度,如果测量的长度差异小于最后一次长度的 0.25%,则认为已充分松驰。

1. 测定用具

① 钢尺,符合 GB/T 19022,长度大于织物宽度或大于 1 m,分度值为毫米。

② 测定桌,表面平滑,长度与宽度应大于放置好的织物的被测部分,长度至少达 3 m,沿测定桌两长边,每隔 1 ±0.001 m 长度连续标记刻度线。第一条刻度线距桌边缘 0.5 m。对于较长织物,可分段测量长度,测量每段时,织物应全部放在桌面上,可参考图 3-1 放置(左图为松式叠放,右图为两端折叠堆放)。

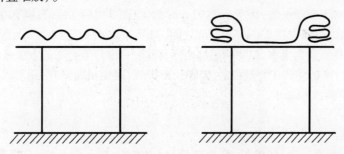

图 3-1　测定桌织物堆放示意

2. 长度测定

① 短于 1 m 的试样,平行于纵向边缘直接测量,精确到 1 mm。在幅宽方向的不同部位重复 3 次测量试样全长。

② 长于 1 m 的试样,先在织物边缘处作标记,用测定桌上的刻度,每隔 1 m 作标记,剩余不足 1 m 的部分用钢尺测量长度,最后计算总长度。根据需要可重复测量 3 次。

3. 幅宽测定

普通织物全幅宽为织物靠外两边的垂直距离。对折织物幅宽为对折线到双层外垂直距离的 2 倍。如果外端不齐,按折叠线到其距离最短的一端测量,并在报告中说明。管状织物幅宽为两端间的垂直距离。

测定次数规定:试样长度 ≤5 m,测 5 次;试样长度 ≤20 m,测 10 次;试样长度 >20 m,以 2 m 的间距至少测 10 次。

如果测定的是有效幅宽需在报告中注明。

4. 结果计算

织物长度计算平均数(m),精确到 0.01 m。

织物幅宽计算平均数(m),精确到 0.01 m。

二、洗烫尺寸变化测定

需要在标准大气条件下对试样进行调湿和试验。

1. 测定尺寸变化的试验中织物试样和服装的准备、标记及测量

(1) 织物试样

① 取样:在距布端 1 m 以上取样,每块试样包含不同长度和宽度上的纱线。裁样之前标出试样的长度方向。

沿织物的长度方向裁切试样,大小至少为 500 mm × 500 mm。幅宽小于 650 mm 的织物可采用全幅试样进行试验。

如果织物易脱散,则对试样进行锁边。

② 调湿:试样放置在标准大气中,在自然松弛状态下,调湿至少 4 h 或达到恒重(以 1 h 时间间隔称重,质量的变化不大于 0.25% 时,即认为达到恒重)。

③ 标记:将试样放在平滑测量台上,在试样的长度和宽度方向上,至少各做三对标记,如图 3-2(a)。每对标记点之间的距离至少 350 mm,标记距离试样边缘不小于 50 mm,标记在试样上的分布应均匀。对于窄幅织物,幅宽小于 70 mm 的,按图 3-2(b)标记;幅宽在 70~250 mm 之间,按图 3-2(c)标记;幅宽在 250~500 mm 之间,按图 3-2(d)标记。

标记可以选择不褪色墨水、织物标记打印器、缝线、钉书钉等合适的方法标记。

④ 尺寸测量:将试样放在测量台上,轻轻抚平折皱,避免扭曲试样,用量尺测量两标记点之间的距离,记录精确到 1 mm。

(2) 服装

① 测量部位:

上衣类服装:领圈长度、摆缝长、前片衣长、后片衣长、袖下缝长度、总肩宽、胸宽、袖宽、袖口宽。

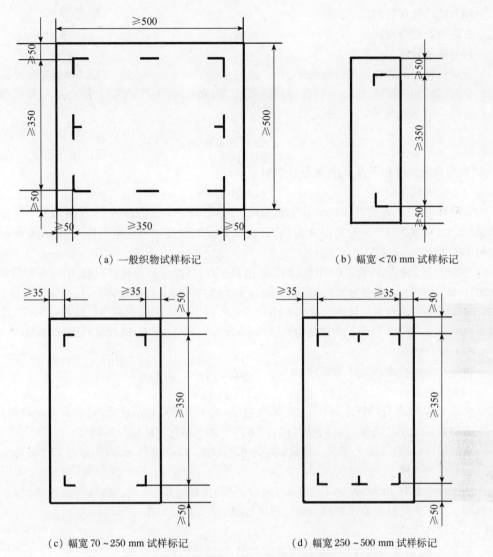

（a）一般织物试样标记　　　　　　　　（b）幅宽＜70 mm 试样标记

（c）幅宽 70～250 mm 试样标记　　　　　（d）幅宽 250～500 mm 试样标记

图3-2　测定尺寸变化织物试样标记

裤类服装：前裆、后裆、裤腿长、腰宽、裤口或裤脚口宽、膝部（中裆）宽、横裆、裤长。

连衫裤工作装、连衫裤装、工装裤、连体游泳衣：综合上衣类和裤类服装测量部位进行。

裙子：裙长、腰宽、裙宽。

② 测量：

列出的测量部位可能没有必要全部测量，应依据服装的类型和式样来确定。

测量规定部位之间，最好是接缝之间或接缝交点之间的距离。也可在服装上标记测量部位或以示意图表示测量部位。

测量时所有可闭合处一定要闭合，不能进行无必要的拉伸。弹性服装或服装弹性部位在松弛状态下测量。对称部位应作对应的测量。

（3）试样处理后的尺寸测量

方法与处理前相同。

（4）结果计算与表示

分别计算经向和纬向尺寸变化率。

根据试样初始尺寸 X_0（mm）、处理后的尺寸 X_t（mm）按下式计算尺寸变化率（D），修约到 0.1%，用"+"表示伸长，"-"表示收缩。

$$D = \frac{x_t - x_0}{x_0} \times 100\%$$

2. 试验用家庭洗涤和干燥程序-A 型洗衣机

（1）洗衣机类型

有两种类型即：A 型洗衣机和 B 型洗衣机。A 型洗衣机：前门加料、水平滚筒型。B 型洗衣机：顶部加料、搅拌型。一般采用 A 型洗衣机，故 B 型洗衣机使用这里不作介绍，需要使用时请参照 GB/T 8629—2001。

洗涤时，还需加陪洗物。A 型洗衣机的陪洗物：为纯聚酯变形长丝针织物，单位面积质量（310±20）g/m²，由四片织物叠合而成，沿四边缝合，角上缝加固线。形状呈方形，尺寸为（20±4）cm×（20±4）cm，每片缝合后的陪洗物重（50±5）g。也可使用折边的纯棉漂白机织物或 50/50 涤棉平纹漂白机织物，两者单位面积的质量均为（155±5）g/m²，尺寸为（92±5）cm×（92±5）cm。

（2）试样数量

依据产品用途或产品标准确定。

（3）洗涤剂

采用无磷 ECE 标准洗涤剂（不含荧光增白剂）或无磷 IEC 标准洗涤剂（含荧光增白剂）。

无磷 IEC 标准洗涤剂（含荧光增白剂），适用于除评定色牢度以外的场合

水的硬度，一般试验无要求。仲裁试验用水的硬度（以碳酸钙表示）不超过 20 mg/kg。

（4）洗涤程序

洗涤程序共有 10 种，规定了洗涤搅拌、总负荷、洗涤温度、水量、洗涤时间、冲洗时间、脱水时间等。根据产品标准要求选择合适的程序，洗涤程序见表 3-8。

（5）操作说明

单个试样、制成品或服装如果使用翻滚烘干，在洗涤前应先称重。

将待洗试样装入洗衣机，加足量的陪洗物，使所有待洗载荷的空气中的干质量达到所选洗涤程序规定的总载荷值。如果测定的是尺寸稳定性，试样的量不应超过总载荷量的一半。加足量的洗涤剂以获得良好的搅拌泡沫，泡沫高度在洗涤周期结束时不超过（3±0.5）cm。

在完成洗涤程序的最后一次脱水后取出试样，注意不要拉伸或绞拧，按规定的一种干燥程序干燥。

试样滴干时，在进行最后一次脱水之前停机并取出试验材料，注意不要拉伸或绞拧。

（6）干燥

程序 A-悬挂晾干：将脱水后的试样悬挂在绳、杆上晾干。悬挂时，试样的经向或纵向应处于垂直位置，制品按使用方向悬挂。

表3-8　水平转鼓型洗衣机——A型洗衣机洗涤程序

程序编号	总负荷(干质量)/kg	加热、洗涤和冲洗中搅拌	洗涤				冲洗1		冲洗2			冲洗3			冲洗4		
			温度/℃	水位/cm	洗涤时间/min	冷却	水位/cm	冲洗时间/min	水位/cm	冲洗时间/min	脱水时间/min	水位/cm	冲洗时间/min	脱水时间/min	水位/cm	冲洗时间/min	脱水时间/min
1A	2±0.1	正常	92±3	10	15	要	13	3	13	3		13	2		13	2	5
2A	2±0.1	正常	60±3	10	15	不要	13	3	13	3		13	2		13	2	5
3A	2±0.1	正常	60±3	10	15	不要	13	3	13	2		13	2	2			
4A	2±0.1	正常	50±3	10	15	不要	13	3	13	2		13	2	2			
5A	2±0.1	正常	40±3	10	15	不要	13	3	13	3		13	2		13	2	5
6A	2±0.1	正常	40±3	10	15	不要	13	3	13	2		13	2	2			
7A	2±0.1	柔和	40±3	13	3	不要	13	3	13	3	1	13	2	6			
8A	2±0.1	柔和	30±3	13	3	不要	13	3	13	3		13	2	2			
9A	2	柔和	92±3	10	12	要	13	3	13	2		13	2	2			
仿手洗	2	柔和	40±3	13	1	不要	13	2	13	2	2						

注:①程序1A、2A、3A 总负荷也可使用5 kg。为降低低磨损敏感程度或类似效应,程序7A 也可使用1 kg
②洗涤注水和冲洗注水温度均为(20±5)℃
③洗涤、冲洗1 水位、机器运转1 min,停顿30 s,自滚筒底部测量液位
④洗涤、冲洗3、冲洗4 水位,与水位对应的液体容积使用带刻度容器由另外一次试验来确定
⑤洗涤时间,冲洗时间允许误差20 s
⑥冷却,加注冷水至13 cm 液位,搅拌2 min
⑦冲洗时间,自达到规定液位时计
⑧1A、2A、3A、4A 先加热至40 ℃,保持该温度15 min,再进一步加热至洗涤温度
⑨冷却,1A、9A 程序仅用于安全试验室试验
⑩3A、4A、6A、8A、9A 程序冲洗3 脱水时间采用短时间脱水或滴干
⑪7A、8A、仿手洗时加热时无搅拌

程序 B—滴干:将试样从洗衣机中取出,不脱水,悬挂在绳、杆上,在室温静止空气中晾干。悬挂时,试样的经向或纵向应处于垂直位置。制品按使用方向悬挂。

程序 C—摊平晾干:将试样平放在水平筛网干燥架上,用手抚去折皱,不得拉伸或绞拧,晾干。

程序 D—平板压烫:将试样放在压烫平板上。用手抚平重折皱,根据试样需求,放下压头对试样压烫一个或多个短周期,直至烫干。压头设定温度应适合被压烫试样。记录所用温度和压力。

程序 E—翻滚烘干:本程序很少采用,并且不适用于含有温敏纤维的制品,这里不作介绍。

程序 F—烘箱供燥:把试样放在烘箱内的筛网上摊平,用手除去折皱,注意不要使其伸长或变形,烘箱温度设定为 (60 ± 5)℃,然后烘干。

3. 洗涤和干燥后尺寸变化的测定

试样在洗涤和干燥前,在规定的标准大气中调湿并测量尺寸,试样洗涤干燥后,再次调湿、测量其尺寸,并计算试样的尺寸变化率。

试样的数量最好为 3 个,如样品不足,可试验 1 个或 2 个试样。

洗涤程序和干燥方法的选择依据合同或协议约定,或产品标准规定。

最后按公式计算出尺寸变化率 D。

4. 毛织物尺寸变化的测定

将规定尺寸的试样,经调湿后,在规定的条件下测量其标记间尺寸,浸渍、干燥,然后重新调湿并再次测量其尺寸,分别按经向和纬向浸水前后的尺寸计算尺寸变化。

取样、标记、测量及结果计算等与第 1 条"测定尺寸变化的试验中织物试样和服装的准备、标记及测量"要求相同。不同点如下:

试验前试样质量:先称取试验前试样的质量(调湿后质量)。

浸水:将试样在自然状态下散开,浸入温度 20 ~ 30℃的水中 1 h,水中加 1 g/L 的烷基聚氧乙烯醚(平平加),使试样充分浸没于水中。

脱水晾干:取出试样放入离心脱水机内脱干,小心展开试样,平放于室内光滑平台上晾干。

试验后试验质量:称取试验后试样的质量(调湿后质量)。如浸水前后质量差异在 ±2% 以内,则测量试验后标记长度。

5. 毛织物经汽蒸后尺寸变化试验方法

测定织物在不受压力的情况下,受蒸汽作用后尺寸变化。该尺寸变化与织物在湿处理中的湿膨胀和毡化收缩变化无关。

(1)试样

经向(直向)和纬向(横向)各取 4 块试样,试样尺寸为 300 mm × 50 mm,试样上没有明显疵点。

(2)调湿与标记

试样预调湿 4 h,再调湿 24 小时,在相距 250 mm 处两端用订书钉或其他方法对称地各作一个标记。量取汽蒸前标记间长度,精确到 0.5 mm。

(3)汽蒸

蒸汽以 70 g/min 的速度通过蒸汽圆筒 1 min 以上,使圆筒预热。把调湿后的 4 块试样分别平放在金属丝支架上(不同层)后,立即放入圆筒内并保持30 s。然后移出试样,冷却30 s后再放入圆筒内,共进出循环3次。

(4) 冷却调湿

把经过汽蒸循环3次后的试样放在光滑平面上冷却,然后进行预调湿和调湿处理平衡后,量取标记间的距离长度,精确到0.5 mm。

(5) 结果计算

分别计算经纬向尺寸变化率,结果修约至小数点后1位。

洗烫尺寸变化对于服装穿着影响很大,对面料洗烫后的尺寸变化测试显得尤其重要。试验主要依据"GB/T 8632—2001 纺织品机织物近沸点商业洗烫后尺寸变化的测定"进行。

此外还有"GB/T 8631 纺织品织物冷水浸渍后尺寸变化的测定""FZ/T 20021 织物经汽蒸后尺寸变化试验方法"也对面料尺寸变化试验进行了规定,可根据测试需要选用。

三、接缝处纱线抗滑移的测定

1. 定负荷法

矩形试样折叠后沿宽度方向缝合,然后再沿折痕开剪,用夹持器夹持试样,并垂直于接缝方向施以拉伸负荷,测定在施加规定负荷时产生的滑移量。

(1) 取样

先按表3-9规定随机抽取相应数量的匹数。从批样的每匹中随机剪取至少1 m长的全幅作为实验室样品(离匹端至少3 m)。样品中不能有褶皱和明显的疵点。

如果样品需要进行水洗或干洗预处理,可采用GB/T 19981.2或GB/T 8629中给定的程序进行。

表3-9　面料检验抽样匹数

一批的匹数	≤3	4~10	11~30	31~75	≥76
抽样的匹数	1	2	3	4	5

(2) 试样准备

采用14号缝纫针、(45±5)tex 100%涤纶包芯纱(长丝芯、短纤包覆)缝制,缝迹型式为301,针迹密度为(50±2)针/100 mm(毛织物14针/25 mm)。

毛织物≤220 g/m²,采用10号针、9.5 tex×3棉丝光缝纫线;>220 g/m²时采用14号针、16.2 tex×3棉丝光缝纫线。

参照图3-3从实验室样品中剪取试样。每块试样不能包括相同的经纱或纬纱。矩形试样的尺寸为200 mm×100 mm(毛织物试样尺寸为175 mm×100 mm),经纱滑移试样与纬纱滑移试样各5块(毛织物各3块),经(纬)纱滑移试样的长度方向平行于纬(经)纱,用于测定经(纬)纱滑移。

将试样正面向内对折,折痕平行于宽度方向,在距折痕20 mm(毛织物为13 mm)处缝制一条直形缝迹,缝迹平行于折痕线。

最后在折痕端距离缝迹线12 mm处(毛织物在折痕处)剪开试样,两层织物的缝合余量应相同。

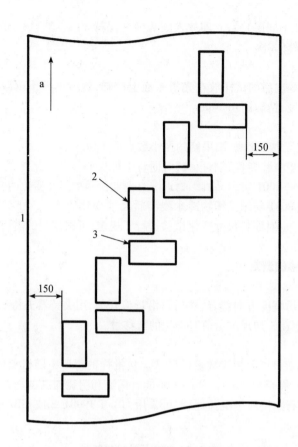

1—布边　2—纬纱滑移试样
3—经纱滑移试样　4—经纱方向
图3-3　接缝处纱线抗滑移试样剪取

试验前,先进行试样预调湿和调湿。

(3) 试验

试验需在标准大气中进行。

采用等速伸长试验仪,隔距长度为(100±1)mm(毛织物75 mm),拉伸速度设定为(50±5) mm/min。两夹持线在一个平面且相互平行,夹持试样时,保证试样的接缝位于两夹持器中间且平行于夹持线。

开动机器缓慢增大施加在试样上的负荷至合适的定负荷值。当达到定负荷值时,立即将负荷减小到5 N,并在此时固定夹持器不动。立即(30 s内)测量缝迹两边缝隙的最大宽度值,也就是两边未受到破坏作用的织物边纱的垂直距离,这就是滑移量(mm),修约至整数(毛织物0.5 mm)。如图3-4所示,a为滑移量。

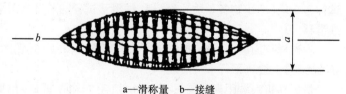

a—滑移量　b—接缝
图3-4　接缝处纱线滑移量测量

服装面料≤220 g/m² 时定负

荷值为 60 N,≥220 g/m² 的定负荷值为 120 N(毛织物≤140 g/m² 时定负荷值为 59 N,≤220 g/m² 且 >140 g/m² 时定负荷值为 78 N,>220 g/m² 时定负荷值为 118 N)。

(4) 结果计算与表示

经纱滑移量、纬纱滑移量分别计算 5 个试样(毛织物为 3 个试样)的平均值作为结果,修约到整数。

如在达到定负荷值前,织物或接缝受到破坏而无法测定滑移量,则结果报告为"织物断裂"或"接缝断裂",并注明此时的拉力值。

2. 定滑量法

用夹持器夹持试样,在拉伸试验仪上分别拉伸同一试样的缝合及未缝合部分,在同一横坐标的同一起点上记录缝合试样的力-伸长曲线。找出两曲线平行于伸长轴的距离等于规定滑移时的点,读取该点对应的力值为滑移阻力。

滑移量一般定为 6 mm,缝隙很小的可以采用 3 mm。

测试方法基本与定负荷法相同。不同点如下:

① 试样尺寸:400 mm×100 mm。

② 试样折叠与缝制:试样正面向内折叠 110 mm,折痕平行于宽度方向。

③ 剪开:将缝合好的试样沿宽度方向距折痕 110 mm 处剪成两段,一段包含接缝,另一段不含接缝。不含接缝的长度为 180 mm。如图 3-5 所示。

④ 试验:夹持不含接缝的试样,使试样长度方向的中心线与夹持器中心线重合。启动仪器直至达到终止负荷 200 N。

夹持含接缝的试样,保证试样的接缝位于两夹持器中间且平行于夹面。启动仪器直至达到终止负荷 200 N。

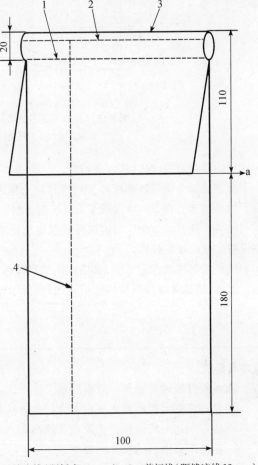

1—缝迹线(距折痕 20 mm)　2—剪切线(距缝迹线 12 mm)
3—折痕线　4—标记线(距布边 38 mm)　a—裁样方向
图 3-5　定滑移量法测定接缝处纱线抗滑移试样

如果是记录纸记录拉伸图像,则纸与仪器的速度比不低于 5 ∶ 1。

⑤ 滑移曲线与结果计算:滑移曲线如图 3-6。

量取两曲线在拉力为 5 N 处的伸长差 x,修约至最接近的 0.5 mm,作为对试样初始松弛伸直的补偿。

用给定的滑移量,乘以纸与仪器的速度比值,加上 x,得到所需的 x'。

在曲线上找到这一点,使两曲线平行于伸长轴的距离等于 x',读取这一点所对应的力值,即

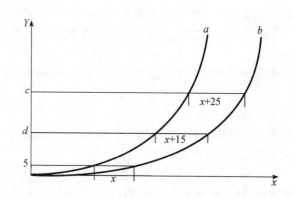

x—伸长(mm) Y—拉伸力(N) a—不含接缝试样 b—接缝试样
c—滑移量为5 mm时的拉伸力 d—滑移量为3 mm时的拉伸力
图3-6 定滑移量法测定滑移量曲线图

为试样的滑移阻力(N),修约至整数。

分别计算5块经纱和纬纱平均滑移阻力作为测试结果,修约至整数。

如果拉伸力在200 N或低于200 N时,试样未产生规定的滑移量,则结果为">200 N"。

如果拉伸力在200 N以内试样或接缝出现断裂,则结果报告为"织物断裂"或"接缝断裂",并说明此时施加的拉伸力值。

如果是电脑软件记录图,直接读出结果即可。

此外,接缝处纱线抗滑移还可采用针夹法、摩擦法。

思考与实践

1. 面料纤维种类鉴别一般有哪些方法？练习显微镜法和溶解法鉴别纤维种类。
2. 试述涤棉混纺面料成分定量分析的方法和步骤。
3. 练习判定一块面料的正反面和经纬向。
4. 练习测量面料的长度和幅宽。
5. 练习测量某种面料的洗涤干燥后的尺寸变化率。
6. 采用定负荷法测量某种面料接缝处纱线滑移量。

第四章

服装面料功能检验

　　服装面料功能决定着服装的服用性能，决定着服装的用途，如平整无褶皱的面料适宜制作外套，透气透湿的面料适宜制作夏季服装，防水性能好的面料适宜制作户外服装，还有特殊功能的面料如阻燃性特别好的面料适宜制作消防服、抗辐射的面料适宜制作孕妇服等。因此服装面料的功能决定了服装的功能，功能检验对服装尤其是特种服装特别重要。

第一节　服装面料服用外观性能检验

服装面料服用效果性能是指面料在加工和使用过程中所具有的外观美感、穿着舒适以及对人体防护的性能。

一、抗皱性能检验

抗皱性能又称为折皱回复性能,是衡量面料外观保持平整不起皱的重要指标。

折痕回复性采用测定回复角的方法,是将一定形状和尺寸的试样,在规定的条件下,折叠加压保持一定时间,卸除负荷后,让试样经过一定的回复时间,然后测量折痕回复角,以测得的角度来表示织物的折痕回复能力。

1. 取样

按总匹数抽样,抽取的数量按表 3-11 规定,在抽出的匹中离布端至少 3 m 以上剪取一段 30 cm 长的全幅织物,作为实验室样品。如是新加工织物,在室内至少放 6 d 后再取样。

2. 试样准备

采样位置:试样采集部位如图 4-1 所示,不要在有疵点、褶皱和变形的部位取样。

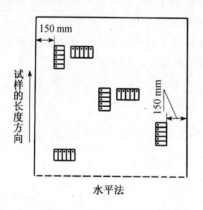
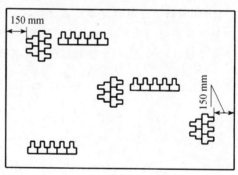

图 4-1　试样采集部位

采样数量:试样经向、纬向各 10 个,试验时经向和纬向正面对折和反面对折各用 5 个,平时试验可只测正面。

试样尺寸:回复翼大小为长 20 mm×15 mm。水平法试样为 40 mm×15 mm 大小。垂直法形状大小如图 4-2 所示。一般用仪器所配的模板直接在布样上剪取。

3. 大气环境

试样需要进行预调湿和调湿,调湿和试验在标准大气下进行。

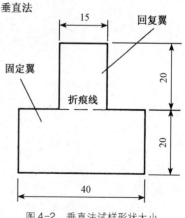

图 4-2　垂直法试样形状大小

4. 检验

垂直法:将 10 个翻板放平,将试样的固定翼装入试样夹内,前五个摆经向试样,后五个放纬向试样。试样折痕线与翻板标记线重合,用左手把夹样刀放在翻板红色标记线处,沿折叠线对折试样,放上透明压板,动作要迅速,十个试样放好后,盖上挡风罩,启动设备。试样承压 10 N 压力 5 min 后,自动卸除压力,试样夹翻转,透明压板随之卸去,回复翼打开,15 s 后测角小车会测量急弹性回复角,5 min 后测量缓弹性回复角。商品检验只测缓弹性回复角。

水平法:试样在长度方向上两端对齐折叠,用宽口钳夹住,位置离布端不超过 5 mm,移动到标有 15 mm ×20 mm 标记的平板上,正确定位,轻轻加上重锤(10 N)。加压 5 min 后,卸除负荷,将夹有试样的宽口钳移动到回复角测量装置的试样夹上,试样的一翼被夹住,另一翼自由悬垂,连续调整试样夹,保证悬垂下来的自由翼始终保持垂直,5 min 后,读取折痕回复角。

5. 结果计算

分别计算经纬向的平均值,精确到小数点后一位。总折痕回复角等于经纬向折痕回复角平均值之和。

二、悬垂性能检验

悬垂性是指织物悬垂时变形的能力。检验方法是将圆形试样水平置于与圆形试样同心且较小的夹持盘之间,夹持盘外的试样沿夹持盘边缘自然悬垂下来,再用纸环法或图像处理法测定织物的悬垂性。试样需要在标准大气条件下进行调湿和试验。

纸环法:将悬垂的试样影像投射在到已知质量的纸环上,纸环与试样未夹持部分的尺寸相同。在纸环上沿着投影边缘画出整个轮廓,再沿着画出的线条剪取投影部分。悬垂系数为投影部分的纸环质量占整个纸环质量的百分率。

图像处理法:将悬垂试样投影到白色片材上,用数码相机获取试样的悬垂图像,从图像中得到有关试样悬垂性的具体定量信息。利用计算机图像处理技术得到和悬垂系数等指标(参看图4-3)。

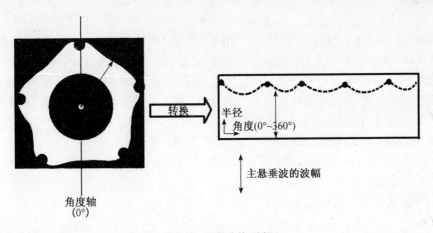

图 4-3　悬垂波数、波幅

1. 试样直径

夹持盘直径有两种,分别是 18 cm 和 12 cm。试样圆模板有三块,直径分别为 24 cm、30 cm、

36 cm。试样直径要根据夹持盘直径来确定。

① 选用直径18 cm夹持盘。先使用直径为30 cm的试样进行预试验,并计算该直径时的悬垂系数。再根据悬垂系数来确定试样的直径(表4-1)。

表4-1　18 cm夹持盘试样直径

悬垂系数范围	30%～85%	<30%	>85%
预试验试验直径/cm	30	30	30
第二块试样直径/cm	30	30	30
第三块试样直径/cm	30	24	36

② 选用直径12 cm夹持盘,不需要进行预试验,三块试样直径均为24 cm。

试样直径确定后,将试样放桌面上,用选定试样直径的模板画出圆形试样轮廓,标出每个试样的中心并裁下。在每块试样的两面标记"a"和"b"。裁剪试样时要避开折皱和扭曲的部位,试样不能接触皂类、盐类和油类等,否则会影响试验结果。

2. 预试验

(1)仪器校验

检查和调整仪器水平,保证仪器处于水平状态。

将模板放在下夹持盘上,中心孔穿过定位柱,校验灯源的灯丝是否位于抛物镜焦点处。将纸环或白色片材放在仪器的投影部位,采用模板校验其影像是否与实际尺寸相符。

(2)预评估

取一个试样,其"a"面朝下,放在下夹持盘上,如四周形成自然悬垂的波曲,则可以进行测量;如试样弯向夹持盘边缘内侧,则不进行测量,直接报告记录描述此现象。

3. 纸环法测定

(1)操作过程

先将纸放在仪器上,其外径与试样直径相同。再将试样"a"面朝上,放在下夹持盘上,使定位柱穿过试样中心。立即将上夹持盘放在试样上,使定位柱穿过上夹持盘的中心孔。同时用秒表开始记时,30 s后打开灯源,沿纸环上的投影边缘描绘出投影轮廓线。取下纸环,放在天平上称取纸环的质量,记作m_{pr},精确到0.01 g。按纸环上描绘的投影轮廓进行剪裁,舍弃纸环上未投影的部分,用天平称量剩余纸环的质量,记作m_{sa},精确到0.01 g。

将同一试样的"b"面朝上,使用新的纸环,重复上述过程。

一个样品至少取三个试样,每个试样正反面均进行试验,一个样品至少得到六个结果。

(2)试验结果计算

① 计算公式:

$$悬垂系数 D = \frac{m_{sa}}{m_{pr}} \times 100$$

式中:m_{sa}——纸环的总质量(g);

　　　m_{pr}——代表投影部分的纸环质量(g)。

② 计算每个试样"a"面和"b"面悬垂系数平均值,以百分率表示。

③ 按直径大小分别计算"a"面和"b"面悬垂系数平均值,以百分率表示。

④ 计算样品悬垂系数的总体平均值,以百分数表示。

⑤ 根据记录的每个试样的悬垂波数,并计算每个样品平均值。

4. 图像处理法

试验方法基本与纸环法相同。所不同的是将描绘投影改为拍照,将纸环质量改为投影面积。仪器一般都有处理软件,可以直接得到悬垂系数,悬垂波数、最大波幅和最小波幅及平均波幅等。

另外还有动态悬垂性,指织物在一定的运动过程状态下的悬垂系数、悬垂形态变化率,检验方法是将原静态的悬垂物选择合适的速度旋转试样,拍下动态悬垂图像,用软件对图像进行分析处理。

三、起毛起球性能检验

1. 圆轨迹法

圆轨迹法是采用尼龙刷和织物磨料或仅用织物磨料,使试样摩擦起毛起球。然后在规定的光照条件下,对起毛起球性能进行视觉描述评定。

调湿和试验要求在标准大气下进行。调湿一般至少 16 h。

(1)预处理与取样

预处理:试样用的样品如需预处理,可采用双方协议的方法水洗或干洗样品。如果进行水洗或干洗,按评级方法对预处理前后的试样进行评定。

取样:在样品上用圆盘取样器剪取 5 个圆形试样,如没有取样器,可用模板、剪刀取样。每个试样的直径为(113 ±0.5)mm。在每个试样上标记织物反面,当织物没有明显的正反面时,两面都要进行测试。另剪取 1 块评级所需的对比样,尺寸与试样相同。取样时,注意各试样不应包括相同的经纱和纬纱。

试验用的磨料织物为 2 201 全毛华达呢,19.6 tex ×2,捻度 Z625-S700,密度 445 根/10 cm ×244 根/10 cm,平方米重量 305 g/m² ,2/2 斜纹。新旧磨料起球试验等级超过 0.5 级时,必须更换新磨料华达呢。所配的泡沫塑料垫片,重约 270 g/cm² ,厚度约 8 mm,试样垫片直径约 105 mm。

(2)检验

试样正面朝外与泡沫塑料垫片装在夹头上,依据样品材料类型,调节加压重量与设定摩擦次数(表4-2)。表4-2 中未列的其他织物可以参照所列类似织物或按有关各方商定选择参数类别。启动按钮进行试验。

表4-2 圆轨迹法起毛起球试样参数及适用织物类型示例

样品类型	压力/cN	起毛次数	起球次数	适用织物类型示例
A	590	150	150	工作服面料、运动服装面料、紧密厚重织物等
B	590	50	50	合成纤维长丝外衣织物等
C	490	30	50	军需服(精梳混纺)面料等

续表

样品类型	压力/cN	起毛次数	起球次数	适用织物类型示例
D	490	10	50	化纤混纺、交织织物等
E	780	0	600	精梳毛织物、轻起绒织物、短纤纬编针织物、内衣面料等
F	490	0	50	粗梳毛织物、绒类织物、松结构织物等

（3）评级

在评级箱内评级,评级箱放置在暗室中。评级箱用白色荧光管照明,保证在试样的整个宽度上均匀照明,并且满足观察者不直视光线。光源的位置与试样的平面保持5°～15°,观察方向与试样平面应保持90°±10°,正常校正视力的眼睛与试样的距离应在30～50 cm。

沿织物经向将一块已测试样与未测试样并排放置在评级箱的试样板的中间,已测试样放在左边,未测试样放在右边。如果测试样在测试前未经过预处理,则对比样也采用未经过预处理的试样;如果测试样在起球测试前经过预处理,则对比样也采用经过预处理的试样。

为防止直视灯光,在评级箱的边缘,从试样的前方直接观察每一块试样进行评级。评定时一般至少2人对试样进行评定,也可采用标准样照(如图4-4为针织品起球样照)对比评定描述。评定还可以转动试样至一个合适的位置,在极端情况下观察起球严重程度。按表4-3状态描述评定等级,如果介于两级之间,记录半级。

一级起球　　　　　二级起球　　　　　三级起球

四级起球　　　　　五级起球

图4-4　织物的起球程度

（4）结果计算

记录每一块试样的级数,单个人员的评级结果等于其对所有试样的评定等级平均值。

样品的试验结果为全部人员评级的平均值,如果平均值不是整数,修约至最近的 0.5 级,并用"－"表示,例如结果为3.5级则表示为"3～4"。如单个测试结果与平均值之差超过半级,则应同时报告每一块试样的级数。

表4-3　起毛起球视觉描述评级

级数	状态描述
5	无变化
4	表面轻微起毛和(或)轻微起球
3	表面中度起毛和(或)中度起球,不同大小和密度的球覆盖试样的部分表面
2	表面明显起毛和(或)起球,不同大小和密度的球覆盖试样的大部分表面
1	表面严重起毛和(或)起球,不同大小和密度的球覆盖试样的整个表面

2. 改型马丁代尔法

在规定的压力下,圆形试样以李莎茹图形的轨迹与相同织物或羊毛织物磨料织物进行摩擦。试样能够绕与试样平面垂直的中心轴自由转动,经规定的摩擦阶段后,采用视觉描述方式评定试样的起毛和(或)起球等级。

李莎茹运动是变化运动形成的图形,从一个圆到逐渐窄化的椭圆,直到成为一条直线,再由此直线反向渐进加宽的椭圆直到圆,以对角线重复该运动。

调湿和试验要求在标准大气进行。

① 辅助材料:机织毛毡(符合 GB/T 21196.1),有两种尺寸,顶部(试样夹具):直径为 (90 ± 1) mm;底部(起球台):直径为 140_0^{+5} mm。

② 磨料,用于摩擦试样,一般与试样织物相同。某些情况下,采用羊毛织物磨料(符合 GB/T 21196.1),每次试验需更换新磨料,并在试验报告中说明所选磨料。辅助材料在每次试验后进行检查,并替换掉污损的材料。

③ 预处理与取样。

预处理:试样用的样品如需预处理,可采用双方协议的方法水洗或干洗样品。

取样:试样夹具中的试样为直径 140_0^{+5} mm 的圆形试样,起球台上的试样可以裁剪成直径为 140_0^{+5} mm 的圆形试样或边长为 150 ± 2 mm 的方形试样。试样的数量至少取 3 组,每组含 2 块试样,一块安装在试样夹具中,另一块作为磨料安装在起球台上。如果起球台上选用羊毛织物磨料,则至少需要 3 块试样进行测试。如果试验 3 块以上的试样,应取奇数块试样,另多取 1 块试样用于评级时的比对样。取样前在需评级的每块试样背面的同一点作标记,确保评级时沿同一个纱线方向评定试样(标记应不影响试验的进行)。

④ 试验:测试分阶段进行,每个阶段摩擦次数规定见表4-4。

表 4-4　马丁代尔起球试验分类与阶段划分

类别	纺织品种类	磨料	负荷质量/g	评定阶段	摩擦次数
1	装饰织物	羊毛织物磨料	415 ±2	1	500
				2	1 000
				3	2 000
				4	5 000
2	机织物 （除装饰织物以外）	机织物本身（面/面） 或羊毛织物磨料	415 ±2	1	125
				2	500
				3	1 000
				4	2 000
				5	5 000
				6	7 000
3	针织物 （除装饰织物以外）	针织物本身（面/面） 或羊毛织物磨料	155 ±2	1	125
				2	500
				3	1 000
				4	2 000
				5	5 000
				6	7 000

　　试样夹持：在试样夹具中放入直径为 (90 ± 1) mm 的毡垫，将直径为 140_0^{+5} mm 的试样，正面朝上放在毡垫上，允许多余的试样从试样夹具边上延伸出来，以保证试样完全覆盖住试样夹具的凹槽部分。在起球台上放置 140_0^{+5} mm 的一块毛毡，其上放置试样或羊毛织物磨料，试样或羊毛织物磨料的摩擦面向上。

　　起球测试：按面料织物品种选择好压力块，设定好阶段和摩擦次数，每个阶段都要进行评级，评级时不取出试样，不清除试样表面，每一阶段评定完成时，将试样夹具按取下位置重新放置在起球台上，继续进行测试，直至试验全部试验阶段结束。服用织物一般起球摩擦次数不低于 2 000 次，在达到合同或协议规定摩擦次数后，无论起球好坏均可终止试验。

　　⑤ 评级，与圆轨迹法相同。

　　⑥ 结果计算，与圆轨迹法相同。

3. 起球箱法

　　将试样安装在聚氨酯管上，放入能恒速（(60 ± 2) r/min）转动衬有软木的箱内任意翻转。经过规定的翻转次数后，对起毛或起球性能进行视觉描述评定。软木垫定期检查，如有损伤及时更换。试验需要在标准大气下进行调湿和试验。

　　（1）取样

　　从样品上剪取 4 块（不具有相同的经纱和纬纱），大小为 125 mm × 125 mm。每个试样在反面做好标记，并标出纵向。一般试验正面，如没有明显的正反面，则两面都需要测试。另外剪取同样大小的试样一块,作为评级对比样。

(2)试样准备

取2个试样,每个试样正面向内折叠,距边12 mm缝合。针迹密度使接缝均衡,形成试样管,折的方向与织物纵向一致。取剩下的2个试样,同样方法缝合折的方向与织物横向一致。

(3)装样

将缝合试样管的里面翻出,使织物测试面成为试样管的外面,在试样的两端剪去6 mm端口,这样可以去掉缝纫变形。将准备好的试样管装在聚氨酯载样管上,使试样两端距聚氨酯管边缘的距离相等。保证接缝部位尽可能平整。用PVC胶带缠绕每个试样的两端,使试样固定在聚氨酯管上,且聚氨酯管的两端有6 mm的裸露。固定试样的每条胶带长度不超过聚氨酯周长的1.5倍。如图4-5所示。

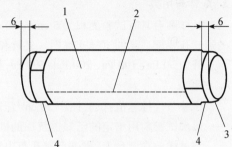

1—测试样 2—缝合线
3—聚氨酯载样管 4—胶带
图4-5 聚氨酯载样管上的试样

(4)调湿

在标准大气条件下至少调湿16 h,并在标准大气条件下试验。

(5)试验

保证起球箱内干净无绒毛。把四个安装好的试样放入同一起球箱内,关紧盖子。启动仪器至规定的次数。有协议的按协议规定,没有协议的,粗纺织物为7 200 r,精纺织物为14 400 r。仪器停止后,取出试样并拆除缝合线。

(6)评级

评级箱放置在暗室中。在评级箱试样板中间,沿织物纵向并排放置1块已测试样和1块未测试对比样。已测试样放左边,未测试样放右边,可用胶带固定。一般至少2人从评级箱的边缘、试样的前方直接观察试样。按表4-3评级,如处于两级之间可作半级评定。如果协议有规定可以采用样照对比评级。

(7)结果计算

与圆轨迹法相同。

此外,起毛起球测试还有随机翻滚法,是采用随机翻滚式起球箱使织物在铺有软木衬垫,并填有少量灰色短棉的圆筒装试验仓中随意翻滚摩擦。在规定的光源条件下,对起毛起球性能进行视觉描述评定。需要测试时请参看GB/T 4802.4—2009《纺织品织物起毛起球性能的测定第4部分:随机翻滚法》。

第二节 服装面料舒适性能检验

一、透气性能检验

透气性能用透气率表示。是在规定的压差条件下,测定一定时间内的垂直通过试样给定面积的气流流量,计算出透气率。

1. 取样

按一批总匹数抽样,抽取的数量按表3-8规定,在取出的每一匹中,距布端3 m以上剪取长度至少1 m的整幅织物作为实验室样品。产品标准中另有规定按产品标准规定。

2. 检验条件

预调湿、调湿和试验要求采用标准大气。

3. 配件与用具

试样圆台具有试验面积为5 cm²、20 cm²、50 cm²或100 cm²的圆形通气孔。较大试验面积的通气孔要配适当的试样支撑网。夹具和密封垫要保证不漏气。压力表或压力计,要保证能指示压降为50 Pa、100 Pa、200 Pa、500 Pa,精度2%以内。

4. 试验

试验条件推荐值:试验面积20 cm²压降100Pa(服用织物)。试验条件需在报告中注明。

每次试验前用给定的已知透气率的试验孔板校验。

将试样放在圆台上,测试点避开布边和折皱处,夹持要平整而不变形,保证不漏气。启动风机,调节流量,压力值至规定值,记录气流流量(dm³/min)。同一样品不同部位至少测量10次。

5. 结果计算

① 计算气流量测定值的算术平均值和变异系数。

② 计算透气率 R。

紧密织物:透气率 $R(mm/s)$ = (平均气流量/试样试验面积) × 167

稀疏织物:透气率 $R(m/s)$ = (平均气流量/试样试验面积) × 0.167

③ 计算置信区间。95%置信区间($R \pm \Delta$)

$$\Delta = \frac{S \cdot t}{\sqrt{n}}$$

S 为标准偏差,n 为试验次数,t 为95%置信区间、自由度为 $n-1$ 的信度值,t 和 n 的关系见表4-5。

表4-5　t 和 n 的关系

n	5	6	7	8	9	10	11	12
t	2.776	2.571	2.447	2.365	2.306	2.262	2.228	2.201

使用压差流量计的仪器,要先从压差-流量图表中查出透气率,再计算平均值,CV值和95%置信区间。其它同前。

二、透湿性能检验

透湿性能采用透湿杯检验,有吸湿法和蒸发法二种。

吸湿法是把盛有干燥剂用织物试样封住透湿杯口,放置于规定温度和湿度的密封环境中,根据一定时间内透湿杯质量的变化计算试样透湿率、透湿度和透湿系数。

蒸发法是把盛有一定温度的蒸馏水并用织物试样封住透湿杯口,放置于规定温度和湿度的密封环境中,根据一定时间内透湿杯质量的变化计算试样透湿率、透湿度和透湿系数。

1. 几个概念

透湿率(*WVT*):在试样两面保持规定的湿湿度条件下,规定时间内垂直通过单位面积试样的水蒸气质量,以克每平方米小时[g/(m² · h)]或克每平方米 24 小时[g/(m² · 24 h)]为单位。

透湿度(*WVP*):在试样两面保持规定的温湿度条件下,单位水蒸气压差下,规定时间内垂直通过单位面积试样的水蒸气质量,以克每平方米帕斯卡小时[g/(m² · Pa · h)]为单位。

透湿系数(*PV*):在试样两面保持规定的温湿度条件下,单位水蒸气压差下,单位时间内透过单位厚度、单位面积试样的水蒸气质量,以克厘米每平方厘米秒帕斯卡[g · cm/(cm² · s · Pa)]为单位。

2. 取样

样品在距布边 $\frac{1}{10}$ 幅宽,匹端 2 m 外裁取。从每个样品上至少剪取直径为 70 mm 三块试样,对两面材质不同的样品,应每面各取三块。试样保持平整,不能有孔洞、针眼、褶皱、划伤等缺陷。对于精确度要求较高的样品,另取一个试样用于空白试验。最后在标准大气条件下对试样进行调湿。

3. 试验条件

见表 4-6,优先采用 a 组条件,也可采用 a、b、c 以外的其他条件。

表 4-6　透湿性试验条件

试验条件	吸湿法		蒸发法	
	温度/℃	相对湿度/%	温度/℃	相对湿度/%
a	38 ±2	90 ±2	38 ±2	50 ±2
b	23 ±2	50 ±2	23 ±2	50 ±2
c	20 ±2	65 ±2	20 ±2	65 ±2

4. 试验

(1) 吸湿法

向清洁干燥的透湿杯内装入干燥剂无水氯化钙(化学纯,粒度 0.63 ~ 2.5 mm,使用前在 160 ℃烘箱中干燥 3 h),并振荡均匀,使干燥剂成一平面。装填高度为距试样下表面位置 4 mm 左右,空白试验的杯中不加干燥剂。

将试样测试面朝上放置在透湿杯上,装上垫圈和压环,旋上螺帽,再用聚乙烯胶带从侧面封住压环、垫圈和透湿杯,组成试验组合体。为保证试验数据准确,以上操作尽可能在短时间内完成。

迅速将试验组合体水平放置在已达到试验条件的试验箱内,经过 1 h 平衡后取出。

迅速盖上对应杯盖,放在 20 ℃左右的硅胶干燥器中平衡 30 min,按编号逐一称量,精确至 0.001 g,每个实验组合体称量时间不超过 15 s。

称量后轻微振动杯中的干燥剂,使其上下混合,以免上层干燥剂干燥作用减弱。振动过程中尽量避免使干燥剂与试样接触。

除去杯盖,迅速将实验组合体放入试验箱内,经过试验时间 1 h(若试样透湿度过小,可延长的试验时间,并在实验报告中说明)试验后取出,按上述规范再进行称量,每次称量实验组合体的先后顺序一致。

干燥剂吸湿总增量不得超过10%。

（2）蒸发法

① 正杯法：

用量筒精确量取与试验条件温度相同的蒸馏水34 mL，注入清洁、干燥的透湿杯内，使水距试样下表面位置10 mm左右。

将试样测试面朝下放置在透湿杯上，装上垫圈和压环，旋上螺帽，再用聚乙烯胶带从侧面封住压环、垫圈和透湿杯，组成试验组合体。

迅速将试样组合体水平放置在已达至试验条件的试验箱内，经过1 h平衡后，按编号在箱内逐一称量，精确至0.001 g。若在箱外称重，每个组合体称量时间不超过15 s。

随后经过试验时间1 h（若试样透湿度过小，可延长的试验时间，并在实验报告中说明）后，再以同样顺序称量。

整个试验过程中要保持试验组体水平，避免杯内水沾到试样的内表面。

② 倒杯法：

试验过程基本与正杯法相同，所不同的是试样组合体是倒置后放入试验箱内并注意保证试样下表面处有足够的空间。

5. 结果计算

（1）透湿率

以三块试样的平均值表示，修约至三位有效数字。

$$WVT = \frac{(\Delta m - \Delta m')}{A \cdot t}$$

式中：WVT——透湿率（$[g/(m^2 \cdot h)]$ 或 $[g/(m^2 \cdot 24 h)]$）；

Δm——同一试验组合体两次称量之差（g）；

$\Delta m'$——空白试样的同一试验组合体两次称量之差（g），不做空白试验，$\Delta m' = 0$；

A——有效试验面积（$0.002\ 83\ m^2$）；

t——试验时间（h）。

（2）透湿度

结果修约至三位有效数字

$$WVP = \frac{WVT}{\Delta p} = \frac{WVT}{p_{CB}(R_1 - R_2)}$$

式中：WVP——透湿度（$[g/(m^2 \cdot Pa \cdot h)]$）；

Δp——试样两侧水蒸气压差（Pa）；

p_{CB}——在试验温度下的饱和水蒸气压力（Pa），可查表得到；

R_1——试验时试验箱的相对湿度（%）；

R_2——透湿杯内的相对湿度（%），吸湿法按0%、蒸发法按100%计算。

（3）透湿系数

根据需要计算，只对均匀的单层服装材料有意义。结果修约至两位有效数字。

$$PV = 1.157 \times 10^{-9} WVP \cdot d$$

式中:PV——透湿系数($[g \cdot cm/(cm^2 \cdot s \cdot Pa)]$);

　　d——试样厚度(cm)。

对于两面不同的试样,分别计算两面的透湿率、透湿度和透湿系数,并在报告中说明。

三、保暖性能检验

保暖性主要通过热阻和湿阻来表征。

热阻的测定是将试样覆盖在电热试验板上,试验板及其周围和底部的热护环都能保持相同的恒量,以使电热试验板的热量只能通过试样散失,调湿的空气可平行于试样上表面流动。在试验条件达到稳态后,测定通过试样的热流量来计算试样的热阻。试样的热阻等于试样加上空气层的热阻值减去试验仪器表面空气层的热阻值。

湿阻的测定,是在多孔的电热试验板上覆盖透气但不透水的薄膜,进入电热板的水蒸发后以水蒸气的形式通过薄膜。试样放在薄膜上后,测定在一定水分蒸发率下保持试验板恒温所需的热流量,与通过试样的水蒸气压力一起计算试样湿阻。试样的湿阻等于试样加上空气层的湿阻值减去试验仪器表面空气层的湿阻值。

保暖性能作为服装的一个指标,实际检验中一般很少会用到。

第三节　服装面料防护性能检验

一、防水性能检验

近年来户外服装得到较大发展,户外服装一般都有防水要求。

1. 抗渗水性测定

抗渗水性主要用于涂层织物面料(包括其他防水织物)抗渗水能力的测试。是在规定条件下,涂层织物试样的一面受到持续上升的水压作用,直到达到规定的水压值,在规定的时间内观察是否有渗透发生或持续加压直到渗透发生为止。

(1)取样

所取试样应无任何影响试验结果的疵点,每个样品测试五个试样,可以是方形或圆形试样,方形试样边长大约为100 mm,圆形试样直径为113 mm(可用圆盘取样器直接取样)。取样后,尽量少用手触摸,避免用力折叠。除调湿外不作任何方式的处理。

(2)试验分析

试样需用新鲜蒸馏水或去离子水,把调湿过的试样夹紧在试验头中,使织物试验面与水接触。记录试样上第三处水珠刚出现时的水压,以 $kPa(cmH_2O)$ 表示。读取水压的精确度如下:

—10 kPa(1 m H_2O)以下:0.05 kPa(0.5 cmH_2O);

—(10~20)kPa((1~2)mH_2O):0.1 kPa(1 cmH_2O);

—20 kPa(2 mH_2O):0.2 kPa(2 cmH_2O)

试样中不考虑那些形成以后不再增大的微细水珠,在织物同一处渗出的连续性水珠不作累计。注意第三处渗水是否产生在夹紧装置的边缘处,若此时导致水压值低于同一样品的其他试样的最低值,则此数据应予剔除,需增补试样另行试验,直到获得正常结果所必需的次数为止。计算试样 3 次渗水时的水压平均值,以 kPa(cmH_2O)表示。

2. 织物拒水性测定

拒水性是在指定的人造淋雨器下,织物经规定时间抗拒吸收雨水的能力,也可评价织物的吸水量和透过织物的流出量。织物拒水性测定采用邦迪斯门淋雨法,试样放于样杯上,在规定条件下经受人造淋雨。然后,用参比样照与润湿试样进行目测对比评价拒水性。称量试样在试验中吸收的水分,记录透过试样收集在样杯中的水量。

(1)试样

从样品上距布边 100 mm 以上、距布端 2 m 以上处剪取或割取圆形试样 4 块,试样直径为 140 mm,试样平整无折皱,试样数量至少 4 块,试验前在标准大气条件下调湿。

(2)仪器校正

在试验或校验前,淋雨仪应先开 15 min,以确保人造淋雨器及水温的一致性,然后测量样杯内收集的水量。按要求调节淋雨器,使在 2.5 min 后每只样杯内有 200 ± 10 mL 的积水。连续试验时,设备每天至少应校验 2 次,还应经常对滴水器的正常功能加以检查。

(3)试验

先校正流量,注意当全部试验结束,才可关闭淋雨器,移上挡雨板,称量调湿后试样的质量 m_1,精确至 0.01 g。识别试样的被试面,平正地无张力地放于样杯上,用合适的夹样环夹住试样。拉开挡雨板,使试样受淋 10 min。

用参比样照(图 4-6)按如下 5 级目测评定湿试样的拒水性。5 级,小水珠快速滴下;4 级,形成大水珠;3 级,部分试样沾上水珠;2 级,部分润湿;1 级,整个表面润湿。

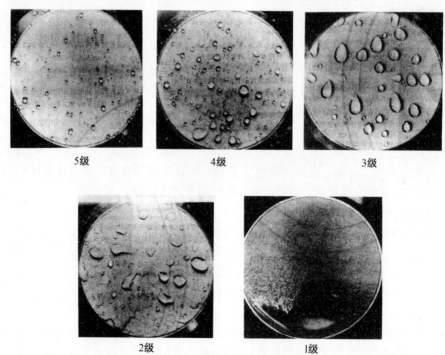

5级　　　　　　　4级　　　　　　　3级

2级　　　　　　　1级

图 4-6　拒水性测定参比样照

也可在 1 min 和 5 min 后评定拒水性。

观察试样未受淋面润湿情况。试样离心脱水 15 s,立即称出其质量 m_2,精确至 0.01 g(如脱水后不能立即称量,应在称量瓶内称量)。

淋雨试验中,除测定试样的吸水量外,还能测透过试样的水量,以样杯中所收集的水按毫升计量。

(4) 计算公式

计算每个试样的吸水率 W,以质量百分比表示,再计算所有试样的平均值。吸水率 W 计算公式如下:

$$W = \frac{m_2 - m_1}{m_1} \times 100\%$$

3. 防水性能的检测和评价

防水性能的检测和评价采用沾水法,是将试样安装在与水平面成 45°角的环形夹持器上,试样中心位置距喷嘴下方一定的距离。用一定量的蒸馏水或离子水喷淋试样。喷淋后,通过试样外观与沾水现象描述及图片的比较,来确定其沾水等级,并以此来评价织物的防水性能。

调湿和试验要求在标准大气条件下进行,另有协议的可在室温或实际条件下进行。

(1) 试样

从样品的不同部位至少取三块试样,尺寸不小于 180 mm × 180 mm,试样不能有折皱或折痕。试验前试样调湿至少 4 h。

(2) 试验

调湿后,用试样夹持器夹紧试样,放在支座上,试验时织物正面朝上。织物经向或长度方向应与水流方向平行(合同协议另有要求的除外)。将 250 mL 蒸馏水或去离子水迅速而平稳地倒入漏斗,持续喷淋 25 ~ 30 s。喷淋停止后,立即将夹有试样的夹持器拿开,使织物正面向下几乎成水平,然后对着一个固体硬物轻轻敲打一下夹持器,水平旋转夹持器 180°后再次轻轻敲打夹持器一下。敲打结束后,立即对对夹持器上的试样正面润湿程度进行评级。

(3) 沾水评级

按照表 4-7 沾水现象描述或图 4-7 确定每个试样的沾水等级。

表 4-7　沾水现象描述

沾水等级	沾水现象描述	防水性能评价
0 级	整个试样表面完全润湿	不具有抗沾湿性能
1 级	受淋表面完全润湿	
1~2 级	试样表面超出喷淋点处润湿,润湿面积超出受淋表面一半	抗沾湿性能差
2 级	试样表面超出喷淋点处润湿,润湿面积约为受淋表面一半	
2~3 级	试样表面超出喷淋点处润湿,润湿面积少于受淋表面一半	抗沾湿性能较差
3 级	试样表面喷淋点处润湿	具有抗沾湿性能
3~4 级	试样表面等于或少于半数的喷淋点处润湿	具有较好的抗沾湿性能
4 级	试样表面有零星的喷淋点处润湿	具有很好的抗沾湿性能
4~5 级	试样表面没有润湿,有少量水珠	具有优异的抗沾湿性能
5 级	试样表面没有水珠或润湿	

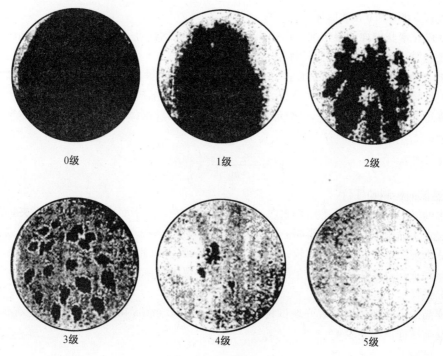

图4-7　沾水等级样照

对于深色织物,主要依据文字描述进行评级。

（4）防水性能评价

需要时进行评价。计算所有试样沾水等级的平均值,修约至最接近的整数级或半级（以0.5表示）,按表4-7中防水性能评价进行表述。

4. 抗冲击喷淋水渗透性能

该性能主要衡量面料抗雨水的渗透的能力。采用水平喷射淋雨试验法,是将背面附有吸水纸（质量已知）的试样在规定的条件下用水喷淋5 min,然后重新称量吸水纸的质量,通过吸水纸质量的增加来测定试验过程中渗过试样的水的质量。这个方法可以在不同冲击强度的喷淋水作用下,对织物进行测试,从而绘制出织物的抗渗透性曲线,全面描述织物的抗雨水的渗透性能。

（1）试样

从测试织物上裁取至少3块试样,每块试样的尺寸约为200 mm×200 mm。准备适量的白色吸水纸,厚度约为0.7 mm,质量约为(385 ± 4.5) g/m^2,吸收量为(200 ± 30)%。试样和吸水纸在标准大气条件下调湿至少4 h。

（2）试验

裁切吸水纸,尺寸为150 mm×150 mm,称量其质量精确到0.1 g。将吸水纸贴合在试样背面,夹持在试样夹持器上,夹持器固定在垂直的刚性支架上,使试样位于正对喷口面且距喷口面305 mm的位置。在规定的压力水头（依据产品种类协商确定）下,将试验用水（27 ℃ ±2 ℃或20 ℃ ±2 ℃）定向地对着试样持续水平喷淋5 min。喷淋结束后,小心地取下吸水纸并立即称量,精确到0.1 g。

（3）结果计算

以 5 min 试验过程中吸水纸质量的增加量作为水的渗透值,计算全部试样的平均值。平均值或单个试样测定值超过 5 g,简记为"5 + g"或"＞5"。压力水头值、试验用水的温度、pH 值、硬度需要在检验报告中说明。

另外可根据不同压力水头（从 610 mm 起以 305 mm 为一档依次增加到最大不超过 1 830 mm）下测得的平均渗透值,绘制试样抗渗透性的完整曲线。每个压力水头下至少测试 3 块试样,特别注意没有渗透现象的最大压力水头和发生穿透现象时的最小压力水头（即渗透水量超过 5 g 时）。

二、防钻绒性能检验

防钻绒性是指织物阻止羽毛、羽绒或绒丝从其表面钻出的性能,一般用钻绒根数表示。对于羽绒服装类面料,防钻绒性能尤其重要。防钻绒性能有摩擦法和转箱法两种。

试验用填充物,一般采用与织物对应的羽绒。如未提供填料,则采用含绒量为（70 ± 2.0）% 的灰鸭绒,要求绒丝含量 ≤10.0%、长毛片 ≤0.5%、蓬松度 ≥15.5 cm。

1. 摩擦法

摩擦法是将试样制成具有一定尺寸的试样袋,内装一定质量的羽绒、羽毛填充物。把试样袋安装在仪器上,经过挤压、揉搓和摩擦等作用,通过计数从试样袋内部钻出的羽毛、羽绒和绒丝根数来评价织物的防钻绒性能。

（1）样品

样品在距布端至少 2 m 以外裁取,不得有影响试验结果的各种疵点,要求平整、无折皱。

（2）试样袋

试样数量:从每份样品上距布边 $\frac{1}{10}$ 幅宽以上裁取（420 ± 10）mm ×（140 ± 5）mm 试样,经纬各 2 块。

试样袋制备:将裁剪好的试样测试面朝里,沿长度方向对折成 210 mm × 140 mm 的袋状,用 11 号家用缝纫针,以 12 ～ 14 针/3 cm 针密沿两侧边距 10 cm 缝合,起针、落针应回针 0.5 ～ 1 cm,且要回在原线上,然后将试样测试面翻出,距折边 20 cm 处缝一道线,两头仍打回针 0.5 ～ 1 cm。称取一定量的填充料装入袋中,含绒量 ＞70%,填充材料质量为（30 ± 0.1）g;含绒量在 30% ～ 70% 内,填充材料质量为（35 ± 0.1）g;含绒量 ＜30%,填充材料质量为（40 ± 0.1）g。将袋口用来去针在距边 20 cm 处缝合,两头仍打回针 0.5 ～ 1 cm。缝制后得到的试样袋有效尺寸约为170 mm × 120 mm。

打孔:按图 4-8 在试样袋两短边

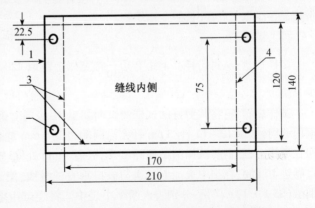

1—对折边　2—固定孔　3—缝合线　4—袋口缝合边

图 4-8　摩擦法试样袋示意图

缝线外侧分别钻两个固定孔。同时对包裹试样袋的塑料袋也钻出同样大小和数量的孔洞。塑料袋材料为低密度聚乙烯，表面光滑，无褶，尺寸为(150 ± 10) mm $\times (240 \pm 10)$ mm，厚度为(25 ± 1) μm。

封口：胶棒用电热枪加热后的黏封液在试样袋缝线处黏封，以防试验过程中羽毛、羽绒和绒丝从缝线处钻出。

调湿：在标准大气条件下调湿和试验。

洗涤和干燥：如需测试和评价样品洗涤后的防钻绒性能，按表 3-16 中 5A 程序洗涤，F 程序烘干。

（3）试验

将试验仪器与缝制时残留在待测试样袋外表面的羽毛、羽绒和绒丝等清除干净。将试样袋放置在钻有四个孔的塑料袋中，然后将塑料袋固定的两个夹具上，使试样袋沿长度方向折叠于两个夹具之间。塑料袋的作用是收集从试样袋中钻出的填充物，塑料袋每次更换新袋。

计数器转数设置为 2 700 次，启动仪器。仪器停下后，将试样从塑料袋中拿出来，用镊子镊出塑料袋中的羽毛、羽绒和绒丝并计数根数(n_1)，然后再计数钻出试样袋表面大于 2 mm 的羽毛、羽绒和绒丝的根数(n_2)。则试验结果 $n = n_1 + n_2$。若 $n > 50$，则终止计数。

（4）结果与评价

分别计算两个方向试样袋钻绒根数和算术平均数，精确到整数位。如钻绒根数 <20 根，则评价为具有良好的防钻绒性；钻绒根数在 20～50 根之间，则评价为具有防钻绒性；钻绒根数 >50 根，则评价为防钻绒性较差。

2. 转箱法

转箱法是将试样制成具有一定尺寸的试样袋，内装一定质量的羽绒、羽毛填充物。将其放在装有硬质橡胶球的试验仪器回转箱内，通过回转箱的定速转动，将橡胶球带至一定高度，冲击箱内的试样，达到模拟羽绒制品在服用中所受的各种挤压、揉搓、碰撞等作用，通过计数从试样袋内部钻出的羽毛、羽绒和绒丝根数来评价织物的防钻绒性能。

（1）样品

样品在距布端至少 2 m 以外裁取，不得有影响试验结果的各种疵点，要求平整、无折皱。每份样品至少取 150 cm 长的全幅织物。

（2）试样袋

试样数量：从每份样品上距布边$\frac{1}{10}$幅宽以上裁取 420 mm（经向）$\times$830 mm（纬向）试样，至少 3 块。

试样袋制备：将裁剪好的试样测试面朝里，沿经向对折成 420 mm $\times$410 mm 的袋状，用 11 号家用缝纫针，以 12～14 针/3 cm 针密沿两侧边距 5 mm 缝合，起针、落针应回针 0.5～1 cm，且要回在原线上，然后将试样测试面翻出，距折边 5 mm 处缝一道线，两头仍打回针 0.5～1 cm。将袋口卷进 10 mm，在袋中央加上一道与袋口垂直的缝线，使试样分成两个小袋。称量经过调湿的羽绒(25 ± 0.1)g 两份，分别装入两个小袋中。将袋口用来去针在距边 5 mm 处缝合，两头仍打回针 0.5～1 cm。缝制后得到的试样袋有效尺寸约为 400 mm $\times$400 mm。

封口、调湿、洗涤和干燥与摩擦法要求相同。

（3）试验

检查并清除试验仪器回转箱内外的羽毛、羽绒和绒丝，擦净硬质橡胶球，放 10 只到回转箱内。仔细清除干净试样袋外表面的羽毛、羽绒和绒丝，然后将其放入回转箱内，每次一只试样袋。

先进行正向回转，设定回转次数为 1 000 次，启动仪器。回转结束后，取出试样袋，仔细检查并计数钻出的羽毛、羽绒和绒丝根数，然后再检查计数回转箱内及橡胶球上的羽毛、羽绒和绒丝根数。点数根数时，钻出布面即为一根，同时要用镊子镊出计数到的羽毛、羽绒和绒丝，防止重复计数。

将试样袋重新放回转箱内，再进行反向回转，设定回转次数为 1 000 次，启动仪器。回转结束后，取出试样袋，仔细检查并计数钻出的羽毛、羽绒和绒丝根数，然后再检查计数回转箱内及橡胶球上的羽毛、羽绒和绒丝根数。

正转反转钻出试样袋和沾附在回转箱内、橡胶球上的羽毛、羽绒和绒丝根数之和即为一只试样袋的试验结果。

（4）结果与评价

计算 3 只试样袋钻绒根数的算术平均数作为最终结果，精确到整数位。如钻绒根数 <5 根，则评价为具有良好的防钻绒性；钻绒根数在 5～15 根之间，则评价为具有防钻绒性；钻绒根数 >15 根，则评价为防钻绒性较差。

三、阻燃性能检验

随着安全意识增强，服装阻燃性能日益受到重视，特别是对儿童服装、室内休闲服装（睡衣睡裤）提出了更高的阻燃要求。检验燃烧性能的国家标准较多，主要有以下几个标准：

GB/T 5454—1997 纺织品燃烧性能试验氧指数法，标准规定在垂直试验条件下，在氧氮混合气流中，测定试样刚好维持燃烧所需最低氧浓度（极限氧指数）。仅用于实验室条件下纺织品燃烧性能的测定，不能作为评定实际条件下着火危险性的依据。

GB/T 5455—2014 纺织品燃烧性能垂直方向损毁长度、阴燃和续燃时间的测定，标准规定了垂直方向纺织品底边点火时燃烧性能的试验方法。适用于各种织物及制品的测定。

GB/T 5456—2009 纺织品燃烧性能垂直方向试样火焰蔓延性能的测定，标准规定了纺织品垂直方向火焰蔓延性能的试验方法。适用于各类单组分或多组分（涂层、绗缝、多层、夹层制品及类似组合）的纺织织物和产业用制品。

GB/T 8745—2001 纺织品燃烧性能织物表面燃烧时间的测定，标准规定了纺织织物表面燃烧时间的测定方法，只适用于表面具有绒毛的纺织织物。

GB/T 8746—2009 纺织品燃烧性能垂直方向试样易点燃性的测定，标准规定了纺织品垂直方向易点燃性的试验方法。适用于实验室条件下，纺织品与火焰接触时的性能，对空气不足或大火受时间过长的情况可能不适用。但该方法可以用于测定接缝对于织物的燃烧性能的影响。

GB/T 14644—2014 纺织品燃烧性能 45°方向燃烧速率测定，标准规定了采用 45°方向表面点火测定织物燃烧性能的试验方法，以及燃烧性能的分级。适用于各种织物及制品的测定。

GB/T 14645—2014 纺织品燃烧性能 45°方向损毁面积和接焰次数测定，标准规定了 45°方向纺织品采用表面点火和底边点火测定燃烧性能的两种方法。A 法适用于各类织物及其制品

（A法点不着的厚型纺织品的测定参见附录A）;B法适用于受热熔融的纱线和织物。

GB/T 23467—2009《用假人评估轰燃条件下服装阻燃性能的测试方法》,标准规定了在热通量、火焰分布和持续时间均可控的模拟轰燃环境下,特征描述防护服阻燃性能的定量测量和主观观测方法。适用于防护服阻燃性能的测试与评价,也可用于预测人体组织的烧伤程度和烧伤总面积。不适宜用来评价实际火场中着火的危害和可能性,但该标准的测试结果可以作为着火危害评估或着火风险评估的依据。

1. 垂直方向损毁长度、阴燃和续燃时间的测定

将一定尺寸的试样置于规定的燃烧器下点燃,测量规定点燃时间后,试样的续燃、阴燃时间及损毁长度。服装材料的燃烧会产生具有一定毒性的烟雾和气体,会影响检验人员健康,测试仪器可安装在通风柜内,每次试验后排除烟雾和烟尘。但在试样燃烧过程中要关闭通风系统,以免影响结果。

（1）试验试样

从距布边$\frac{1}{10}$幅宽的部位取大小为300 mm×80 mm且长边与经(纵)向或纬(横)向平行,经(纵)向和纬(横)向各5块试样(不能有重复的经纱或纬纱),在标准大气中调湿,视样品薄厚放置8~24 h(仲裁试验应放置24 h)直至达到平衡,放入密封容器内待测。

（2）试验

准备工作:试验温湿度条件温度为10~30 ℃,相对湿度为30%~80%大气中进行测试。校正调整焰高使火焰高稳定达到(40±2)mm。点燃时间设定为12 s。

续燃和阴燃时间测定:将试样放在试样夹中,试样下端与试样夹下端平齐,将试样夹垂直挂在试验箱中。点火,等30 s火焰稳定后,按启动开关,使点火器移动到试样正下方,点燃试样。12 s后点火器复位,离开试样。续燃计时器开始计时,待续燃停止,立即按下计时器停止开关。同时阴燃计时器开始计时,待阴燃停止时,立即按下计时器停止开关。读取续燃和阴燃时间,精确到0.1 s。当试验熔融性纤维织物时,如果有熔滴产生,则在试验箱底部平铺10 mm厚的脱脂棉,并记录熔融滴落物是否引起脱脂棉的燃烧或阴燃。

损毁长度测定:取出试样夹,卸下试样,沿其长度方向炭化处对折一下,在试样下端一侧距底边及侧边各约6 mm处挂上重锤(表4-8),再用手缓缓提起试样下端的另一侧,让重锤悬空,再放下,测量试样撕裂的长度,精确到1 mm。

表4-8　织物重量与重锤重量选用表

织物重量 g/m²	101 以下	101~207	207~338	338~650	650 及以上
重锤重量 g	54.5	113.4	225.8	340.2	453.6

（3）试验结果

分别计算经(纵)向及纬(横)向五个试样的续燃时间、阴燃时间及损毁长度的平均值;

记录燃烧过程中滴落物引起脱脂棉燃烧的试样;

记录各未烧通试样的续燃时间、阴燃时间及损毁长度的实测值,并在试验报告中注明有几块试样烧通;

对燃烧时熔融又连接到一起的试样,测量损毁长度时应以熔融的最高点为准。

2. 表面燃烧时间测定

表面燃烧时间是指在规定的条件下,织物上的绒毛燃烧至规定距离所需的时间。表面绒毛燃烧的火焰更容易向下或两边蔓延,而不是向上蔓延。因此试验时在接近顶部处点燃夹持于垂直板上的试样的起绒表面,从而测定火焰在织物表面向下蔓延至标记线的时间。

试验场所的空气流动速度要小于 0.2 m/s,试验场所要有足够的空间,保证燃烧所需的充足氧浓度。

(1) 试样

每块试样的尺寸为 150 mm × 75 mm,若织物宽度小于 75 mm,则剪取全幅进行测试。样品的每个受试表面至少剪取 8 块试样,纵横向各 4 块。当幅宽小于 150 mm 时,可只测纵向一个方向。如果试样不呈现表面燃烧时,可以另剪取试样,按协议规定进行清洁,并标明清洁后试样。试样在(105 ± 2)℃的烘箱中干燥不小于 1 h,然后在干燥器中至少冷却 30 min,每一块试样从干燥器取出后,应在 1 min 内开始试验。

(2) 试验

准备工作:试验温湿度条件温度为 10 ~ 30 ℃,相对湿度为 30% ~ 80% 大气中进行测试。校正调整点火器焰高使火焰高稳定达到(40 ± 2)mm。放置点火器与垂直试样夹持器表面成直角,使点火器的顶端离试样表面的距离为 15 mm,并使点火器对准夹持器后板点火处标记,标出点火器与试样夹持器已定的位置,方便重复使用该位置。冷却试样夹持器,使其与环境温度之差小于 5 ℃。

蔓燃时间测定:将试样夹在夹持器中,如果绒毛的方向为长度方向,要使表面绒毛指向下方。用刷毛装置将试样表面绒毛顺毛刷一次,再逆毛刷一次。将装有试样的夹持器放原位置。用计时装置控制点火器对试样点火(1 ± 0.1)s。观察并记录绒毛被点燃、火焰蔓延情况,如果蔓延则测量蔓延至点火处下方 75 mm 处标记线的时间。每块试样试验前,都要对夹持器冷却、清洁和干燥。如果 8 块试样中仅一块表现为表面燃烧,那么需要另取 8 块进行再次试验。如果再次试验,仅有一个试样燃烧到达标记线,则记为无表面燃烧时间。

(3) 结果

说明试样的燃烧状态:试样是否被点燃,火焰是否蔓延。表面绒毛的火焰是否到达标记线前熄灭,及未达到标记线的试样数量。每个试样表面绒毛燃烧到标记线的时间,织物的试验方向,测得的最小值。如果表面绒毛在点火期间燃烧到标记线,那么表面燃烧时间记为小于 1 s。

3. 45°方向燃烧速率的测定

在规定的条件下,将试样斜放呈 45°角,对试样点火 1 s,将试样有焰向上燃烧一定距离所需的时间,作为评定该面料燃烧剧烈程度的量度。具有表面起绒的织物,底布的点燃或熔融作为燃烧剧烈程度的附加指标。

(1) 试样尺寸和数量

试样尺寸为 150 mm × 50 mm,试样数量一般为 5 块,或为 5 的倍数。

(2) 取样的位置和方向

对于未知易燃性的试样及不同高度或密度的绒头或簇绒等构成有花纹的面料试样,要进行预试验,选取火焰蔓延速率最快的一面和方向作为试样检验的受验面和方向。

预试验时以正反两面和各个方向受试,如纵向和横向、顺毛和逆毛方向(一般绒逆向时燃烧速率较快)。

从服装上选取的试样,包括服装上同一部位的所有各层,一般测试服装外层织物,但如果预试验中衬料的火焰蔓延速率最快,则以衬料作为受试试样。

(3)试样准备

试样的长度方向为预试验中燃烧速率最快的方向,在每块试样的末端作一个标记,标记指向火焰蔓延最迅速的方向。试验时每块试样都要用试样夹夹住,标记的一头放在上部位置。

带有绒面的试样在装入试样夹后,绒面朝上,用刷毛装置逆向刷毛一次。

装好试样的试样夹平放进烘箱,在(105±3)℃的条件下干燥30 min后,置于干燥器中,冷却不少于30 min。

(4)试验

试验条件:在无风的室温条件下进行。

火焰与试样位置:将已装好试样的试样夹置于试样架上,调节试样架,使燃烧器尖端与试样表面的距离为8 mm。打开点火器,调整火焰高度为16 mm。从火焰喷射试样表面中心到标记线的距离控制为127 mm。

测定燃烧时间:从干燥器中取出一个装好试样的试样夹,放在试样架上,将标记线穿过试样架平板导丝钩,然后在刚穿出导丝钩下方的标记线上挂一垂锤,使之绷紧。关闭试验箱门,点火并同时开始记时,使火焰与试样表面接触1 s,当火焰燃烧到试样标记线时停止记时,准确记录燃烧时间。从干燥器中取出试样到点燃试样时间不能超过45 s。

试验中注意观察试样的燃烧状况,如燃烧不完全,需要观察试样背面有无炭化或熔融的现象。

一般只需试验5块试样,但至少有3块试样是正常燃烧。火焰蔓延时间为正常燃烧试样燃烧到标记线时间的平均值。

(5)燃烧的有效性

绒面服装面料其平均燃烧时间小于4 s,无绒面服装面料其平均燃烧时间小于3.5 s;或试样燃烧时伴有表面闪燃,同时5块试样中只有1块或2块呈现底布点燃。发生以上两种情况必须另取5块试样进行试验。

如经两次试验,正常燃烧的试样块数等于或大于5块,试验结果可按正常燃烧块数的平均值计算;如小于5块,则只记录试样的燃烧状态。

(6)数据记录与分级

以描述燃烧性能代号(表4-9)描述燃烧特征,并记录每一块试样的燃烧时间。

表4-9 描述燃烧性能代号

序号	记录时间	燃烧性能代号	代号说明
1	要	BB	底布燃烧:一直燃烧到标记线断所记录的时间,精确到0.1 s
2	不要	DNI	未点燃:在标准规定的点火1 s内未被点燃
3	不要	IDE	点燃后又熄灭:火焰在未蔓延到标记线前即已熄灭
4	要	SFBB	表面闪燃,但底布燃烧:底布燃烧即底布暴露着的试验面积被完全燃烧,或仅被炭化或熔融

序号	记录时间	燃烧性能代号	代号说明
5	不要	SF	表面闪燃:仅有表面火焰一闪而过,标记线未点燃,底布也未点燃、炭化或熔融
6	要	TSF	计时表面闪燃:标记线燃烧,但底布未燃烧、炭化或熔融

服装用织物可按表4-10进行分级。

表4-10　服装用织物燃烧性能判定

级别	燃烧性能	火焰蔓延时间 t/s	
		无绒面	有绒面
1	正常可燃性	$t \geqslant 5$	$t \geqslant 7$ 或伴有表面闪燃,底布未点燃、炭化或熔融
2	中等可燃性		$4 \leqslant t < 7$,底布被点燃、炭化或熔融
3	具快速和剧烈燃烧性	$t < 3.5$	$t < 4$,底布被点燃、炭化或熔融

4. 45°方向损毁面积和接焰次数测定

（1）A法

在规定的试验条件下,对45°方向织物试样点火,测量织物燃烧后的续燃和阴燃时间、损毁面积及损毁长度。

① 试样:每一样品,经纬向各取3块。若织物两面不同,需再取一组试样,分别对两面进行试验。每块试样尺寸为330 mm×230 mm,试样长边要与经向或纬向平行。试样需在标准大气条件下调湿8～12 h(视织物厚薄而定),然后放入密封容器内。对于耐高温的织物,也可在(105±3)℃的烘箱中干燥至少1 h,然后在干燥器中冷却至少30 min。

② 试验环境:温度10～30 ℃,相对湿度15%～80%。

③ 火焰调整与试样安装:打开点火器预热2 min,调节火焰高度为(45±2)mm。将试样放入试样夹中,并固定好试样,使试样不松弛。将试样夹45°方向放在燃烧试验箱中,点火器与试样表面距离为45 mm。

④ 测定续燃、阴燃时间,测量损毁面积和长度:点火器对准试样点火30 s,试样从密封容器中取出至点火必须控制在1 min以内。观察和测定续燃、阴燃时间,记录精确到0.1 s。取出试样夹,卸下试样,用求积仪测定损毁面积,测量损毁长度。对于厚型纺织品采用A法点着的,可采用大喷嘴点火器,火焰高度为65 mm,点火器与试样表面距离也为65 mm,点火时间为120 s。

⑤ 结果:计算各个试样损毁面积、损毁长度、续燃时间、阴燃时间的平均值,同时附列各个试样的实测值。损毁面积(cm^2)、损毁长度(cm)计算精确到小数点后一位。续燃时间、阴燃时间计算精确到0.1 s。

（2）B法

在规定的试验条件下,对45°方向织物试样点火,测量织物燃烧距试样下端90 mm处需要接触火焰的次数。

① 试样:

每一样品经纬向各取 5 块,每块试样长为 100 mm,质量为 1 g,试样长边要与经向或纬向平行。试样需在标准大气条件下调湿(8~12)h(视织物厚薄而定),然后放入密封容器内。对于耐高温的织物,也可在(105±3)℃的烘箱中干燥至少 1 h,然后在干燥器中冷却至少 30 min。

② 试验环境:

温度为 10~30 ℃,相对湿度为 15%~80%。

③ 试验:

点着点火器并预热 2 min,调节火焰高度在未安装支承螺线圈的情况下为(45±2)mm,将试样迅速卷成圆筒状塞入试样支承螺线圈中。将试样支承螺线圈 45°方向放在燃烧试验箱中,并调至试样最下端与火焰接触。对试样点火,当试样熔融、燃烧停止时,重新调节残存的试样,使之最下端与火焰接触,反复进行这一操作,熔融燃烧距试样下端 90 mm 处时为止。

记录试样熔融燃烧到 90 mm 处所需接触火焰的次数。

④ 结果

计算各个试样接焰次数的平均值,同时列出各个试样的实测值。接焰次数保留整数。

四、抗静电性能检验

织物抵抗静电产生的能力称为抗静电性。抗静电性测试国际上尚无统一标准。我国现有抗静电性能测定国家标准 7 个。

GB/T 12703.1—2008 纺织品静电性能的评定第 1 部分:静电压半衰期,标准规定了纺织品静电压半衰期的试验方法和评价指标,是把试样在高压静电场中带电至稳定后断开高压电源使其电压通过接地金属台自然衰减,测定静电压值及其衰减至初始值一半所需的时间,以静电压半衰期来衡量其抗静电性能。

GB/T 12703.2—2009 纺织品静电性能的评定第 2 部分:电荷面密度,标准规定了纺织品电荷面密度的测试方法及静电性能的评价,是将经过磨擦装置磨擦后的试样投入法拉第筒,测量试样单位面积上所带的电荷量,以电荷面密度大小来衡量其抗静电性能。

GB/T 12703.3—2009 纺织品静电性能的评定第 3 部分:电荷量,标准规定了服装及其他纺织制品摩擦带电荷量的测试方法,是用摩擦装置模拟试样摩擦带电的情况,然后将试样投入法拉第筒,测量其带电电荷量。以电荷量大小来衡量其抗静电性能。

GB/T 12703.4—2010 纺织品静电性能的评定第 4 部分:电阻率,标准规定了纺织品体积电阻率和表面电阻率的测试方法。体积电阻是在一给定的通电时间之后,施加于与一块材料的相对两个面上相接触的两个引入电极之间的直流电压对于该两个电极之间的电流的比值。体积电阻率是沿试样体积电流方向的直流电场强度与稳态电流密度的比值。表面电阻是在一给定的通电时间之后,施加于材料表面上的标准电极之间的直流电压对于电极之间的电流的比值。表面电阻率是沿试样电流方向的直流电场强度与单位长度的表面传导电流之比。以电阻率的大小来衡量其抗静电性能。

GB/T 12703.5—2010 纺织品静电性能的评定第 5 部分:摩擦带电电压,标准规定了纺织品摩擦带电电压的试验方法,是在一定张力条件下,使试样与标准布相互摩擦,以规定的时间内产生的最高电压对试样摩擦带电情况进行评价。

GB/T 12703.6—2010 纺织品静电性能的评定第 6 部分:纤维泄漏电阻,标准规定了各类短纤维泄漏电阻的测试方法。纤维泄漏电阻是表征纤维起静电性的一种指标,它是以不同容量的电容 C 对纤维固有电阻和纤维表面附着的抗静电油剂等综合电阻 R 的放电时间 t,乘以电阻指数 10^n 后所表示的纤维电阻值 $t \times 10^n (\Omega)$ 表示。测量方法是利用阻容充放电原理,用不同纤维电阻 R 跨接于充以电荷的固定电容 (C) 两端,以其放电速度来测量纤维电阻值。

GB/T 12703.7—2010 纺织品静电性能的评定第 7 部分:动态静电压,标准规定了纺织生产动态静电压的测试方法,用于纺织厂程各道工序中纺织材料的和纺织器材静电性能的测定。它是利用静电感应原理,将测试电极靠近被测体,经电子电路放大后推动仪表显示出其数值。

思考与实践

1. 分析说明抗皱性能检验方法。
2. 分析说明纸环法测试织物悬垂性的原理与方法。
3. 织物防水性能有哪些测试方法,各适用于测试哪些服装面料?
4. 采用圆轨迹法和马丁代尔法测试某种面料的起球性能。
5. 采用摩擦法选择某种羽绒面料测定其防钻绒性能。

第五章

典型服装面料质量检验

　　服装面料种类很多,按原料可以分为棉织物、毛织物、丝织物、麻织物、化纤织物、裘皮等。按印染加工方式可分为本色布、漂白布、色织布、染色布、印花布、涂层布等。按织物加工方式可分为机织物、针织物、非织造布、皮革等。

第一节 棉 布 检 验

棉布一般有本色棉布、漂白棉布、染色棉布、印花棉布、色织棉布等品种,棉印染布和色织棉布是服装厂主要品种,以下介绍棉印染布和色织棉布的质量要求和检验方法。

一、棉印染布检验规则

1. 验收规定

供货方根据产品评等检验结果,出具产品检验合格证。收货方根据该产品标准与协议对检验合格证及包装和标志的内容进行验收,并将验收结果及时通知供货方,一星期后供货方没有答复,视为认同收货方验收结果。

收货方如因条件限制,收货时不能及时进行验收,即按供货方检验结果收货。

收货方验收的项目按产品标准和协议规定进行,标志和包装按"FZ/10010 棉及化纤纯纺、混纺印染布标志与包装"规定进行。

2. 抽样方法与检验结果的评定

(1)外观质量

以匹为单位,根据批量大小确定抽样数量及合格判定数(表5-1)。

按产品标准中外观疵点评定要求,若抽样中发现不符合品等数小于或等于合格判定数,则判该批产品为合格,但已发现的不符品等的产品由供货方负责调换或降价处理;若抽样中发现不符品等数等于或大于不合格判定数,则判该批产品为不合格。

(2)内在质量

内在质量按产品标准的要求,以批为单位,每批不得少于 3 块。检验结果的评定以全部抽验样品试验结果的平均值为该批产品的试验结果。平均值合格的作全批合格;平均值不合格的作全批不合格,染色牢度以半数以上的试样符合为准。如抽样发现问题,供需双方重新在该批产品中再抽验相同数量进行试验,并以全部试样的平均值作为试验结果。

(3)包装和标志

包装和标志如不符合要求,供货方负责调换或重新包装和标志。

① 成品使用说明。使用说明采用表格形式,内容包括以下信息:生产企业及地址、产品名称、花色号、产品编号、产品等级、幅宽、长度、经纬纱线密度及纤维含量、织物密度、检验结果等。

使用说明使用白纸,文字颜色按等级不同而不同,优等品使用黄字,一等品使用红字,二等品使用绿字,等外品使用黑字。

使用说明粘贴在反面布角处,并加盖骑缝章。每匹或每段布的反面两端布角处5 cm 以内,加盖清晰梢印。

② 拼接单。拼件布包内附段长记录单,说明拼件的段数和长度。

表 5-1　外观质量检验抽样方案

批量范围 N	样本大小 n	合格判定数 Ac	不合格判定数 Re
1～15	3	0	1
16～25	5	0	1
26～50	8	0	1
51～90	13	1	2
91～150	20	2	3
151～280	32	3	4
281～500	50	5	6
501～1 200	80	7	8
1 201～3 200	125	10	11
3 201～10 000	200	14	15
10 001～35 000	315	17	18
注1:约定匹长为30 m 注2:当批量范围小于样本大小时,全数检验			

③ 包外标志。包外或箱外标志清晰易辨,不褪色。内容包括内包装编码、外包装编码、企业名称、品名全称、花色号、标准号、等级、幅宽、总长度、毛重、体积、产品安全类别、日期。左上角有防潮标志或文字说明。

④ 包装分类。包装不同,编码不同,分类编码见表5-2。

表 5-2　包装形式与编码

编码	内包装形式	编码	外包装形式
A	平幅折叠	T	布包
B	卷板	S	硬纸板箱
C	卷筒	R	瓦楞纸箱
D	大卷	W	钉合木箱
		P	胶合板箱

A 表示平幅折叠,其中 A1 表示平幅不折,A2 表示平幅二折,A3 表示平幅三折,A4 表示平幅四折。

B 表示卷板,其中 B1 表示定长平幅卷板,B2 表示定长双幅卷板,B3 表示乱码平幅卷板,B4 表示乱码双幅卷板。

⑤ 内包装要求。平幅折叠布匹折幅为 1 m,折叠时,布边整齐,两端平整无折皱,采用包头式,防止沾污。

卷板按商定长度,将布匹卷绕在规定尺寸的卷板芯上,卷板须平整硬挺,布边整齐无折皱,内外端折头不超过 10 cm。

卷筒按商定长度将布匹卷绕在规定尺寸的卷轴上,平整紧密,布边整齐无褶皱,内外端折头不超过 10 cm。

大卷按商定长度将布匹卷绕在大卷轴上,卷绒须平整紧密,布边整齐,内外折头不超过 10 cm。

产品的内包装商标粘贴方正,浆糊适中不透层,烫金清晰不模糊,腰封对称不歪斜。

⑥ 外包装要求。布包:经预压打包捆扎的布包应四角见方,落地平整。内包装的布匹覆盖牛皮纸或塑料薄膜,内装布匹不外露,不影响产品质量。包布的边缘向下折,两边搭头缝合,缝包时不能缝及内装布匹,缝包针距不超过 4 cm(外销产品不超过 3 cm)。布包整个过输过程不松散。

纸箱或木箱:箱内垫塑料薄膜或牛皮纸或拖蜡纸等具有保护产品质量作用的防潮材料。内外包装大小相适宜。纸箱外用捆扎带等捆扎结实、卡扣牢固。木箱用钉子钉牢,钉子不能钉在标志上,不能穿入箱内。

⑦ 成包(箱)规定。印染布成包(箱)分整匹布和拼件布两种,每包(箱)重不超过 85 kg。拼件布段长允许 10~17.9 m 一段,其余各段在 18 m 以上。一等品包内色差,服装用布匹(段)之间的色布允许色差 4 级,印花布允许色差 3~4 级。同一交货单为一批,包与包之间色差允许3~4 级。

长度在 10~17.9 m 的称为大零布,在 5~9.9 m 的称为中零布,在 1~4.9 m 的称为小零布,在 0.2~0.9 m 及布面疵点特别严重的称为零疵布。

(4) 长度

总长度短于规定时,折合全部赔偿或折价。如发现缺段、缺折幅者按实际数量补差,不折合全批计算。在检查段数时,应保持段长记录单及梢印的完整,折除布包一端捆包绳清点段数,如已拆除全部捆包绳,供货方对缺段不再负责。抽样数量按表 5-1 规定。

(5) 假开剪及拼件率

按供需双方协议规定,如发现超过,其超过部分应调换或降等处理。

(6) 复验

如检验结果判定该批产品不合格,供需双方有异议时,可以会同复验或委托专业检验机构进行仲裁。复验以一次为准,凡判定合格的应作全批合格。但实际查出的不符品等的产品,供货方负责调换或降价处理;判定不合格的应作全批不合格,由供货方负责处理。复验或仲裁中的一切费用由责任方负责。

(7) 其他

漂白布、硫化色布贮存期限为一年半。在此期间内,如发生贮存变质,经查明原因,确属供货方责任的,由供货方负责处理。

供货方交货后,如因运输、贮藏、保管不良使产品质量受到影响时,由收货方负责,若不能确定其影响因素时,由供需双方共同研究分析,分清责任,由责任方负责。

二、棉印染布检验

1. 分等规定

产品分为优等品、一等品、二等品、等外品(低于二等品的为等外品)。

棉印布的评等,内在质量(密度、断裂强力、水洗尺寸变化率、染色牢度)按批评等,外观质量(局部性疵点和散布性疵点)按段(匹)评等,以其中最低一项品等作该段(匹)布的品等。

在同一段(匹)布内,内在质量以最低一项评等;外观质量的等级由局部疵点和散布性疵点中最低等级评定。

在同一段(匹)布内,局部性疵点采用有限度的每平方米允许评分的办法评定等级;散性疵点按严重一项评等。

2. 内在质量

① 符合"GB 18401 国家纺织产品基本安全技术规范"规定。

② 内在质量要求,见表5-3。

单位面积质量在 50 g/m² 以下织物其断裂强力、撕破强力按协议要求。

耐湿摩擦一等品考核时,深色(按 GB 250,5 级及以上为深色,2 级及以下为浅色,两者之间为中色)允许降半级。

表5-3　内在质量分等规定

项目	类别		优等品	一等品	二等品
密度/ (根/10 cm)	按设计规定	经向	−3.0% 及以内	−5.0% 及以内	−5.0% 及以内
		纬向	−2.0% 及以内	−2.0% 及以内	−2.0% 及以内
断裂强力/ N ≥	200 g/m² 以上	经向	600		
		纬向	300		
	150 g/m² ~ 200 g/m²	经向	400		
		纬向	220		
	100 g/m² ~ 150 g/m²	经向	300		
		纬向	180		
	80 g/m² ~ 100 g/m²	经向	180		
		纬向	140		
撕裂强力/ N ≥	200 g/m² 以上	经向	20		
		纬向	17		
	150 g/m² ~ 200 g/m²	经向	15		
		纬向	13		
	100 g/m² ~ 150 g/m²	经向	9		
		纬向	6.7		
	80 g/m² ~ 100 g/m²	经向	6.7		
		纬向	6.7		

项目	类别		优等品	一等品	二等品
水洗尺寸变化率/%	平布（粗、中、细）	经向	−3.0 ~ +1.0	−3.5 ~ +1.5	超出一等品要求
		纬向	−3.0 ~ +1.0	−3.5 ~ +1.5	
	斜纹、哔叽、贡呢	经向	−3.0 ~ +1.0	−3.5 ~ +1.5	
		纬向	−3.0 ~ +1.0	−3.0 ~ +1.5	
	府绸	经向	−3.0 ~ +1.0	−4.0 ~ +1.5	
		纬向	−2.0 ~ +1.0	−2.0 ~ +1.5	
	卡其、华达呢	经向	−3.0 ~ +1.0	−4.0 ~ +1.5	
		纬向	−2.0 ~ +1.0	−2.0 ~ +1.5	
染色牢度/级 ≥	耐光	变色	4	3 ~ 4	3
	耐洗	变色	4	3 ~ 4	3
		沾色	3 ~ 4	3	3
	耐摩擦	干摩	3 ~ 4	3	3
		湿摩	3	2 ~ 3	低于一等品要求
	耐热压	变色	4	3 ~ 4	低于一等品要求
		沾色	3 ~ 4	3	

3. 外观质量

① 每段（匹）布的局部性疵点允许评分数规定,优等品≤0.2 分/m²,一等品≤0.3 分/m²,二等品≤0.5 分/m²。

每段（匹）布的局部性疵点允许总评分按下式计算（结果修约到个位）：

$$A = \alpha \times L \times W$$

式中:A——每段（匹）的局部性疵点允许总评分(分/段（匹）)；

　　　　α——每平方米允许评分数(分/m²)；

　　　　L——段（匹）长(m)；

　　　　W——标准幅宽(m)。

② 局部性疵点评分规定(表5-4)。

a. 局部性疵点量计规定:疵点长度按经向或纬向的最大长度量计。经向疵点长度超过100.0 cm(包括轻微线状超过50.0 cm)时,其超过部分另行量计、累计评分。凡成曲形的疵点,按其实际影响面积最大距离量计;重叠疵点,按评分最多的评定。

在经向100.0 cm 及以内,除破损外的各种疵点同时存在时,分别量计、累计评分,其最大评分不超过4分。

表 5-4　局部性疵点评分规定　　　　　　　　单位:cm

疵点名称和程度			评分表				降等限度
			1 分	2 分	3 分	4 分	
经向疵点	线状	轻微	≤50.0	—	—	—	二等
		明显	≤8.0	8.1~16.0	16.1~24.0	24.1~100.0	等外
	条状	轻微	≤8.0	8.1~16.0	16.1~24.0	24.1~100.0	等外
		明显	≤5.0	0.6~2.0	2.1~10.0	10.1~100.0	等外
纬向疵点	线状	轻微	≤半幅	>半幅	—	—	二等
		明显	≤8.0	8.1~16.0	16.0~半幅	>半幅	等外
	条状	轻微	≤8.0	8.1~16.0	16.1~24.0	>24.0	等外
		明显	≤0.5	0.6~2.0	2.1~10.0	>10.0	等外
	稀密路	轻微	≤半幅	>半幅	—	—	二等
		明显	—	—	≤半幅	>半幅	等外
破损	破洞		经纬共断 2 根	—	—	—	等外
			—	—	—	经纬共断 3 根及以上,0.3 以上跳花	等外
	破边		每 10.0 及以内	—	—	—	等外
边疵	荷叶边	深入 0.8 以上~2.0	每 15.0 及以内	—	—	—	二等
		深入 2.0 以上	—	每 15.0 及以内	—	—	等外
	针眼	深入 1.5 以上~2.0	每 100.0 及以内	—	—	—	二等
		深入 2.0 以上	—	每 100.0 及以内	—	—	等外
	明显深浅边	深入 0.8~1.5	每 100.0 及以内	—	—	—	二等
		深入 1.5~2.0	—	每 100.0 及以内	—	—	等外
织疵			按 GB/T 406 执行				

深浅程度不同或宽度不同的经向疵点,可分别量计、累计评分。

难以数清、不易量计的分散斑渍,根据其分散的最大长度和轻重程度,参照经向或纬向的疵点分别量计、累计评分。

b. 局部性疵点评分规定:局部性疵点轻微与明显程度的区别,参照 GB 250 评定变色用灰卡,4 级为轻微,3~4 级及以下为明显。

幅宽在 135.0 cm 以上的边疵针眼,疵点程度在深入 2.0 cm 以上~2.5 cm 之间,每 100.0 cm 及以内评 1 分,深入 2.5 cm 以上,每 100.0 cm 及以内评 2 分。

除破损和边疵外,距边 0.8 cm 及以内的其他局部性疵点不评分;距边 0.8 cm 以上~2.0 cm

的疵点,按上表 5-4 有关疵点减半评分(累计减半后小数不计),降等限度为二等品。

距边 2.0 cm 以上的破边、豁边按破洞评分;距边 2.0 cm 及以内的破洞按破边评分。

经缩、断经及脱纬等织疵影响外观时,按相似明显疵点评分(平纹组织的双纬按轻微评分),不影响外观不评分。

在同一匹布内,存在相同的局部性疵点时,其累计分数不超过该项疵点的降等限度分;而同时存在其他局部性疵点须累计评分时,可按已降等等级的起点分,再加须累计的局部疵点的评分,作为该匹布的总分。

未列入表 5-4 的疵点,按其形态,参照相似点评分。

评定布面疵点时,均以布匹正面为准。

③ 散布性疵点其允许程度见表 5-5,低于二等品水平的为等外品。

表 5-5　散布性疵点其允许程度规定

疵点名称和类别				优等品	一等品	二等品
幅宽偏差/ cm	幅宽 100 及以内			−0.5 ~ +1.5	−1.0 ~ +2.0	−1.5 ~ +2.5
	幅宽 101 ~ 135			−1.0 ~ +2.0	−1.5 ~ +2.5	−2.0 ~ +3.0
	幅宽 135 以上			−1.5 ~ +2.5	−2.0 ~ +3.0	−2.5 ~ +3.5
色差/级 ≥	原样	漂色布	同类布样	4	3 ~ 4	3
			参考样	3 ~ 4	3	2 ~ 3
		花布	同类布样	3 ~ 4	3	2 ~ 3
			参考样	3	2 ~ 3	2
	左中右	漂色布		4 ~ 5	4	4
		花布		4	3 ~ 4	3
	前后			4 以上	3 ~ 4	3
歪斜/%	花斜或纬斜			3.0 及以下	4.0 及以下	7.0 及以下
	条格花斜或纬斜			3.0 及以下	3.5 及以下	5.0 及以下
花纹不符、染色不匀				不影响外观	不影响外观	影响外观
纬移				不影响外观	不影响外观	影响外观
条花				不影响外观	不影响外观	影响外观
棉结杂质、深浅细点				不影响外观	不影响外观	影响外观

④ 优等品、一等品不允许有下述局部性疵点。

单独一处评 4 分的疵点;每平方米内有三处单独评 3 分的疵点;50.0 cm 内累计评满 4 分的明显疵点;距边 0.5 cm 以内,经向长 3.0 cm 及以内的破损三处,距边 0.5 cm 以上的破损;长 15.0 cm 以上的荷叶边,深入 2.0 cm 以上的针眼,累计超过匹长十分之一。

4. 假开剪和拼件的规定

① 假开剪的疵点是评为 4 分或 3 分的疵点,假开剪后的各段都是一等品。

② 用户允许假开剪或拼件的,实行假开剪和拼件,最低拼件长度不低于 10 m;假开剪和拼件按二联匹不允许超过 2 处、三联匹不允许超过 3 处。

③ 假开剪和拼件率合计不允许超过 20%,其中拼件率不得超过 10%。

④ 假开剪布要有明显标记。假开剪布单独成包,包内附假开剪段长记录单,外包注明"假开剪"字样。

5. 试验方法

根据检验项目选择试验方法(表 5-6)。

表 5-6 检验项目与试验标准对照表

项目	试验方法标准	项目	试验方法标准
幅宽	GB/T 4667	耐光色牢度	GB/T 8427—1998 方法 3
密度	GB/T 4668	耐洗色牢度	GB/T 3921.3
单位面积质量	GB/T 4669	耐磨擦色牢度	GB/T 3920
断裂强力	GB/T 3923.1	耐热压色牢度	GB/T 6152—1997(潮压法,温度(150±2)℃)
撕破强力	GB/T 3917.1		
水洗尺寸变化率	GB/T 8628	纬斜(或花型、格型)歪斜	GB/T 14801
	GB/T 8629—2001 洗涤 2A 干燥 F	变色、色差评定	GB 250
	GB/T 8630		GB 251

6. 外观质量检验条件和方法

① 采用灯光检验时,以 40 W 加罩青光日光灯管 3～4 根,布面处照度不低于 750 lx,光源与布面距离为 1.0～1.2 m。

② 验布机验布板角度为 45°,布行速度最高为 40 m/min。布匹的评等检验,按验布机上作出的疵点标记,评分评等。

③ 布匹的复验、验收应将布平摊在验布台上,按纬向逐幅展开检验,检验人员的视线应正视布面,眼睛与布面的距离为 55.0～60.0 cm。

④ 规定检验布的正面(盖梢印的一面为反面)。如果是斜纹织物,纱织物以左斜"↖"为正面,线织物以右斜"↗"为正面。

三、色织棉布检验

1. 安全要求

符合"GB 18401 国家纺织产品基本安全技术规范"规定。

2. 质量要求与分等规定

内在质量要求包括密度偏差率、水洗尺寸变化率、断裂强力、脱缝程度、撕破强力和染色牢度;外观质量包括幅宽偏差、色差、纬斜和布面疵点。产品的评等以内在质量和外观质量综合评定,按其中最低等级定等,内在质量和外观质量均为二等品时,综合评定为等外品。内在质量按批评等,外观质量按段(匹)评等。产品的品等分为优等品、一等品、二等品、等外品。

① 产品的内在质量要求见表5-7,内在质量以最低项评等。

表5-7 色织棉布内在质量要求

项　目		要　求		
		优等品	一等品	二等品
密度偏差率(经纬向)/%		−2.0	−3.0	低于一等品要求
水洗尺寸变化率 (经纬向)/%	非起绒织物	−2.0 ~ +1.0	−3.0 ~ +1.5	低于一等品要求
	起绒织和	−3.0 ~ +1.0	−4.5 ~ +1.5	
断裂强力(经纬向)/N ≥	非起绒织物	250		
	起绒织和	150		
脱缝程度(经纬向)/mm ≤		6.0	低于一等品要求	
撕破强度(经纬向)/N ≥	150 g/m² 及以下	7.0		低于一等品要求
	150 g/m² 以上	12.0		
染色牢度/级 ≥	耐光	4	深色4 浅色3	低于一等品要求
	耐洗 变色	4	3 ~ 4	低于一等品要求
	耐洗 沾色	3 ~ 4	2	
	耐热压 变色	4	3 ~ 4	低于一等品要求
	耐热压 沾色	3 ~ 4	3	
	耐摩擦 干摩	4	3 ~ 4	3
	耐摩擦 湿摩	3	深色2 浅色2 ~ 3	低于一等品要求
	耐汗渍 变色	4	3 ~ 4	3
	耐汗渍 沾色	4	3 ~ 4	3

稀薄型织物、免烫织物的断裂强力由供需双方另定。起绒织物、免烫织物的撕破强力由供需双方另定。

深色、浅色的分档参照染料染色标准深度卡区分:耐光色牢度≥1/12 为深色,<1/12 为浅色;耐摩擦色牢度 ≥2/1 为深色,<2/1 为浅色。

② 产品外观质量要求见表5-8,外观质量以最低项评等。

一等品内不允许存在一处评为4分的破损性疵点或横档疵点;若存在一处评为4分的破损性疵点或横档疵点,须具有假开剪标记(30 m 及以内允许1处,60 m 及以内允许2处,100 m 及以内允许3处);布头两端3 m 内不允许存在一处评为4分的明显疵点。连续10 m 以上的纬斜全批(匹)布降等。

117

表5-8 色织棉布外观质量要求

项 目		要 求		
		优等品	一等品	二等品
幅宽偏差/cm ≥	幅宽140 cm及以下	−1.0	−1.5	−2.0
	幅宽140 cm以上	−1.5	−2.0	−2.5
色差/级 ≥	左、中、右色差	4~5	4	低于一等品要求
	段(匹)前后色差	4	3~4	
	同包匹间色差	4	3~4	
	同批包间色差	3~4	2	
纬斜/% ≤	横条、格子织物	1.5	2.0	2.5
	其他织物	2.0	3.0	4.0
布面疵点/ (平均分/m) ≤	幅宽140 cm及以下	0.2	0.4	0.7
	幅宽140 cm以上~180 cm	0.3	0.5	0.9
	幅宽180 cm以上	0.4	0.7	1.2

3. 布面疵点评分

（1）评分方法（表5-9）

棉结、棉杂疵点由供需方协商定。无边组织的织物,边组织以0.5 cm计。

表5-9 布面疵点评分方法

疵点分类		评 分 数			
		1	2	3	4
经向明显疵点		8 cm及以下	8 cm以上~16 cm	16 cm以上~24 cm	24 cm以上~100 cm
纬向明显疵点		8 cm及以下	8 cm以上~16 cm	16 cm以上~半幅	半幅以上
横档疵点		—	—	—	
严重污渍		—	—	2.5 cm及以下	2.5 cm以上
破损性疵点(破损、跳花)		—	—	0.5 cm及以下	0.5 cm以上
边疵	破边、豁边	经向每长8 cm 及以内	—	—	—
	针眼边 (深入1.5 cm以上)	每100 cm	—	—	—
	卷边	每100 cm	—	—	—

经向1 m内累计评分最多4分;每段(匹)布允许总评分为每米允许评分数(分/m)乘以段(匹)长(m);每段(匹)布允许总评分有小数时修约至整数。

（2）布面疵点检验规定

检验布面疵点时,以布的正面为准,但破损性疵点以严重的一面为准。正反面难以区别的织物以严重的一面为准。有两种疵点重叠在一起时,以严重的一项评分。

（3）布面疵点的计量规定

疵点长度以经向或纬向最大长度计量;

条的计量方法:一个或几个经(纬)向疵点,宽度在 1 cm 及以内的按一条评分;宽度超过 1 cm 的每 1 cm 为一条,其不足 1 cm 的按一条计。

在经向一条内连续或断续发生的疵点,长度超过 1 m 的,其超过部分再行评分。

在一条内断续发生的疵点,在经(纬)向 8 cm 及以内有 2 个及以上的疵点,按连续长度测量评分。

4. 试验方法

根据检验项目选择正确的试验方法,按表 5-10 选择。

表 5-10　检验项目与试验标准对照表

项目	试验方法标准	项目	试验方法标准
密度	GB/T 4668	耐洗色牢度	GB/T 3921.3
水洗尺寸变化率	GB/T 8628 GB/T 8629(洗涤程序 2A,干燥 F) GB/T8630	耐热压色牢度	GB/T6152(采用湿压法,加压温度(150±2)℃)
		耐摩擦色牢度	GB/T 3920
		耐汗渍色牢度	GB/T 3922
断裂强力	GB/T 3923.1	幅宽	GB/T 4667
脱缝程度	GB/T13772.1—1992 方法 B 试验条件:150 g/m² 及以下,力值 80 N;150 g/m² 以上,力值 120 N	色差	GB 250
		纬斜	GB/T14801 在 1 段(匹)布的两端各距布头 4 m 每隔三分之一段(匹)均匀测量 3 处,以平均数计
撕破强力	GB/T 3917.2(单舌法)		
耐光色牢度	GB/T 8427—1998 方法 3		

5. 抽样方案

（1）内在质量

内在质量抽样以批为单位,以同一品种、规格、花型及生产工艺为一批,每批不少于 3 块(必须包括全部色号),检验结果以全部抽验样品合格作为全批合格。如有试验结果不合格,可对该批不合格项复验一次,以复验结果为准。

（2）外观质量

外观质量检验按 GB2828.1 中正常检验一次抽样方案一般检验水平Ⅱ,接收质量限(AQL)为 2.5 规定抽样,具体抽样方案见表 5-11。每匹布长为 30 m。

表 5-11　色织棉布外观质量检验抽样方案

批量 N	正常检验—一般检验水平 II		
	样本大小 n	接收数 Ac	拒收数 Rc
1～15	3	0	1
16～25	5	0	1
26～50	8	0	1
51～90	13	1	2
90～150	20	1	2
151～280	32	2	3
281～500	50	3	4
501～1 200	80	5	6
1 201～3 200	125	7	8
3 201～10 000	200	10	11
10 001～35 000	315	14	15

6. 检验条件

① 采用验布机检验。以 40 W 加罩青光日光灯管 3～4 支,光源与布面距离为 1.0～1.2 m,布面处照度不低于 750 lx。验布机验布板角度为 45°,布行速度为 15～20 m/min。

② 采用台板检验。将布平摊于桌面上,检验人员正视布面,逐幅展开,速度为 3～5 m/min,采用 40 W 加罩青光日光灯管 2 支,光源距桌面距离 80～90 cm,布面处照度不低于 400 lx。

③ 幅宽 140 cm 以上的,安排 2 人检验。

7. 验收与复验

交货时,收货方依据产品标准和双方协议进行验收。如供需双方对检验结果有异议,可要求复验或委托专业检验机构进行检验。

另外,常见的棉布品种还有棉本色布、大提花棉本色布、色织提花布、色织牛仔布等。具体要求请读者查阅有关国家标准或行业标准。

第二节　毛织品检验

毛织品种类很多,按加工方式可分为精梳毛织物和粗梳毛织品,细分还有精梳低含毛混纺及纯化纤毛织品、弹性毛织品、印花精梳毛织品、精梳丝毛织品、超高支精梳毛织品、精粗梳交织毛织品、半精纺毛织品等。下面介绍精梳毛织品、粗梳毛织品以及精梳低含毛混纺及纯化纤毛织品的质量要求与检验。

一、精梳毛织品检验

机织服用精梳纯毛、毛混纺(羊毛及其他动物纤维含量30%以上)及交织品的品质评定均按下述规定进行。

1. 安全要求

"符合 GB 18401 国家纺织产品基本安全技术规范"规定。

2. 分等规定

精梳毛织品质量等级分为优等品、一等品、二等品和等外品。

精梳毛织品的品等以匹为单位,按实物质量、内在质量和外观质量三项检验结果评定,以其中最低一项定等。三项中最低品等有两项及以上同时降为二等品的,则直接降为等外品。

织物净长每匹不短于 12 m,净长 17 m 及以上的可由两段组成,但最短一匹不小于 6 m。品等相同,色泽一样的两段织物才能拼匹。

(1)实物质量评等

实物质量是指织物的呢面、手感和光泽。对于正式投产的不同规格产品,分别以优等品和一等品封样。有来样的要经双方确认建立封样。检验时逐匹比照封样评等。

符合优等品封样的评为优等品,符合或基本符合一等品封样的评为一等品,明显差于一等品封样的评为二等品,严重差于一等品封样的评为等外品。

(2)内在质量评等

以物理指标和染色牢度综合评定,以其中最低一项定等。

① 物理指标要求,见表 5-12。双层织物联结线的纤维含量不考核。休闲类服装面料的脱缝程度为 10 mm。

表 5-12 精梳毛织品物理指标要求

项目		限度	优等品	一等品	二等品
幅宽偏差/cm		不低于	-2.0	-2.0	-5.0
平方米重量允差/%		—	-4.0 ~ +4.0	-5.0 ~ +7.0	-14.0 ~ +10.0
静态尺寸变化率/%		不低于	-2.5	-3.0	-4.0
起球/级	绒面	不低于	3 ~ 4	3	3
	光面		4	3 ~ 4	3 ~ 4
断裂强力/N	$80^S/2 \times 80^S/2$ 及单纬纱高于等于 $40^S/1$	不低于	147	147	147
	其他		196	196	196
撕破强力/N	一般精梳毛织品	不低于	15.0	10.0	10.0
	$70^S/2 \times 70^S/2$ 及单纬纱高于等于 $35^S/1$		12.0	10.0	10.0
汽蒸尺寸变化率/%		—	-1.0 ~ +1.5	-1.0 ~ +1.5	—
落水变形/级		不低于	4	3	3
脱缝程度/mm		不高于	6.0	6.0	8.0
纤维含量/%		FZ/T 01053《纺织品 纤维含量的标识》规定			

② 染色牢度要求,见表5-13。

使用1/12深度卡判断面料的"中浅色"或"深色"。"只可干洗"类产品可不考核耐洗色牢度和耐湿摩擦色牢度。"手洗"和"可机洗"为产品可不考核耐干洗色牢度。

表5-13中未注明"小心手洗"和"可机洗"类的产品耐洗色牢度按"可机洗"类执行。

表 5-13 精梳毛织品染色牢度指标要求

项目		限度	优等品	一等品	二等品
耐光色牢度	≤1/12标准深度(中浅色)	不低于	4	3	2
	>1/12标准深度(深色)		4	4	3
耐水色牢度	色泽变化	不低于	4	3~4	3
	毛布沾色		4	3	3
	其他贴衬沾色		4	3	3
耐汗渍色牢度	色泽变化	不低于	4	3~4	3
	毛布沾色		4	3~4	3
	其也贴衬沾色		4	3~4	3
耐熨烫色牢度	色泽变化	不低于	4	4	3~4
	棉布沾色		4	3~4	3
耐摩擦色牢度	干摩擦	不低于	4	3~4	3
	湿摩擦		3~4	3	2~3
耐洗色牢度	色泽变化	不低于	4	3~4	3~4
	毛布沾色		4	4	3
	其他贴衬沾色		4	3~4	3
耐干洗色牢度	色泽变化	不低于	4	4	3~4
	溶剂变化		4	4	3~4

③ "可机洗"类产品水洗尺寸变化率指标要求见表5-14。

表 5-14 "可机洗"类精梳毛织品水洗尺寸变化率要求

项目		限度	优等品、一等品、二等品	
			西服、裤子、服装外套、大衣、连衣裙、上衣、裙子	衬衣、晚装
松驰尺寸变化率%	宽度	不低于	−3	−3
	长度		−3	−3
	洗涤程序		1×7A	1×7A
总尺寸变化率/%	宽度	不低于	−3	−3
	长度		−3	−3
	边沿		−1	−1
	洗涤程序		3×5A	5×5A

（3）外观质量评等

外观疵点分为局部性外观疵点和散布性外观疵点，分别予以结辫和评等，外观疵点结辫评等要求见表 5-15。

表 5-15　精梳毛织品外观疵点结辫评等要求

疵点名称		疵点程度	局部性结辫	散布性降等	备注
经向	粗纱、细纱、双纱、松纱、紧纱、错纱、呢面局部狭窄	明显 10 cm 到 100 cm 大于 100 cm，每 100 cm 明显散布全匹 严重散布全匹	1 1	 二等 等外	
	油纱、污纱、异色纱、磨白纱、边撑痕、剪毛痕	明显 5 cm 到 50 cm 大于 50 cm，每 50 cm 散布全匹 严重散布全匹	1 1	 二等 等外	
	缺经、死折痕	明显经向 5 cm 到 20 cm 大于 20 cm，每 20 cm 结辫 明显散布全匹	1 1	 等外	
	经档、折痕、条痕水印、经向换纱印、边深浅、呢匹两端深浅	明显经向 40 cm 到 100 cm 大于 100 cm，每 100 cm 结辫 明显散布全匹 严重散布全匹	1 1	 二等 等外	边深浅色差 4 级为二等品，3～4 级及以下为等外品
	条花、色花	明显经向 20 cm 到 100 cm 大于 100 cm，每 100 cm 结辫 明显散布全匹 严重散布全匹	1 1	 二等 等外	
	刺毛痕	明显经向 20 cm 及以内 大于 20 cm，每 20 cm 结辫 明显散布全匹	1 1	 等外	
	边上破洞、破边	2 cm 到 100 cm 大于 100 cm，每 100 cm 结辫 明显散布全匹 严重散布全匹	1 1	 二等 等外	不到结辫起点的边上破洞、破边 1 cm 以内累计超过 5 cm 者仍结辫 1 只
	刺毛边、边上磨损、边子发毛、边子残缺、边字严重沾色、漂折织物的边上针锈、自边缘深入 1.5 cm 以上的针眼、针锈、荷叶边、边上稀密	明显 20 cm 到 100 cm 大于 100 cm，每 100 cm 结辫 散布全匹	1 1	 二等	

疵点名称		疵点程度	局部性结辫	散布性降等	备注
纬向	粗纱、细纱、双纱、紧纱、错纱、换纱印	明显 10 cm 到全幅 明显散布全匹 严重散布全匹	1	二等 等外	
	缺纱、油纱、污纱、异色纱、小辫子纱、稀缝	明显 105 cm 到全幅 散布全匹 明显散布全匹	1	二等 等外	
经纬向	厚段、纬影、严重搭头印、严重电压印、条干不匀	明显,经向 20 cm 以内 大于 20 cm,每 20 cm 结辫 明显散布全匹 严重散布全匹	1 1	二等 等外	
	薄段、纬档、织纹错误、蛛网、织稀、斑疵、补洞痕、轧梭痕、大肚纱、吊经条	明显,经向 10 cm 以内 大于 10 cm,每 10 cm 结辫 明显散布全匹	1 1	等外	大肚纱 1 cm 为起点
	破洞、严重磨损	2 cm 及以内 散布全匹	1	等外	
	毛粒、小粗节、草屑、死毛、小跳花、稀隙	明显散布全匹 严重散布全匹		二等 等外	
	呢面歪斜	素色织物 4 cm 起,格子织物 2.5 cm 起,40 cm 到 100 cm 大于 100 cm,每 100 cm 结辫 素色织物:4~6 cm 散布全匹 大于 6 cm 散布全匹 格子织物:2.5~5 cm 散布全匹 大于 5 cm 散布全匹	1 1	二等 等外 二等 等外	优等品格子织物 1.5 cm 起,素色织物 2 cm 起

外观疵点中,如遇超出上述规定的特殊情况,按其对服用的影响程度参考类似疵点的结辫评等规定酌情处理。

散布性外观疵点中,特别严重影响服用性能者,按质论价。

边深浅评级按 GB/T 250。

局部性外观疵点,按规定范围结辫,每辫放尺 10 cm,在经向 10 cm 范围内不论疵点多少仅结辫一只。

部分散布性外观严重疵点中有两项及以上最低品等同时为二等品时,则降为等外品。

降等品结辫规定:二等中部分严重疵点按规定范围结辫外,其余疵点不结辫。等外品中除部分严重疵点按规定范围结辫,其余疵点不结辫。

局部性外观疵点基本上不开剪,但大于 2 cm 的破洞、严重的磨损和破损性轧梭、严重影响服用的纬档、大于 10 cm 的严重斑疵、净长 5 m 的连续性疵点和 1 m 内结辫 5 只者,予以剪除。

平均净长 2 m 结辫 1 只时,按散布性外观疵点规定降等。

精梳毛织品优等品不得有 1 cm 及以上的破洞、蛛网、轧梭、不得有严重纬档。

3. 抽样

内在质量抽样在同一品种、原料、织物组织和工艺生产的总匹数中按表 5-16 规定随机抽取,凡抽样在两匹以上者,以各项物理性能的试验结果的算术平均数作为该批的评等依据。

表 5-16　精纺毛织物内在质量检验采样数量

一批或一次交货的匹数	9 及以下	10 ~ 49	50 ~ 300	300 以上
批量样品的采样匹数	1	2	3	总匹数的 1%

试样在距大匹两端 5 m 以上部位(或开匹处)裁取,裁取时不歪斜,没有严重表面疵点。色牢度试样以同一原料、同一品种、同一加工过程、同一染色工艺配方及色号为一批,或按每一品种 10 000 m 抽一次,不足 10 000 m 的也抽一次,每份试样裁取 0.2 m。

实物质量与外观疵点的抽验按同品种交货匹数的 4% 进行检验,但不能少于 3 匹。批量在 300 匹以上时,每增加 50 匹,加抽一匹(不足 50 匹的按 50 匹计)。如发现实物质量、散布性外观疵点有 30% 等级不符,外观质量判定为不合格;局部性外观疵点百米漏辫超过 2 只时,每个漏辫放尺 20 cm。

4. 试验方法

根据检验项目选择试验方法(表 5-17)。

表 5-17　精梳毛织品检验项目与试验方法

项目	试验方法标准	项目	试验方法标准
幅宽	GB/T 4666	耐光色牢度	GB/T 8427—2008 方法三
平方米重量允差	FZ/T 20008	耐水色牢度	GB/T 5713
静态尺寸变化率	FZ/T 20009	耐汗渍色牢度	GB/T 3922
纤维含量	GB/T 2910	耐熨烫色牢度	GB/T 6152 试验温度:麻(200 ±2)℃
	GB/T 16988		纯毛、黏纤、涤纶、丝(180 ±2)℃
	FZ/T 01026		腈纶(150 ±2)℃
	FZ/T 01048		锦纶、维纶(110 ±2)℃
起球	GB/T 4802.1 起球次数 400 次	耐摩擦色牢度	GB/T 3920
断裂强力	GB/T 3923.1	耐洗色牢度　手洗类	GB/T 12490—2007 条件 AIS 不加钢珠
撕破强力	GB/T 3917.2	耐洗色牢度　可机洗类	GB/T 12490—2007 条件 BIS 不加钢珠
脱缝程度	FZ/T 20019	耐干洗色牢度	GB/T 5711
汽蒸尺寸变化率	FZ/T 20021—1999	水洗尺寸变化率	FZ/T 70009

续表

项目	试验方法标准	项目	试验方法标准
落水变形试验方法	溶液配制:每1 000 mL水加4 g合成洗剂,浴比1∶30。裁取25 cm×25 cm的试样两块。放入温度为(25±2)℃溶液中浸渍10 min(一次试验同时浸入试样最多6块)。然后,用双手抓住相邻两角,逐块提出。不松手放入温度为20~30℃的清水中,上下摆动,经纬向各操作5次,逐块提出液面。同样方法再在清水中过清一次。试样在滴水状态下,用夹子夹住试样经向两角。在室温下悬挂晾干至与原重相差±2%时,平置恒温恒湿室内,暴露6 h以上。之后用熨斗直压在试样上熨烫(不要来回熨烫),熨烫温度为(150±2)℃。随后将试样在(20±2)℃,相对湿度为(65±3)%的环境下,平衡4 h后,对照落水变形标准样照在评级箱内进行评级		

5. 检验规则

检验外观疵点时,将织物正面放在与垂直线成15°角的检验机台面上。在北光(或600 lx)下由两名检验员检验。检验机速度为(14~18)m/min,斜面板长度150 cm,磨砂玻璃宽度40 cm,内装40 W日光灯2~4支。

物理指标原则上不复试,如3匹平均合格,但其中2匹不合格;或3匹平均不合格,但其中有2匹合格,可复试一次。复试结果中,3匹平均合格,但其中2匹不合格;或3匹平均不合格,但其中有2匹合格,均判为不合格。

二、粗梳毛织品检验

各类机织服用粗梳纯毛、毛混纺及交织品的品质评定按下述要求进行。

安全要求、分等规定除指标要求不同外,其余规定要求均与精梳毛织品要求相同。

1. 物理指标要求

物理指标要求见表5-18。

表5-18 粗梳毛织品物理指标要求

项目	限度	优等品	一等品	二等品	备注
幅宽偏差/cm	不低于	−2.0	−3.0	−5.0	
平方米重量允差/%	—	−4.0~+4.0	−5.0~+7.0	−14.0~+10.0	
静态尺寸变化率/%	不低于	−3.0	−3.0	−4.0	特殊产品指标可在合约中约定
起球/级	不低于	3~4	3	3	顺毛产品指标可在合约中约定
断裂强力/N	不低于	157	157	157	
撕破强力/N	不低于	15.0	10.0		
含油脂率/%	不高于	1.5	1.5	1.7	
脱缝程度/mm	不高于	6.0	6.0	8.0	
汽蒸尺寸变化率/%	—	−1.0~+1.5	—	—	
纤维含量/%	—	FZ/T 01053《纺织品 纤维含量的标识》规定			

双层织物联结线的纤维含量不考核。

休闲类服装面料的脱缝程度为 10 mm。

2. 色牢度指标要求

色牢度指标要求见表 5-19。使用 1/12 深度卡判断面料的"中浅色"或"深色"。

表 5-19 粗梳毛织品染色牢度指标要求

项目		限度	优等品	一等品	二等品
耐光色牢度	≤1/12 标准深度(中浅色)	不低于	4	3	2
	>1/12 标准深度(深色)		4	4	3
耐水色牢度	色泽变化	不低于	4	3~4	3
	毛布沾色		3~4	3	3
	其他贴衬沾色		3~4	3	3
耐汗渍色牢度	色泽变化	不低于	4	3~4	3
	毛布沾色		4	3~4	3
	其也贴衬沾色		4	3~4	3
耐熨烫色牢度	色泽变化	不低于	4	4	3~4
	棉布沾色		4	3~4	3
耐摩擦色牢度	干摩擦	不低于	4	3~4(3 深色)	3
	湿摩擦		3~4	3	2~3
耐干洗色牢度	色泽变化	不低于	4	4	3~4
	溶剂变化		4	4	3~4

3. 外观结辫评等要求

外观结辫评等要求见表 5-20。

表 5-20 粗梳毛织品外观疵点结辫、评等要求

疵点名称		疵点程度	局部性结辫	散布性降等	备注
经向	纱疵、经档、条痕、局部狭窄、破边、错纹、边字残缺、针锈、荷叶边	明显 10 cm 到 100 cm 大于 100 cm,每 100 cm 明显散布全匹 严重散布全匹	1 1	 二等 等外	严重的油纱、色纱 5 cm 为起点
	缺经	明显 5 cm 到 100 cm 大于 100 cm,每 100 cm 明显散布全匹	1 1	 等外	
	色花、两边两端深浅	明显 10 cm 到 100 cm 大于 100 cm,每 100 cm 结辫 明显散布全匹	1 1	 等外	色花特别严重散布全匹为等外品;边深浅 4 级为二等品,3~4 级及以下为等外品

续表

	疵点名称	疵点程度	局部性结辫	散布性降等	备注
经向	折痕、剪毛痕、跳花	明显 50 cm 及以内 大于 50 cm,每 50 cm 结辫 明显散布全匹	1 1	 等外	跳花每 50 cm 范围内 4 只以上(包括 4 只),折痕不到结辫程度,但散布全匹降为二等品
纬向	纱疵、缺纬	明显 10 cm 到全幅 明显散布全匹 严重散布全匹	1	 二等 等外	缺纬和严重油纱、色纱 5 cm 为起点;明显缺纬散布全匹降为等外品
经纬向	纬档、厚薄段、轧梭、补洞痕、斑瘢、磨损、大肚纱、稀缝、蛛网、钳损、条干不匀	明显 10 cm 及以内 大于 10 cm,每 10 cm 结辫 明显散布全匹	1 1	 等外	明显纬档优等品不允许;条干不匀。明显散布全匹为二等品;严重散布全匹为等外品
	破洞	2crn 及以内 散布全匹	1	 等外	优等品不允许
	草屑、死毛、色毛、毛粒、夹花	明显散布全匹 严重散布全匹		二等 等外	
	呢面歪斜	素色织物 4 cm 起,格子织物 2.5 cm 起,100 cm 以内 大于 100 cm,每 100 cm 素色织物:4 cm～7 cm 散布全匹 大于 7 cm 散布全匹 格子织物:2.5 cm～5 cm 散布全匹 大于 5 cm 散布全匹	1 1	 二等 等外 二等 等外	优等品格子织物 1.5 cm 起

外观疵点中,如遇超出上述规定的特殊情况,可按其对服用的影响程度参考类似疵点的结辫评等规定酌情处理。

散布性外观疵点中,特别严重影响服用性能者,按质论价。

边深浅评级按 GB/T 250 执行。

4. 试验方法

试验方法中检验项目含油脂率按 FZ/T 20002 进行,其余检验项目的试验方法参阅表5-17规定进行。

5. 抽样方法、检验规则

均与精梳毛纺织品相同,请参阅精梳毛织品相关要求。

三、精梳低含毛混纺及纯化纤毛织品检验

精梳低含毛混纺织品是指羊毛或其他动物纤维含量为30%及以内的毛混纺织品。

质量等级分为一等品、二等品和等外品，与精梳毛织品相比取消了优等品。除物理指标要求有差异外，其余规定要求均与精梳毛织品要求相同。物理指标要求见表5-21。

安全要求、试验方法、抽样方法、检验规则等均与精梳毛纺织品相同，请参阅精毛织品相关要求。

表5-21 精梳低含毛混纺及纯化纤毛织品物理指标要求

项目		限度	一等品	二等品
幅宽偏差/cm		不低于	-2.0	-5.0
平方米重量允差/%		—	-5.0 ~ +7.0	-14.0 ~ +10.0
静态尺寸变化率/%		不低于	-3.0	-4.0
起球/级	绒面	不低于	3	3
	光面		3 ~ 4	3 ~ 4
断裂强力/N		不低于	196	196
撕破强力/N		不低于	15.0	10.0
汽蒸尺寸变化率/%		—	-1.0 ~ +1.5	—
落水变形/级		不低于	3	3
脱缝程度/mm		不高于	6.0	8.0
纤维含量/%		FZ/T 01053《纺织品 纤维含量的标识》规定		

第三节 丝绸检验

一、桑蚕丝织物面料检验

1. 安全要求

符合"GB 18401 国家纺织产品基本安全技术规范"等强制性标准。

2. 分等规定

桑蚕丝织物的质量要求包括内在质量和外观质量。内在质量包括密度偏差率、质量偏差率、断裂强力、纤维含量偏差、纰裂程度、水洗尺寸变化率、色牢度等，外观质量包括色差、幅宽偏差率、外观疵点等。

桑蚕丝织物评等分为优等品、一等品、二等品、三等品、等外品。评等以匹为单位，以内在质量、外观质量中的最低等级评定。质量偏差率、断裂强力、纤维含量偏差、纰裂程度、水洗尺寸变化率、色牢度等按批评等，密度偏差率、外观质量按匹评等。

（1）内在质量要求（表5-22）

纱、绡类织物不考核断裂强力。桑蚕丝与醋酸丝的交织物、经过特殊后整理工艺的桑蚕丝

织物或纤度(D)与密度(根/10 cm)的乘积≤2×10² 时,其断裂强力可按协议考核。

表 5-22　桑蚕丝织物内在质量分等规定

项目			指标			
			优等品	一等品	二等品	三等品
密度偏差率/%			±3.0	±4.0	±5.0	±6.0
质量偏差率/%			±3.0	±4.0	±5.0	±6.0
断裂强力/N　　≥			200			
纤维含量偏差 (绝对百分比)/%	纯桑蚕丝织物		0			
	交织织物		±5.0			
纰裂程度(定负荷) /mm ≤	52 g/m² 以上,67 N		6			
	52 g/m² 及以下织物或 67 g/m² 以上缎类织物, 15 N					
水洗尺寸变化率/%	练白	绉类 经向	+2.0～-8.0	+2.0～-10.0		+2.0～-12.0
		绉类 纬向	+2.0～-3.0	+2.0～-5.0		+2.0～-7.0
		其他 经向	+2.0～-4.0	+2.0～-6.0		+2.0～-8.0
		其他 纬向	+2.0～-2.0	+2.0～-3.0		+2.0～-4.0
	印花、染色		+2.0～-3.0	+2.0～-5.0		+2.0～-7.0
色牢度/级 ≥	耐水 耐汗渍	变色	4	3～4		
		沾色	3～4	3		
	耐洗	变色	4	3～4	3	
		沾色	3～4	3	2～3	
	耐干摩擦		4	3～4	3	
	耐湿摩擦		3～4	3 2～3(深色)	2～3 2(深色)	
	耐光		3～4	3		

当一种纤维含量明示值不超过 10% 时,其实际含量不低于明示值的 70%。

纱、绉类织物和 67 g/m² 及以下的缎类织物、经特殊工艺处理的产品不考核纰裂程度。

纱、绉类织物不考核水洗尺寸变化率。纺类织物中成品质量大于 60 g/m² 者,绉类、绫类织物中成品质量大于 80 g/m² 者,经纬均加强捻的绉织物,可按协议考核水洗尺寸变化率。1 000 捻/m 以上的织物按绉类织物考核。

大于 GB 4841.1—2006 中 1/1 标准深度为深色。

(2)外观质量要求(表 5-23)

表5-23 桑蚕丝织物外观质量分等规定

项目		优等品	一等品	二等品	三等品
色差(与标准对比)/级	≥	4	3~4	3	
幅宽偏差率/%		±1.5	±2.5	±3.5	±4.5
外观疵点评分限度/(分/100 m²)	≤	15	30	50	100

（3）外观疵点评分

外观疵点评分按表5-24进行。纬档以经向10 cm及以下为一档。

表5-24 桑蚕丝织物外观疵点评分表

序号	疵点	分 数			
		1	2	3	4
1	经向疵点	8 cm及以下	8 cm以上~16 cm	16 cm以上~24 cm	24 cm以上~100 cm
2	纬向疵点	8 cm及以下	8 cm以上至半幅	—	半幅以上
	纬档	—	普通		明显
3	印花疵	8 cm及以下	8 cm以上~16 cm	16 cm以上~24 cm	24 cm以上~100 cm
4	污渍、油渍、破损性疵点	—	2.0 cm及以下	—	2.0 cm及以上
5	边疵、松板印、缲小	经向每100 cm及以下	—	—	—

① 外观疵点评分说明：外观疵点的评分采用有限度的累计评分。

外观疵点长度以经向或纬向最大方向量计。

纬斜、花斜、幅不齐1 m及以内大于3%评4分。

同匹色差(色泽不匀)达GB 250中4级及以下,1 m及以内评4分。经向1 m内累计评分最多4分,超过4分按4分计。

"经柳"普通,定等限度二等品;"经柳"明显,定等限度三等品。其他全匹性连续疵点,定等限度为三等品。

严重的连续性病疵每米扣4分,超过4 m降为等外品。

优等品、一等品内不允许有轧梭档、拆烊档、开河档等严重疵点。

② 每匹最高评分计算,按下式进行。结果修约至整数。

$$q = \frac{c}{100} \times l \times w$$

式中：q——每匹最高分数(分)；

c——外观疵点最高分数(分/100 m²)；

l——匹长(m)；

w——幅宽(m)。

（4）开剪拼匹与标疵放尺规定

开剪拼匹或标疵放尺只能采用一种。开剪拼匹的各段等级、幅宽、色泽、花型须一致。绸匹平均每10 m及以内允许标疵一次，每处3分和4分的疵点允许标疵，每处标疵放尺10 cm。标疵后的疵点不再计分。局部性疵点的标疵间距或标疵疵点与绸匹端的距离不得小于4 m。

3. 试验方法

根据检验项目选择试验方法（表5-25）。

表5-25　桑蚕丝织物检验项目试验方法

项目	试验方法标准	说　明
密度	GB/T 4668—1995 附录A方法E	一般检验可使用斜线光栅密度镜在每匹样品距两端至少3 m处测量5处的密度,每个测量点间隔2 m以上
质量	GB/T 4669	
断裂强力	GB/T 3923.1	
纤维含量	FZ/T 01057、GB/T2910、GB/T2911、FZ/T 01026、FZ/T 01048、FZ/T 01095	
纰裂程度	GB/T 13772.1	拉伸仪采用CRE型,试样宽度70 mm,方法B
水洗尺寸变化	GB/T 8628、GB/T 8629—2001、GB/T 8630	洗涤程序合成纤维丝织物采用4A,丝绒、纱、绡采用仿手洗,其他采用7A,干燥方法采用A法
耐水色牢度	GB/T 5713	
耐汗渍色牢度	GB/T 3922	
耐洗色牢度	GB/T 3921.3、GB/T 3921.1	除锦纶外的纯合成纤维丝织物采用GB/T 3921.3,其他丝织物采用GB/T 3921.1
耐摩擦色牢度	GB/T 3920	
耐光色牢度	GB/T 8427—1998 方法3	
幅宽	GB/T 4668	一般检验可在每匹样品中间和距两端至少3 m处测量5处的幅宽
色差	GB 250	采用D65标准光源或北向自然光,照度不低于600 lx,光线与试样成45角,距离60 cm目测

5. 检验规则

内在质量检验以同一品种、花式为一批。抽样采用随机抽取,抽样数量一般检验水平Ⅱ规定,采用正常检验一次抽样方案。内在质量检验用试样在样品中随机抽取各1份。纬向密度偏差率、外观质量逐匹检验。

纬向密度偏差率和外观质量,质量判定按一般检验水平Ⅱ规定,接收质量限AQL为2.5,具体方案见表5-26。内在质量和外观质量均合格判定为合格批,否则为不合格批。供需双方对检验结果如有异议,可复验一次,以复验结果为准。

表 5-26 AQL 为 2.5 的正常检验一次抽样方案

批量 N	样本量字码	样本量 n	接收数 Ac	拒收数 Re
2 ~ 8	A	2	0	1
9 ~ 15	B	3	0	1
16 ~ 25	C	5	0	1
26 ~ 50	D	8	0	1
51 ~ 90	E	13	1	2
91 ~ 150	F	20	1	2
151 ~ 280	G	32	2	3
281 ~ 500	H	50	3	4
501 ~ 1 200	J	80	5	6
1 201 ~ 3 200	K	125	7	8
3 201 ~ 10 000	L	200	10	11

二、再生纤维素丝织物面料检验

再生纤维素丝织物是由再生纤维素长丝纯织或与其他纱线交织而成的丝织物。

除内在质量要求与外观质量要求不同外,其余规定要求均与桑蚕丝织品要求相同,内在质量、外观质量分等规定要求见表 5-27、表 5-28。抽样方法、检验规则等请参阅桑蚕丝织品相关要求。

1. 内在质量要求(表 5-27)

表 5-27 再生纤维素丝织物内在质量要求

项目		指标			
		优等品	一等品	二等品	三等品
密度偏差率/%	经向	±3.0	±4.0	±5.0	
	纬向				
质量偏差率/%		±3.0	±4.0	±5.0	
纤维含量偏差(绝对百分比)/%		按 FZ/T 01053 规定			
断裂强力/N ≥		200			
纰裂程度(定负荷 67 N)/mm ≤		6			
水洗尺寸变化率/%	练白 经向	-5.0 ~ +3.0	-6.0 ~ +3.0		-7.0 ~ +3.0
	练白 纬向	-3.0 ~ +3.0	-4.0 ~ +3.0		-6.0 ~ +3.0
	印花染色 经向	-5.0 ~ +3.0	-6.0 ~ +3.0		-7.0 ~ +3.0
	印花染色 纬向				

项目			指标			
			优等品	一等品	二等品	三等品
色牢度/级 ≥	耐水 耐汗渍 耐洗	变色	4	3~4		
		沾色	3~4	3		
	耐摩擦	干摩擦	3~4	3		
		湿摩擦	3	3,2~3(深色)		
	耐光		4	3		

特殊用途、特殊结构的品种,断裂强力、纰裂程度、水洗尺寸变化率可按合同或协议规定。

深色是指按 GB/T 4841.1 中大于 1/1 标准深度的颜色。

2. 外观质量

(1) 外观质量要求(表5-28)

表5-28　再生纤维素丝织物外观质量要求

项目	优等品	一等品	二等品	三等品
色差(与标样对比)/级　　　≥	4	3~4		3
幅宽偏差率/%	±1.5	±2.5	±3.5	±4.5
外观疵点评分限度/(分/100 mm²) ≤	10	25	50	100

(2) 外观疵点评分

严重的连续性疵点每米扣4分,超过1 m降为二等品,超过4 m降为等外品;外观疵点评分表及其余规定与桑蚕丝织物相同。

三、合成纤维丝织物面料检验

合成纤维素丝织物是经向采用合成纤维长丝制成的丝织物。

除内在质量要求与外观质量要求不同外,其余规定要求均与桑蚕丝织品要求相同。抽样方法、检验规则等请参阅桑蚕丝织品相关要求。

1. 合成纤维丝织物内在质量要求(表5-29)

表5-29　合成纤维丝织物内在质量要求

项目		指标			
		优等品	一等品	二等品	三等品
密度偏差率/%	经向	±2.0	±3.0	±4.0	
	纬向				
质量偏差率/%		±3.0	±4.0	±5.0	

续表

项目			指标			
			优等品	一等品	二等品	三等品
纤维含量偏差(绝对百分比)/%			按 FZ/T 01053 规定			
断裂强力/N		≥	200			
撕裂强力/N		≥	9.0			
纰裂程度(定负荷 67 N)/mm		≤	6			
水洗尺寸变化率/%			−2.0 ~ +2.0		−3.0 ~ +2.0	
起毛起球/级		≥	4	3 ~ 4		3
色牢度/级 ≥	耐水 耐汗渍 耐洗	变色	4	4	3 ~ 4	
		沾色	3 ~ 4	3	3	
	耐摩擦	干摩擦	4	3 ~ 4	3	
		湿摩擦	3 ~ 4	3, 2 ~ 3(深色)	2 ~ 3	
	耐干洗		4	4	3 ~ 4	
	耐热压	变色	4	3 ~ 4	3	
	耐光		4	3	3	

注1:特殊用途、特殊结构的品种,断裂强力、纰裂程度、水洗尺寸变化率可按合同或协议规定。
注2:深色是指按 GB/T 4841.1 中大于 1/1 标准深度的颜色

起毛起球检验按 GB/T 4802.1—2008 进行试验,参数选择按方法 B。

2. 合成纤维丝织物外观质量要求(表 5-30)

表 5-30　合成纤维丝织物外观质量要求

项目		优等品	一等品	二等品	三等品
色差(与标样对比)/级	≥	4	3 ~ 4		3
幅宽偏差率/%		−1.0 ~ +2.0	−2.0 ~ +2.0		
外观疵点评分限度/(分/100 mm²)	≤	10	20	40	80

第四节　针织物检验

一、涤纶针织面料检验

涤纶针织面料检验主要针对干燥重量在 80 g/m² 及以上的涤纶针织成品面料。

1. 安全要求

符合"GB 18401 国家纺织产品基本安全技术规范"等强制性标准。

2. 分等规定

涤纶针织面料以匹为单位,质量等级分为优等品、一等品、合格品,按内在质量和外观质量最低等级评等。

① 内在质量要求,见表5-31。

表5-31　涤纶针织面料内在质量评等规定

项目			优等品	一等品	合格品
平方米干燥重量偏差/%			±4.0	±5.0	±6.0
顶破强力/N	80~100 g/m²		150		
	100 g/m² 以上		250		
起球/级　≥			4.0	3.5	3.0
水洗尺寸变化率/%	直向		−1.0~+1.0	−3.0~+2.0	
	横向		−1.0~+1.0	−3.0~+2.0	
染色牢度/级　≥	耐皂洗	变色	4	3~4	
		沾色	4	3~4	
	耐汗渍	变色	4	3~4	
		沾色	3~4	3, 3~4(婴幼儿)	
	耐水	变色	按 GB 18401 规定		
		沾色			
	耐摩擦	干摩	4	3~4,4(婴幼儿)	3,4(婴幼儿)
		湿摩	4	3~4	3, 2~3(深色)
	耐唾液	变色	按 GB 18401 规定		
		沾色			
	耐光	变色	4	—	—

内在质量各项指标以检验结果最低一项作为该批产品的评等依据。色别分档按 GSB 16-2159—2007,>1/12 标准深度为深色,≤1/12 标准深度为浅色。镂空产品不考核顶破强力。

(2) 外观质量以匹为单位,优等品≤20 分/100 m²;一等品≤24 分/100 m²;合格品≤28 分/100 m²。

疵点长度≤75 mm,计1分;疵点长度>75 mm,≤152 mm,计2分;疵点长度>152 mm,≤230 mm,计3分;疵点长度>230 mm,计4分。

无论疵点大小和数量,直向1 m全幅范围内最多计4分。

破损性疵点,1 m内无论疵点大小均计4分。

明显散布性疵点,每米计4分。

有效幅宽,偏差超过±2.0%,每米计4分。

纹路歪斜,直向以1 m为限,横向以幅宽为限,超过5.0%,每米计4分。

色差与标样对比低于4级,每米计4分。

同匹色差,低于4~5级,全匹每米计4分。

同批色差,低于4级,两个对照匹每米计4分。

每个接缝计4分。

距布头30 cm以内的疵点不计分。

3. 试验方法

根据检验项目选择试验方法(表5-32)。

表5-32　涤纶针织面料检验项目试验方法

项目	试验方法标准	说　明
平方米干燥重量	FZ/T 70010	
顶破强力	GB/T 19976	圆球直径38 mm
起　球	GB/T 4802.1	压力780cN 起毛次数0次,起球次数600次,按针织物起毛起球样照评级
水洗尺寸变化	GB/T 8628、GB/T 8629—2001、GB/T 8630	洗涤程序采用5A,干燥方法采用A法
耐皂洗色牢度	GB/T 3921—2008	试验条件按A(1)
耐水色牢度	GB/T 5713	
耐汗渍色牢度	GB/T 3922	
耐摩擦色牢度	GB/T 3920	
耐光色牢度	GB/T 8427—2008 方法3	方法3
色牢度评级	GB 250、GB 251	

4. 检验规则

内在质量取样按批分品种、规格、色别随机取样,水洗尺寸变化率从3匹中取700 mm全幅3块,其他指标试验至少取500 mm全幅1块。内在质量所有项目检验全部合格,则该批内在质量合格;有一项及以上不合格,则该批内在质量不合格。

外观质量抽样按交货批分品种、规格、色别随机抽样1%~3%,但不少于200 m。批量少于200 m,全部检验。局部性疵点、线状疵点按疵点长度计量,条块状疵点按疵点的最大长度或疵点的最大宽度计量。

外观质量分品种、规格计算不符品等率,不符品等率5%及以内,判该批产品外观质量合格,超过5%则不合格。不符品等率按下式计算:

$$F = \frac{A}{B} \times 100$$

式中:F——不符品等率(%);

    A——不合格量(m);

    B——样本量(m)。

二、针织人造毛皮检验

针织人造毛皮有毛条喂入式针织人造毛皮、羊毛针织毛皮、割圈法针织人造毛皮、经编人造毛皮等。这里介绍毛条喂入式针织人造毛皮的质量检验。

1. 安全要求

符合"GB 18401 国家纺织产品基本安全技术规范"等强制性标准。

2. 分等规定

产品质量等级分为优等品、一等品、合格品。内在质量按批评等,外观质量按匹评等,产品质量按最低品等定等。

① 内在质量要求见表5-33。

表5-33　毛条喂入式针织人造毛皮内在质量要求

项目		优等品	一等品	合格品
幅宽允差/%		−1.5	−2.0	−2.5
平方米重量允差/%		−5.0	−7.0	−10.0
弹子顶破强力/N ≥		250		
水洗尺寸变化率/%	直向	−3.0 ~ +2.0	−5.0 ~ +4.5	−7.0 ~ +5.0
	横向	−3.0 ~ +2.0	−5.0 ~ +4.5	−6.0 ~ +5.0
耐光色牢度/级 ≥		4	4,3(浅色)	3
耐洗色牢度/级 ≥	变色	4	3 ~ 4	允许一项比一等品低1级,或两项低半级
	沾色	3	3	
耐摩擦色牢度/级 ≥	湿摩	3	3	
纤维含量/%		按 FZ/T 01053 规定		
注1:水洗尺寸变化率考核指标适合于涤纶低弹丝作为基布的产品				

② 外观质量要求。外观质量分为局部性疵点和散布性疵点,分别予以结辫放码和定等。毛条喂入式针织人造毛皮外观疵点结辫规定见表5-34。

表5-34　毛条喂入式针织人造毛皮外观疵点结辫规定

类别	疵点名称	疵点程度	优等品	一等品	合格品	备注
底布疵点	破洞	直向5 cm 及以内1~3只	1	1	1	
		大于5 cm 及以内1~3只	1	1	1	
		散布全匹	不允许	不允许	不允许	

续表

类别	疵点名称		疵点程度	优等品	一等品	合格品	备注
底布疵点	单纱		20~50 cm 大于50 cm,每50 cm	1 1	1 1	1 1	
	直向断纱		10 cm及以内 大于10 cm,每10 cm	1 1	1 1	1 1	
	漏针(单针)		15 cm及以内 大于15 cm,每15 cm	1 1	1 1	1 1	
	修痕	条状	明显20 cm及以内 大于20 cm,每20 cm	1 1	1 1	1 1	
		眼状	明显100 cm及以内1个~5个	1	1	1	
	污渍		明显5~50 cm 大于50 cm,每50 cm 严重20 cm及以内 大于20 cm,每20 cm	1 1 1 1	1 1 1 1	1 1 1 1	
	布边不齐		20 cm及以内 大于20 cm,每20 cm	1 1	1 1	1 1	不齐是指凹进5 cm以上
	烘迹		明显5~30 cm 大于30 cm,每30 cm 明显散布全匹	1 1 不允许	1 1 不允许	1 1 	
	底布反毛		明显5~100 cm 大于100 cm,每100 cm	1 1	1 1	1 1	
	涂胶不匀		明显50~100 cm 大于100 cm,每100 cm 散布全匹	1 1 不允许	1 1 不允许	1 	
毛面疵点	烫烘焦		轻微30 cm及以内 大于30 cm,每30 cm 轻微散布全匹 明显散布全匹	1 1 不允许 不允许	1 1 不允许 不允许	1 1 不允许	
	错花纹		轻微10 cm及以内 大于10 cm,每10 cm 轻微散布全匹 明显散布全匹	1 1 不允许 不允许	1 1 不允许 不允许	1 1 不允许	
	剪伤		明显10 cm及以内 大于10 cm,每10 cm	1 1	1 1	1 1	

类别	疵点名称		疵点程度	优等品	一等品	合格品	备注
毛面疵点	缺毛	条状	5~20 cm 大于20 cm,每20 cm	1 1	1 1	1 1	5 cm 以内有二路缺毛结辫1只
		漏底布	明显50 cm及以内 大于50 cm,每50 cm 明显散布全匹 严重散布全匹	1 1 不允许 不允许	1 1 不允许	1 1 不允许	适用于提花产品
		污渍	轻微 轻微30 cm及以内 大于30 cm,每30 cm 明显散布全匹	1 1 不允许 1 1 不允许	1 1 1 1 不允许	1 1	
	倒顺毛		明显50 cm及以内 大于50 cm,每50 cm 明显散布全匹	1 1 不允许	1 1	1 1	
	横路		明显100 cm及以内 大于100 cm,每100 cm 明显散布全匹	1 1 不允许	1 1	1 1	
	杂色	条状	明显10 cm及以内 大于10 cm,每10 cm	1 1	1 1	1 1	
		散布状	明显50 cm及以内 大于50 cm,每50 cm 明显散布全匹 严重散布全匹	1 1 不允许 不允许	1 1 不允许	1 1	
	压痕		明显50~100 cm 大于100 cm,每100 cm	1 1	1 1	1 1	
	纵向折痕		明显100 cm及以内 大于100 cm,每100 cm 明显散布全匹 严重散布全匹	1 1 不允许 不允许	1 1 不允许	1 1	
	卷毛		明显10 cm及以内 大于10 cm,每10 cm 轻微散布全匹 明显散布全匹	1 1 不允许 不允许	1 1 不允许	1 1	
	剪花歪斜		明显100 cm及以内 大于100 cm,每100 cm 散布全匹 严重散布全匹	1 1 不允许 不允许	1 1 不允许	1 1 不允许	

续表

类别	疵点名称	疵点程度	优等品	一等品	合格品	备注
毛面疵点	纬斜	明显 6 cm 及以内 大于 6 cm,每 6 cm 明显散布全匹	1 1 不允许	1 1 不允许	1 1	适用于提花产品
	毛斑	轻微 50 cm 及以内 大于 50 cm,每 50 cm 明显散布全匹	1 1 不允许	1 1 不允许	1 1 不允许	
	球化不良	明显 100 cm 及以内 大于 100 cm,每 100 cm 明显散布全匹 严重散布全匹	1 1 不允许 不允许	1 1 不允许	1 1 不允许	适用于仿羔羊产品
	染斑	明显 50 cm 及以内 大于 50 cm,每 50 cm 散布全匹	1 1 不允许	1 1 不允许	1 1	
	绒面浆斑	明显 50 cm 及以内 大于 50 cm,每 50 cm 散布全匹	1 1 不允许	1 1 不允许	1 1 不允许	

注:"1"代表结辫一个

① 优等品允许每米结辫 0.2 只,一等品允许每米结辫 0.4 只,合格品允许每米结辫 0.5 只。

② 未列入的疵点按服用性能影响程度参照类似疵点结辫和评等。

③ 局部性外观疵点按规定结辫,服装用料每辫放码 10 cm,在直向 10 cm 之内只允许结辫一只。

④ 合格品中破洞、单纱、直向断纱、漏针、污渍、烘迹、烫伤、错花纹、缺毛按规定结辫,其余疵点不结辫。

⑤ 局部性外观疵点,原则上不开剪,但有大于 2 cm 破洞、大于 50 cm 的严重污渍、严重烘迹或剪伤、明显的烫烘焦、油渍、花型图案不完整、每米结辫 5 只以上和 5 m 以上的连续性明显疵点应剪除。

3. 试样准备

(1) 抽样

抽样按品种抽取。同一品种,内在质量每 5 000 匹及以内抽取 2 匹,每增加 5 000 匹增抽 2 匹;外观质量按 1% ~3% 随机抽取,最低不少于 3 匹。染色牢度试验样品,要包括同一品种中的全部色号。

(2) 实验室样品

每份试样必须在距匹头两端 5 m 以上的部位用刀片裁取全幅试样一块,裁取不能歪斜,没有影响试验结果的疵点。按图 5-1 裁取各项目的试样,图中 A1 ~ A5 为顶破强力试样,试样直径为 6 cm;B1 ~ B2 为平方米重量试样,试样大小为 10 cm×10 cm;C1 ~ C2 为水洗尺寸变化率试样,试样大小为 50 cm×50 cm。

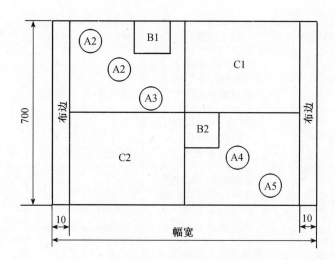

图5-1　针织人造毛皮试样取样位置和尺寸

（3）试验条件

温度为(20 ± 3)℃,相对湿度为(65 ± 5)%。试验前,试样放在试验条件下暴露16 h以上。

4. 试验方法

（1）幅宽测量

将1 m全幅试样平铺于试验台上,直向每隔30 cm处各测量幅宽1次,共测3次,计算平均值,准确到0.1 cm。测量时在试样上加压4 kg的金属压尺,压于离测量位置1 cm左右处。

（2）平方米重量测量

将试样平铺在试验台上,在试样中心和两边测量实际长度和宽度各3次,准确到0.1 cm。测量时试样加1 kg重压尺,压于离测量位置1 cm左右处。记录直横向长度,并称其重量。

然后将两块试样纱及绒毛分别拆开,分别称其重量（重量之和与原整块试样重量相差不得超过±1%）。将绒毛和底纱分别放入烘箱（105 ~ 110 ℃）内烘至恒重,测量并记录其干燥重量。

平方米重量按下式计算,精确到0.1 g。

$$m = \frac{m_1(1 + W_1) + m_2(1 + W_2)}{L_1 \times L_2} \times 10\,000$$

式中:m——平方米重量（g/m²）;

　　m_1——绒毛的干燥重量（g）;

　　m_2——底纱的干燥重量（g）;

　　W_1——绒毛的公定回潮率（%）;

　　W_2——底纱的公定回潮率（%）;

　　L_1——试样的直向长度（cm）;

　　L_2——试样的直向长度（cm）。

（3）弹子顶破强力试验

按 GB/T 8878—2002 执行。

（4）水洗尺寸变化率试验

试样的准备、标记和测量按 GB/T 8628 执行。按图 5-2 进行标记，试样的标记采用在底布上缝制的方法。直向在距边 50 mm 处做 3 对标记，横向在距边 50 mm 处做 3 对标记。

将做好标记的试样，以自由状态分散开浸于温度 20~30 ℃的水中 1 h，1 000 g 水中可加平平加 1 g，使之充分浸透。然后取出试样放入离心脱水机中脱水 2 min。将脱水后的试样在展开状态下绒毛向上，平铺水平筛网架上晾干，注意不能拉伸或绞拧。晾干后的试样平放在温度为（20 ±2）℃，相对湿度为（65 ±3）%的条件下 6 h 以上，轻轻拍平折痕，再进行测量，计算平均值（精确到 1 mm）。

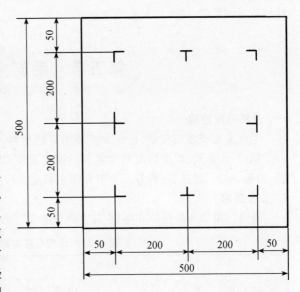

图 5-2 毛条喂入式针织人造毛皮水洗尺寸变化率试样标记

水洗尺寸变化率按下式计算，计算结果正号表示伸长，负号表示收缩。

$$A = \frac{L_1 - L_0}{L_0} \times 100\%$$

式中：A——直向或横向水洗尺寸变化率（%）；

L_1——直向或横向水洗后尺寸的平均值（mm）；

L_0——直向或横向水洗前尺寸的平均值（mm）。

（5）色牢度试验

耐光色牢度按 GB/T 8427—1998 方法 3 执行。

耐摩擦色牢度按 GB/T 3920 执行，只做直向。

耐洗色牢度按 GB/T 3921.3 执行。

（6）纤维含量试验

按 GB/T 2910、GB/T 2911、FZ/T 01026、FZ/T 01057、FZ/T 01095 执行。

5. 检验规则

（1）内在质量

水洗尺寸变化率、顶破强力以全部试样平均值作为检验结果，来判定该批合格与否。

纤维含量、色牢度按检验结果判定合格与否。

幅宽、平方米重量按全部试验数据的算术平均值作为检验结果，来判定合格与否。

有其他严重影响服用性能的情况，同样认定不合格。

（2）外观质量

品等不符率在 5%以内，局部性疵点百米漏辫 5 只以内者，判定该批产品合格。

（3）复验

供需双方有一方有异议，在规定期限内，可要求对有异议的项目复验。复验数量为验收时检验数量的 2 倍,结果以复验为准。

第五节 毛皮、皮革检验

一、天然毛皮检验

毛皮又称裘皮或皮草,是冬季服装的高档材料,较为常见的有貂皮、狐皮、羊毛皮等。貂皮有紫貂皮、水貂皮,以紫貂皮最为名贵。狐皮是皮草时装中选用最多一种毛皮,品种有银狐、蓝狐、白狐、褐狐、红狐、灰狐等。本节介绍水貂皮的检验内容和方法。

1. 安全要求

符合"GB 20400 皮革和毛皮 有害物质限量"规定,项目及要求见表5-35。

表5-35 水貂毛皮有害物质限量规定

项目	限量值		
	A 类 (婴幼儿用品)	B 类 (直接接触皮肤用品)	B 类 (非直接接触皮肤用品)
可分解有害芳香胺染料/(mg/kg)	≤30		
游离甲醛/(mg/kg)	≤20	≤75	≤300

2. 物理化学指标要求(表5-36)

表5-36 水貂毛皮物理化学指标

项目		指标
撕裂力/N	≥	15
收缩温度/℃	≥	55
气味/级	≤	3
耐摩擦色牢度	干摩擦 ≥	4
	湿摩擦 ≥	3
耐日晒色牢度/级	≥	3
pH		3.8~6.5
稀释差(当 pH≤4.0 时检验稀释差)		0.7

3. 感观要求

(1)皮板

皮板厚薄基本均匀,皮型基本完整,平展,无影响使用功能的制造伤。皮板手感柔软、丰满、坚实,延伸性较好,无僵板、酥板。皮里洁净,无肉渣,无油腻感。

(2)毛被

毛被平顺,灵活蓬松,颜色纯正,色泽光亮。毛被针、绒基本齐全,针毛光亮、灵活、平齐,粗细适中,绒毛细密柔软。无明显钩针、断针、溜针、掉毛、落绒、油毛、结毛、无露板。染色牢固,无明显浮色,色泽适宜。

4. 分级规定

检验合格的水貂毛皮可分为三个等级。皮型完整,皮板柔软,丰满,针毛笔直、平齐、色泽光亮、粗细适中。绒毛细密柔软,背腹部毛色相近,评为一级;皮型基本完整,针毛毛尖略弯,较平齐,各部位针毛粗细略有不同。密度适中。灵活光亮,背腹部位颜色有明显差异,评为二级;不符合一级、二级要求,针毛不直,勾曲严重,绒毛空疏,颜色发白,评为三级。

彩色水貂毛皮还需要考核色泽。黄色组,米黄色为一级,土黄色为二级,灰黄色为三级;蓝色组,天蓝色为一级,浅蓝色为二级,银蓝色为三级;灰色组,正灰色为一级,灰色为二级,浅灰色为三级;白色组,雪白色为一级,银白色为二级,黄白色为三级。

十字貂皮归为白色组。

不具备色型特征的彩色水貂毛和杂花色水貂毛皮,按三级要求。

5. 试验方法(表5-37)

毛皮属于轻工产品,部分检验项目名称虽然与纺织产品相同或相似,但试验方法与纺织产品不同,要按相关国标或轻工产品项目试验标准进行试验,不能采用纺织产品项目试验标准。

表5-37　水貂毛皮试验方法

项目	试验标准方法	说明
禁用偶氮染料	GB/T 19942	
游离甲醛	GB/T 19941	有争议时,按色谱法为准
撕裂力	QB/T 1267 QB/T 2711 QB/T 1266	取样按 QB/T1267—1991 中图3、图4、图5规定的1号、5号试样位置,按照纵横向各切取一个试样
收缩温度	QB/T 1271	
气味	QB/T 2725	
耐摩擦色牢度	QB/T 2790	
耐热耐牢度	QB/T 2725	
pH 值及稀释差	QB/T 1277	
感观要求		自然光线,视距以看清为准
分级	照度不低于750 lx	将毛皮平摊于检验台上,用手腕自然抖动几次,使针、绒毛恢复自然状态。目测毛色,针毛、绒毛以及针绒毛比例。再翻动毛皮几次,目测和手摸毛皮,检验皮板和皮里

6. 检验规则

① 以同一原料同一生产工艺同一品种为一个检验批,一批抽取3张作为试验样品。

② 单张检验判定规则。基本要求、物理化学指标全部合格,感官要求中允许有不超过三项不影响使用功能的轻微缺陷,则判该产品合格。基本要求、物理化学指标中如有一项不合格,或出现影响使用功能的严重缺陷,即判该产品不合格。

③ 批量检验判定规则。三张被测样品中,全部合格,则判该批产品合格。如有一张及以上不合格,则加倍抽样六张复验,复验中六张全部合格,则判该批产品合格。

二、天然服装用皮革检验

天然服装用皮革主要指猪、牛、羊及其他动物皮,采用各种工艺、各种鞣剂鞣制加工制成的各种服装用皮革。

1. 产品分类

产品共分为四类。第一类:羊皮革;第二类:猪皮革;第三类:牛、马、骡皮革;第四类:剖层革及其他小动物皮革。

2. 质量要求

(1)理化性能要求(表5-38)

表5-38　服装用皮革理化性能指标

项目		类别			
		第一类	第二类	第三类	第四类
撕裂力/N　　　　　　　≥		11	13		9
规定负荷(5 N/mm²)伸长率/%		25 ~ 60			
耐摩擦色牢度/级	干摩擦(50 次)	光面革≥3/4,绒面革≥3			
	湿摩擦(10 次)	光面革≥3,绒面革≥2/3			
收缩温度/℃　　　　　≥		90			
pH		3.2 ~ 6.0			
稀释差(pH<4.0 时,检验稀释差)≤		0.7			

第一类、第二类、第三类皮革中,厚度不大于0.5 mm 的,理化性能要求按第四类的规定要求。

(2)感观要求

革身平整、柔软、丰满有弹性;

全张革厚薄基本均匀,洁净,无油腻感,无异味;

皮革切口与革面颜色基本一致,染色均匀,整张革色差不得高于半级。皮革无裂面,经涂饰的革涂层应黏着牢固、无裂浆,绒面革绒毛均匀。标记明示特殊风格的产品除外。

(3)分级

产品经过检验合格后,根据全张革可利用面积的比例进行分级,分级规定见表5-39。

表5-39　服装用皮革分级规定

项目		等级			
		一级	二级	三级	四级
可利用面积/%　　　　≥		90	80	70	60
整张革主要部位(皮心、臀背部)		不能有影响使用功能的伤残		—	
可利用面积内允许轻微缺陷/%≤		5			

轻微缺陷是指不影响产品的内在质量和使用,只略影响外观的缺陷,如轻微的色花、革面粗糙、色泽不均匀等。

3. 试验方法(表5-40)

表5-40　服装用皮革检验项目试验方法

项目	试验方法标准	说明
撕裂力	QB/T 2711	
规定负荷伸长率	QB/T 2710	
耐摩擦色牢度	QB/T 2537	测试头质量500 g
收缩温度	QB/T 2713	
pH值及稀释差	QB/T 2724	
感观要求		自然光线,视距以看清为准

4. 检验规则

① 感观检验要逐张检验,其他项目一个检验批抽取3张作为试验样品。

② 单张判定规则。撕裂力、摩擦色牢度中如有一项不合格,或出现裂面、裂浆、严重异味等影响使用功能的缺陷,即判该张不合格;要求中其他各项,累计三项不合格,则判该张不合格。

③ 整批判定规则。在3张被测样品中,全部合格,则判定该批合格。如有一张及以上不合格,则加倍取样6张进行复验。6张中如有1张及以上不合格,则判定该批产品不合格。

三、人造皮革检验

人造皮革主要有三类,即人造革、合成革、人造麂皮等。本节介绍服装用聚氨酯合成革的检验内容和方法。

服装用聚氨酯合成革是以机织布基和针织布基为底基,经干、湿法聚氨酯涂层工艺制造的服装用聚氨酯合成革。

1. 产品分类

根据布基编织方法不同,分为A类和B类。A类为机织布基的聚氨酯合成革,B类为针织布基的聚氨酯合成革。每类产品按表面状态不同可分为贴面产品和绒面产品,按生态性能可分为普通型和生态型。

2. 质量要求

(1)规格要求

产品厚度极限偏差为-0.01 ~ +0.10 mm;产品宽度极限偏差为-10 mm(宽度为1 370 mm,其他宽度由供需双方协商确定);长度偏差不允许负偏差;每卷段数和最小段长要求按每卷长度确定,具体见表5-41规定。卷长度<30 m,段数≤2段;卷长度为30~50 m,段数≤3;卷长度>50 m,段数≤4;最小段长≥4 m。

(2)外观要求

花纹清晰,色泽一致,色差不明显,不允许有脱层、气泡。拖线、道痕、皱褶、丝路等连续性疵点,距两侧边缘5 cm 以内允许一侧出现连续缺陷存在。破洞、脏物、浮斑、杂质等分散性疵点,0.02 m² 以下缺陷,每段允许有三处,间隔要≥1 m,但整卷革不能超过 5 处,0.02 m² 以上缺陷不允许存在。

（3）物理力学性能（表5-41）

表5-41　服装用聚氨酯合成革物理力学性能要求

序号	项目		指标
1	拉伸负荷/（N/3 cm）	经向	≥280
		纬向	≥180
2	断裂伸长率/%	经向	≥15
		纬向	≥20
3	撕裂负荷/（N/3 cm）	经向	≥12
		纬向	≥10
4	剥离负荷/（N/3 cm）	经向	≥12
		纬向	
5	表面颜色牢度	贴面产品　干	≥4
		贴面产品　湿	≥3
		绒面产品　干	≥3
		绒面产品　湿	≥2
6	耐热黏着性/级		≥4
7	破裂负荷/MPa		1.0
8	耐折牢度	23℃，10 万次	无裂口
		−10℃，2.5 万次	无裂口
9	贴面产品表面抗湿性/级		≥3
10	耐水解性（有耐水性要求产品）		供需双方确定
11	耐黄变性（有耐黄性要求产品）		供需双方确定

（4）生态性能产品的生态性能

可致癌芳香胺的偶氮染料,不可检出（≤30 mg/kg）;六价铬,不可检出（≤0.5 mg/kg）;甲醛,<75 mg/kg;五氯苯酚,<0.5 mg/kg;镍（可萃取量）,<4.0 mg/kg;镉（可萃取量）<0.1 mg/kg。

3. 试样准备

（1）试样剪取

沿经向（或纵向）裁取 0.6 m 作为物理力学试验样品,按图 5-3 在样品纬向（横向）两端各去除 50 mm 后制备试样,试样尺寸和数量见表 5-42。生态产品还需裁取 0.2 m 作为生态性能试验样品。

表 5-42　服装用聚氨酯合成革试样尺寸及数量

序号	试样名称		试验尺寸/mm × mm	数量/片
1	拉抻负荷及断裂伸长率	经向(纵向)	200 × 300	3
		纬向(横向)	200 × 300	3
2	撕裂负荷	经向	150 × 30	3
		纬向	150 × 30	3
3	剥离负荷	经向	150 × 30	3
		纬向	150 × 30	3
4	表面颜色牢度		200 × 60	4
5	耐热黏着性		90 × 60	3
6	破裂负荷		100 × 100	3
7	耐折牢度	经向	70 × 45	4
		纬向	70 × 45	4
8	表面抗湿性		180 × 180	3

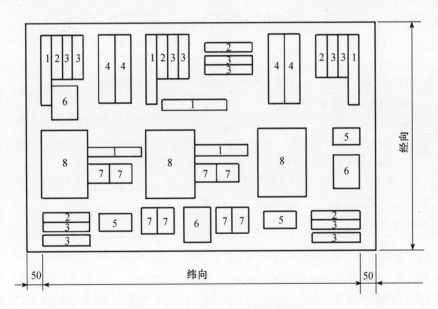

图 5-3　服装用聚氨酯合成革试样裁剪图

（2）试样状态调节与试验环境

按 GB/T 2918—1998 规定的 23/50 标准环境与一般偏差范围进行,试样状态调节时间不少于 4 h,并在此条件下进行试验。

4. 试验方法

除耐水性和耐黄性试验外其他项目按表5-43规定的试验方法进行试验。

表5-43 服装用聚氨酯合成革检验项目试验方法

序号	项目	试验方法标准	说明
1	厚度	GB/T 8948—1994	精确到0.01 mm
2	宽度	GB/T 6673—2001	精确到1 mm
3	长度	GB/T 6673—2001	精确到1 cm
4	外观		自然光线下目测及量具测量
5	拉抻负荷及断裂伸长率	GB/T 1040.1—2006 GB/T 1040.3—2006	样品标线间距100 mm,试验速度为(200±10)mm/min
6	撕裂负荷	GB/T 8949—1995	
7	剥离负荷	GB/T 8949—1995	
8	表面颜色牢度	GB/T 3920—1997 GB 251	
9	耐热黏着性	GB/T 8949—1995	
10	破裂负荷	GB/T 8948—1994	精确到0.1MPa
11	耐折牢度	QB/T 2714—2005	温度偏差±2℃,观察正反两面受折部分的变化
12	表面抗湿性	GB/T 4745—1997	试样革面朝上
13	可致癌芳香胺偶氮染料	GB/T 19942—2005	
14	六价铬	SN 0704—2001	
15	甲醛	GB/T 2912.1	
16	五氯苯酚	SN 0193.1—2001	
17	镍(可萃取量)	GB/T 17593—1997	
18	镉(可萃取量)	GB/T 17593—1997	

（1）耐水解性试验方法。

有两种方法:丛林耐候试验和耐碱性试验。

丛林耐候试验:试样大小为150 mm×150 mm,将试样悬挂于温度(70±2)℃、相对湿度为95%以上的环境中潮热老化,处理3~10周(供需双方商定)后取出试样,在温度(23±2)℃、相对湿度为45%~55%的条件下放置2 h,观察表面变化情况,测试试样的剥离负荷或耐折牢度。

耐碱性试验:试样大小为100 mm×20 mm,在温度(23±2)℃、相对湿度为45%~55%的条件下,将试样放浸泡在10%的NaOH水溶液中,放置24 h后用镊子将试样取出,然后用水冲洗干净,在(100±2)℃烘箱中烘干后,观察试样表面侵蚀龟裂情况或测试试样的剥离负荷。

（2）耐黄性试验方法

试样大小为 60 mm×90 mm，将试样装入夹具中，试样一半暴露，一半用样品夹盖住，放入紫外线灯箱内进行测试（光源、照射距离、试验箱温度、照射时间由供需双定确定），照射时间达到后，取出试样按 GB 250 判定。

5. 检验规则

同一原料、同一规格、同一工艺的产品为一检验批，每批数量不超过 5 000 m。

（1）抽样

规格和外观检验一般检验水平Ⅰ，一次正常抽样方案，接收质量限 AQL 为 6.5，具体见表5-44。物理力学性能与生态性能每交货批随机抽取一卷进行检验。

表5-44　服装用聚氨酯合成革规格与外观检验抽样方案

批量范围/卷	样本大小/卷	接收数 Ac	拒收数 Re
2～8	2	0	1
9～15	2	0	1
16～25	3	0	1
26～50	5	1	2
51～90	5	1	2
91～150	8	1	2
151～280	13	2	3
281～500	20	3	4

（2）判定规则

合格项的判定：规格、外观以卷为样本单位，样本单位检验结果按接收数和拒收数判定是否合格。物理力学性能检验结果如有不合格项，则双倍抽样对不合格项进行复验，复验结果如全部合格，则判物理力学性能合格。

合格批的判定：检验结果如全部项目合格，则判该批产品合格，如有不合格项，则判该批产品不合格。

思考与实践

1. 如何查验棉印染布的外包装？棉印染布质量如何分等、评等？
2. 棉印染布的假开剪和拼件是如何规定的？
3. 色织棉布的外观质量是如何评定的？
4. 精梳毛织物外观疵点结辫放尺是如何规定的？
5. 选定一批服装面料根据其产品类别和数量，说明其质量要求，计算样本量，实施质量检验，并进行符合性判定。

第六章

服装辅料检验

　　服装辅料是指服装中除了面料之外的服装材料,主要包括里料、衬料、垫料、填充料、缝纫线、紧扣材料、商标和标志等。服装辅料是服装的重要组成部分,服装的形态、加工、使用及许多其他功能展现都离不开服装辅料,服装辅料已成为现代服装的重要组成部分。因此服装辅料的质量同样不可忽视。

第一节　服装衬料检验

服装的领部、肩部、胸部、门襟等都需要用到衬料,它附着于服装面料的背面,对服装起到定型支撑作用。衬料的发展伴随着服装的发展而发展,主要衬料有棉布、麻布、马尾衬、黑炭衬、树脂衬、黏合衬等。

一、马尾衬检验

马尾衬通常是以棉或涤棉纱为经纱、以单根马尾为纬纱交织而成的纯棉马尾衬布和涤棉马尾衬布。安全要符合"GB 18401 国家纺织产品基本安全技术规范"规定。

1. 分等规定

产品定等分为一等品、合格品,低于合格品的为不合格品。产品评等分为内在质量评等和外观质量评等。内在质量按批评等,外观质量按卷评等,综合评等以其中最低等级评定。内在质量、外观质量按检验项目最低一项分别评等。

（1）内在质量要求（表 6-1）

表 6-1　马尾衬内在质量要求

项目		一等品	合格品
pH 值、甲醛		符合 GB 18401 规定	
断裂强力/N　　≥	经向	涤棉 800,纯棉 600	涤棉 650,纯棉 450
	纬向	250	200
断裂伸长率/%　　≥	经向	涤棉 18,纯棉 8	涤棉 17,纯棉 7
	纬向	10	8
经纱滑移量/mm　　≤		6	7
织物密度偏差/(根/10 cm)	经纱	±10	±20
	纬纱	±5	±5
水浸尺寸变化率/%	经向	−1.0 ~ 0	−1.5 ~ 0
	纬向	−0.3 ~ 0	−0.6 ~ 0
干洗尺寸变化率/%	经向	−0.3 ~ 0	−0.5 ~ 0
	纬向	−0.3 ~ 0	−0.5 ~ 0
回弹性/%	急弹性变形率	80	75
	缓弹性变形率	88	85

（2）外观质量要求

外观质量以50 m为一卷按表6-2要求评等，不定长包装或其他定长包装，按比例增加或减少。

表6-2　马尾衬外观质量要求

项目		一等品	合格品
纬斜/%	≤	2.5	4.0
幅宽偏差/cm		−0.2	−0.5
线状疵点/(个/50 m)	≤	3	5
条状疵点/(个/50 m)	≤	3	5
马尾疵点/(个/50 m)	≤	30	50
破洞/(个/50 m)	≤	2	5
跳纱/(个/50 m)	≤	30	50
松边、紧边、破边、折皱		不允许	不允许明显的
每卷允许段数及段长		两段，每段不低于10 m	三段，每段不低于5 m

注：①线状疵点，宽度<0.1 cm，长度>1 cm的疵点

②条状疵点，宽度<0.1 cm，长度>1 cm的疵点

③马尾疵点，马尾没有平直地排在经纱之间，凸出布面成为≤0.2 cm的点状或成为>0.2 cm的环状

④破洞，经纬共断2根纱以上，且<0.3 cm

⑤跳纱，1根~2根经纱或纬纱不按组织起伏跳过5根及以上纬纱或经纱

2. 试验方法

根据检验项目选择试样方法（表6-3）。

表6-3　马尾衬检验项目试验方法标准

项目	试验方法标准	项目	试验方法标准
断裂强力	GB/T 3923.1	断裂伸长率	GB/T 3923.1
织物密度	GB/T 4668	冷水浸渍尺寸变化率	GB/T 8631
干洗尺寸变化率	GB/T 8628	回弹性	GB/T 28188
	GB/T 8630	纬斜	GB/T 14801
	GB/T 19981.2	幅宽	GB/T 4666

3. 检验规则

（1）抽样

以同一品种、同一规格、同一色别作为一个检验批。内在质量和外观质量的检验抽样方案见表6-4。

表6-4　马尾衬检验抽样方案

项目	批量 N	样本量 n	接收数 Ac	拒收数 Re
内在质量检验抽样	≤50	2	0	1
	50~500	3	0	1
	≥501	5	1	2
外观质量检验抽样	≤15	2	0	1
	16~25	3	0	1
	26~90	5	1	2
	91~150	8	1	2
	151~280	13	2	3
	281~500	20	3	4
	≥501	32	5	6

（2）质量判定

内在质量、外观质量先分别进行判定是否合格。判定规则如下：对批样的每个样本进行质量测定，达到品等要求的，则该样本质量合格，否则为不合格；如果所有样本的质量合格，或不合格样本数不超过接收数 Ac，则该批产品质量合格；如不合格样本数达到拒收数 Re，则该批产品质量不合格。

综合内在质量和外观质量，若均合格，则该批产品合格。

二、树脂黑炭衬检验

黑炭衬是指机织树脂黑炭衬。机织树脂黑炭衬按基布纤维原料可分为全毛型、普通型（或称半毛型）、水洗型（或称化纤型）等，按用途可分为前身衬、胸衬、肩头衬、袖窿衬等，按基布组织结构可分为平纹、斜纹等。

1. 安全要求

符合"GB 18401 国家纺织产品基本安全技术规范"等强制性标准。

2. 分等规定

产品评等分为优等品、一等品、合格品、不合格品。产品评等分为理化性能评等和外观质量评等。理化性能按批评等，外观质量按卷评等，综合评等以其中最低等级评定。

在同一卷内有两项及以上理化性能同时降等时，以最低一项评等；有两项及以上外观质量缺陷同时存在时，按严重一项评等。

同一卷内同时存在局部性疵点和散布性疵点时，先计算局部性疵点的结辫数评定等级，再结合散布性疵点逐级降等，作为该卷衬的外观质量等级。

（1）理化性能要求（表6-5）

表6-5　机织树脂黑炭衬理化性能分等规定

项目			优等品	一等品	合格品	备注
纬密偏差率/%			−3.0 及以内	−3.0 及以内	−5.0 及以内	
单位面积质量偏差率/%			−5.0 及以内	−7.0 及以内	−8.0 及以内	
折痕回复角（经＋纬）/°		前身衬、胸衬	≥240	≥220	≥200	
		肩头衬	≥220	≥220	≥200	
		袖窿衬	≥250	≥220	≥200	
水浸尺寸变化率/%	全毛型	经向	−1.5～+0.8	−1.5～+1.0	−2.0～+1.0	水洗型不考核
		纬向	−1.5～+0.8	−1.5～+1.0	−2.0～+1.0	
	普通型	经向	−1.5～+0.8	−1.5～+1.0	−2.0～+1.0	
		纬向	−1.5～+0.8	−1.5～+1.0	−2.0～+1.0	
水洗尺寸变化率/%	水洗型	经向	−2.0～+0.5	−2.0～+1.0	−3.0～+1.0	全毛型、普通型不考核
		纬向	−2.0～+0.5	−2.0～+1.0	−2.5～+1.0	
干洗尺寸变化率/%		经向	−1.0～+1.0	−1.8～+1.0	−2.0～+1.0	
		纬向	−1.0～+1.0	−1.8～+1.0	−2.0～+1.0	

（2）外观质量要求

散布性疵点采用以疵点程度不同逐级降等的办法，机织树脂黑炭衬外观质量要求见表6-6。

表6-6　机织树脂黑炭衬外观质量分等规定

项目			单位	优等品	一等品	合格品
纬斜			%	≤4.0	≤5.0	≤7.0
局部性疵点	采用结辫或标记	幅宽 100 cm 及以内	个/50 m	≤3	≤5	≤7
		幅宽 100 cm～130 cm	个/50 m	≤5	≤7	≤10
		幅宽 130 cm 及以上	个/50 m	≤7	≤10	≤15
散布性疵点	幅宽允差	幅宽 100 cm 及以内	cm	−1.0～+2.0	−1.0～+2.0	−1.0～+3.0
		幅宽 100 cm～130 cm	cm	−1.5～+2.5	−1.5～+2.5	−1.5～+3.0
		幅宽 130 cm 及以上	cm	−2.0～+3.0	−2.0～+3.0	−2.0～+4.0
	边疵允差	100 cm 及以内	cm	≤1.0	≤1.5	≤2.0
		100 cm 及以上	cm	≤1.5	≤2.0	≤2.5
	影响布面不能平摊的明显松紧边、轧皱等疵点			不允许	不允许	不允许
	明显的通匹疵点			顺降一个等	顺降一个等	顺降一个等
	每卷内段数、段长			一剪二段段不低于 10 m	二剪三段每段不低于 5 m	三剪四段每段不低于 5 m

3. 试验方法

根据检验项目选择试样方法(表6-7)。

表6-7 机织树脂黑炭衬检验项目试验方法

项目	试验方法标准	说明
密度偏差率	GB/T 4668	结果修约到小数点后一位
单位面积质量偏差率	GB/T 4669	结果修约到小数点后一位
折痕回复角	GB/T 3819	
水浸尺寸变化率	GB/T 8631	
水洗尺寸变化率	FZ/T 01084	试验前用两块尺寸略大于试样的标准面料(按FZ/T 01076规定),覆盖在试样上下,组合试样中的四边中三条边用包缝机将试样与标准面料缝合在一起,剩余的一边(纬向)只缝合两层标准面料
干洗尺寸变化率	FZ/T 01083	
纬斜	GB/T 14801	
幅宽	GB/T 4666	
外观质量局部性疵点	FZ/T 01075	

4. 检验规则

检验规则按FZ/T 10005规定进行(内容同第五章第一节棉印染布检验规则)。

三、黏合衬检验

黏合衬的种类很多,按基布不同可分有机织黏合衬、针织黏合衬、非织造布黏合衬;按热熔胶不同可分为聚酰胺黏合衬、聚乙烯黏合衬、聚酯黏合衬、乙烯醋酸乙烯及其改性黏合衬等;按热熔胶涂布方式可分为热熔转移衬、撒粉黏合衬、浆点黏合衬、网膜复合衬、双点黏合衬等;按用途可分为衬衣黏合衬、外衣黏合衬、裘皮黏合衬、丝绸黏合衬等。下面介绍机织热熔黏合衬的检验。

机织热熔黏合衬包括服装用棉、化纤长丝、化纤纯纺及混纺机织物的各类本白、半漂、漂白和什色热熔衬。针织物热熔衬的品质检验也可参照机织热熔黏合衬的检验方法。

1. 安全要求

安全要求符合"GB 18401国家纺织产品基本安全技术规范"等强制性标准。

2. 分等规定

各种机织热熔衬质量等级分为优等品、一等品、合格品、不合格品。内在质量按批评等,外观质量按卷(100 m为一卷)评等。综合评等以其中最低等级评定。

内在质量按检验项目最低一项评等;外观质量按严重一项评等。

(1)内在质量要求(表6-8)。

表6-8　机织热熔衬内在质量要求

项目	黏合衬类别		优等品	一等品	合格品
单位面积质量偏差率/% ≥	衬衣衬、外衣衬、丝绸衬、裘皮衬		−5	−7	−8
剥离强力/N ≥	衬衣衬	纯棉、化纤纯纺及混纺机织物	洗涤前:15,洗涤后:12		
		化纤长丝机织物	洗涤前:12,洗涤后:10		
		化纤长丝针织物	洗涤前:8,洗涤后:6		
	外衣衬	纯棉、化纤纯纺及混纺机织物	洗涤前:10,洗涤后:8		
		化纤长丝机织物	洗涤前:10,洗涤后:8		
		化纤长丝针织物	洗涤前:6,洗涤后:4		
	丝绸衬		洗涤前:6,洗涤后:4		
	裘皮衬		洗涤前:8		
干热尺寸变化率/%	衬衣衬 外衣衬	纯棉	经向:−1.0～+0.5,纬向−1.0～+0.5		
		化纤纯纺及混纺、化纤长丝	经向:−1.5～+0.5,纬向−1.0～+0.5		
	丝绸衬		经向:−1.5～+0.5,纬向−1.0～+0.5		
	裘皮衬		供需双方协商确定		
水洗尺寸变化率/%	衬衣衬	纯棉、化纤纯纺及混纺	经向−1.0～+0.5 纬向−1.0～+0.5	经向−1.5～+0.5 纬向−1.5～+0.5	经向−2.0～+0.5 纬向−2.0～+0.5
		化纤长丝	经向−1.5～+0.5 纬向−1.0～+0.5	经向−2.0～+0.5 纬向−1.5～+0.5	经向−2.5～+0.5 纬向−2.0～+0.5
	外衣衬	纯棉、化纤纯纺及混纺	经向−2.5～+0.5,纬向−2.0～+0.5		
		化纤长丝	经向−2.0～+0.5,纬向−1.5～+0.5		
	丝绸衬		经向−2.0～+0.5,纬向−1.5～+0.5		
	裘皮衬		供需双方协商确定		
黏合后洗涤外观变化/级 ≥	外衣衬 丝绸衬	衬衣衬(水洗)	4	4	3
		干洗型(干洗)			
		耐洗型(水洗和干洗)			
		耐高温水洗型(水洗和干洗)			
	裘皮衬		供需双方协商确定		
黏合后热熔胶渗胶			正面不允许渗胶,反面以不影响服装加工和使用为原则,由供需双方协商确定		

注1:水洗尺寸变化率,衬衣衬和外衣衬中的纯棉、化纤纯纺及混纺为黏合衬水洗尺寸变化率,衬衣衬和外衣衬中的化纤长丝类、丝绸衬为黏合衬与面料黏合后的水洗尺寸变化率。

注2:黏合后洗涤外观变化,热熔衬不同,试验条件不同

（2）外观质量要求（表6-9）

表6-9　机织热熔衬外观质量要求

项目			优等品	一等品	合格品
纬斜/%			衬衣衬4及以下 外衣衬6及以下	7及以下	8及以下
局部性疵点 （结辫或标记） /（个/100 m）	幅宽<100 cm		衬衣衬12 外衣衬12	16	20
	幅宽100 cm～130 cm		衬衣衬14 外衣衬16	20	30
	幅宽>130 cm		18	22	32
散布性疵点	幅宽偏差/cm	幅宽<100 cm	−1.0～+2.0	−1.0～+2.0	−1.0～+3.0
		幅宽100 cm～130 cm	−1.5～+2.5	−1.5～+2.5	−1.5～+3.5
		幅宽>130 cm	−2.0～+3.0	−2.0～+3.0	−2.0～+4.0
	色差/级 ≥	同类布样	3	3	2
		参考样	2～3	2～3	1−2
		箱内卷与卷	4	3～4	2～3
		箱与箱	3～4	3	2
	边疵偏差/cm	幅宽<100 cm	1.0及以内	1.5及以内	2.0及以内
		幅宽>100 cm	1.5及以内	2.0及以内	2.5及以内
每卷允许段数、段长			一剪二段 每段不低于10 m	二剪三段 每段不低于5 m	三剪四段 每段不低于5 m

3. 试验方法

根据检验项目选择试验方法（表6-10）。

表6-10　机织热熔衬检验项目试验方法

项目	试验方法标准	说明
幅宽	GB/T 4667	
单位面积质量偏差率	GB/T 4669	
剥离强力	FZ/T 01085	组合试样制作方法按GB/T 23327—2009 附录B
干热尺寸变化率	GB/T 23327—2009 附录C	
水洗尺寸变化率	GB/T 8629、GB/T 23327 附录D	纯棉与化纤纯纺及混纺类，衬衣衬按 GB/T8629—2001程序2A，外衣衬程序5A洗涤1次，化纤长丝按GB/T 23327附录D。丝绸衬按GB/T 23327附录D

续表

项目	试验方法标准	说明
黏合后水洗外观及尺寸变化率	GB/T 23327 附录 D	
黏合后干洗外观及尺寸变化率	GB/T 23327 附录 D	试样准备按 D4,结果评定按 D6。外衣衬和丝绸衬干洗次数:干洗型 5 次,耐洗型、耐高温水洗型 3 次
黏合后热熔胶渗胶	GB/T 23327 附录 A	
色差	GB 250	
纬斜	GB/T 14801	
外观质量检验方法	FZ/T01075	

4. 检验规则

检验规则按 FZ/T 10005 规定进行(内容同第五章第一节棉印染布检验规则)。

四、机织树脂衬检验

机织树脂衬包括用各种材质的本白、漂白、染色机织树脂衬。机织树脂初按基布纤维原料可分为纯棉衬、涤棉衬、涤纶衬等,按漂染加工工艺可分为白衬、漂白衬、有色衬等。

1. 安全要求

安全要求符合"GB 18401 国家纺织产品基本安全技术规范"等强制性标准。

2. 分等规定

产品品等分为优等品、一等品、合格品,低于合格品的为不合格。理化性能按批评等,外观质量按卷(100 m 为一卷)评等。综合评等以其中最低等级评定。

理化性能按检验项目最低一项评等;外观质量按严重一项评等。

同一卷内同时存在局部性疵点和散布性疵点时,先计算局部性疵点的结辫数评定等级,再结合散布性疵点逐级降等,作为该卷衬的外观质量等级。

(1)理化性能要求(表 6-11)

表 6-11　机织树脂衬理化性能分等规定

项目			优等品	一等品	合格品
纬密偏差率/%			−2.0 及以内	−2.0 及以内	−2.0 及以内
单位面积质量偏差率/%			±3.0 及以内	±7.0 及以内	±8.0 及以内
撕破强力/N		经向	≥3.0	≥3.0	≥3.0
		纬向	≥2.0	≥2.0	≥2.0
水洗尺寸变化率/%	纯棉	经纬向	−1.0 ~ +0.5	−1.5 ~ +0.5	−2.0 ~ +0.5
	涤棉	经纬向	−1.0 ~ +0.5	−1.2 ~ +0.5	−2.0 ~ +0.5
	涤纶	经纬向	−1.0 ~ +0.5	−1.2 ~ +0.5	−2.0 ~ +0.5

项目	优等品	一等品	合格品
水浸后单位宽度的抗弯刚度变化率/%	−15.0 及以内	−20.0 及以内	−25.0 及以内
折痕回复角(经＋纬)/°	≥210	≥185	≥185
注:不以硬挺度为要求的机织树脂可不考核折痕回复角			

（2）外观质量要求（表6-12）

表6-12　机织树脂衬外观质量分等规定

项目			单位	优等品	一等品	合格品
纬斜			%	≤4.0	≤5.0	≤7.0
局部性疵点	采用结辫或标记	幅宽 100 cm 及以内	个/100 m	≤10	≤14	≤18
		幅宽 100 cm 及以上	个/100 m	≤12	≤18	≤24
散布性疵点	色差	同类布样	级	≥3	≥3	≥2
		参考样	级	≥2～3	≥2～3	≥1～2
		箱内卷与卷	级	≥4	≥3～4	≥2～3
		箱与箱	级	≥3～4	≥3	≥2
	幅宽允差	幅宽 100 cm 及以内	cm	−1.0～+2.0	−1.0～+2.0	−1.0～+3.0
		幅宽 100 cm～130 cm	cm	−1.5～+2.5	−1.5～+2.5	−1.5～+3.0
		幅宽 130 cm 及以上	cm	−2.0～+3.0	−2.0～+3.0	−2.0～+4.0
	边疵允差	幅宽 100 cm 及以内	cm	≤1.0	≤1.5	≤4.0
		幅宽 100 cm 及以上	cm	≤1.5	≤2.0	≤4.0
	明显松紧边、轧皱等影响布面平摊			不允许	不允许	不允许
	明显的通匹疵点			顺降一个等	顺降一个等	顺降一个等
	每卷内段数、段长			一剪二段 每段不低于 10 m	二剪三段 每段不低于 5 m	三剪四段 每段不低于 5 m

3. 试验方法

根据检验项目选择试验方法（表6-13）。

表6-13　机织树脂衬检验项目试验方法

项目	试验方法标准	说明
密度偏差率	GB/T 4668	结果修约到小数点后一位
单位面积质量偏差率	GB/T 4669	结果修约到小数点后一位
撕破强力	GB/T 3917.2	
折痕回复角	GB/T 3819	

续表

项目	试验方法标准	说明
水洗尺寸变化率	GB/T 8629	洗涤:程序 2A,干燥:程序 C 或 F
水浸后单位宽度抗弯刚度变化率	GB/T 18318 GB/T 8629	先测试试样水浸前单位宽度的抗弯刚度,再在(92±3)℃恒温水中浸半小时,采用 GB/T 8629 程序 C 或 F 干燥,然后在标准大气下平衡 4 h,检测试样水浸后单位宽度的抗弯刚度。结果修约到小数点后一位
折痕回复角	GB/T 3819	
纬斜	GB/T 14801	
幅宽	GB/T 4666	
色差	GB 250	
外观质量局部性疵点	FZ/T 01075	

4. 检验规则

检验规则按 FZ/T 10005 规定进行(内容同第五章第一节 棉印染布检验规则)。

五、垫肩衬检验

服装用棉型芯垫肩衬按内芯纤维原料可分为棉芯、棉涤芯、涤棉芯、涤纶芯等。

1. 安全要求

安全要求符合"GB 18401 国家纺织产品基本安全技术规范"等强制性标准。

2. 分等规定

产品分为优等品、一等品、合格品,低于合格品的为不合格品。产品质量要求包括理化性能和外观质量,理化性能按批评等,外观质量按定量包装箱评等。综合评等以其中最低的等级评定。

理化性能按检验项目最低一项评等;外观质量按严重一项评等。

(1) 理化性能要求(表 6-14)

表 6-14　棉型芯垫肩衬理化性能分等规定

项目		优等品	一等品	合格品
内芯纤维含量偏差/%		按 FZ/T 01053 规定要求		
每副质量偏差/g		-1.5 ~ +1.5	-2.0 ~ +2.0	-2.5 ~ +2.5
水洗尺寸变化率/%	纵向	-2.5 ~ +1.0	-3.0 ~ +1.0	-3.5 ~ +1.0
	横向	-1.5 ~ +1.0	-2.0 ~ +1.0	-2.5 ~ +1.0
干洗尺寸变化率/%	纵向	-1.5 ~ +1.0	-2.0 ~ +1.0	-2.5 ~ +1.0
	横向	-1.0 ~ +1.0	-1.5 ~ +1.0	-2.0 ~ +1.0
干热尺寸变化率/%	纵向	-1.0 ~ +1.0	-1.0 ~ +1.0	-1.5 ~ +1.0
	横向	-1.0 ~ +1.0	-1.0 ~ +1.0	-1.5 ~ +1.0
水洗外观变化		无明显起皱、变形	无明显起皱、变形	略有起皱、变形

（2）外观质量要求

测量部位与名称按图 6-1 进行。外观质量分等规定见表 6-15。

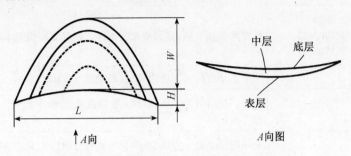

说明：L——垫肩长度，W——垫肩宽度，H——中心凹度

图 6-1　垫肩衬测量

表 6-15　棉型芯垫肩衬外观质量分等规定

项目	优等品	一等品	合格品
垫肩长度偏差/mm	−5.0 ~ +5.0	−7.0 ~ +7.0	−10.0 ~ +10.0
垫肩宽度偏差/mm	−5.0 ~ +5.0	−7.0 ~ +7.0	−10.0 ~ +10.0
中心凹度偏差/mm	−2.0 ~ +2.0	−3.0 ~ +3.0	−5.0 ~ +5.0
外观平整度	平整、不起皱	平整、不起皱	略有不平及起皱
局部性疵点	不允许	不允许	不允许

3. 试验方法

根据检验项目选择试验方法（表 6-16）。

表 6-16　棉型芯垫肩衬试样方法

项目	试验方法标准	说　　明
内芯纤维含量偏差	GB/T 2910.11	
每副质量偏差		每批随机抽五副，在标准大气条件下调湿 2 h，调湿 4 h，称量重量（准确到 0.01 g），结果取五副的平均值，再计算质量偏差值，修约到小数点后 1 位
水洗尺寸变化率及水洗外观变化	GB/T 8628 GB/T 8629 GB/T 8630 FZ/T 01047	每批随机抽三副，在标准大气条件下调湿 2 h，调湿 4 h，然后再测试。洗涤方法采用 5A 程序洗涤一次，折开缝线，干燥程序采用 F 法。如三副试样既有伸长也有缩短，取两个同号平均值计算。水洗后的棉型芯垫肩衬表层向上，观察外观是否起皱、变形
干洗尺寸变化率	GB/T 8628 FZ/T 01083 第 7 章 GB/T 8630	每批随机抽三副，在标准大气条件下调湿 2 h，调湿 4 h，然后再测试。结果修约到小数点后 1 位

项目	试验方法标准	说　明
干热尺寸变化率	GB/T 8628 GB/T 17031.1 GB/T 17031.1	每批随机抽三副,在标准大气条件下调湿2 h,调湿4 h,然后再测试
长度偏差		棉型芯垫肩衬摊平后用直尺(准确度0.5 mm)量取
宽度偏差		棉型芯垫肩衬摊平后,直尺(准确度0.5 mm)放于长度方向中心点垂直方向量取
中心凹度偏差		先在白纸上画一直线,将棉型芯垫肩衬的两个尖角对准直线,用直尺量取中心凹度处与直线间的距离
外观平整度		表层和底层平滑、绷缝的针迹平直,即为平整、不起皱。表层呈波浪形的,即为起皱、不平整
局部性疵点		表层或底层存在较明显的厚薄不匀、破损、杂质、污渍等

水洗、干洗、干热试样制作方法,在每只衬上沿长度方向作一组200 mm间距的标记,沿宽度方向作一组100 mm间距的标记,测量长宽两个方向间的距离,精确到0.5 mm。然后放入细薄布制成的口袋中,口袋尺寸为350 mm×350 mm,按制作衣服上垫肩的方法,沿衬周边每隔2 cm缝一针。

4. 检验规则

在已抽取的纸箱中每箱随机抽取3副进行检验,每项检验结果取3副的平均值。其他要求按FZ/T 10005规定进行(内容同第五章第一节棉印染布检验规则)。

六、使用黏合衬服装的有关测试

1. 使用黏合衬服装剥离强力测试

将试样沿夹持线夹于拉力试验机两钳口之间,随着拉力机两夹钳的逐步拉开,试样纬向或经向处的各黏接点开始相继受力,并沿剥离线渐次地传递受力而离裂,直至试样被剥离。

(1) 试样

服装成品取样至少为1件。以面料经纬向决定试样经纬向,不受衬布方向限制。在服装覆黏合衬部位任意取样,使用不同黏合衬的部位,经纬向各取3块,尺寸为150 mm×25 mm。领子、袖口部位可根据合同约定取样。

试样在标准大气条件下进行调湿处理。如果是进行数据对比试验,可在同等环境中放置4 h,在试样一端以手工分离二层织物,剥离点应在一直线上。

(2) 试验

拉力试验机的上、下夹钳之间的距离设定为50 mm,速度为(100±5)mm/min。正式试验之前先进行预试验,从而了解剥离强力的范围。

正式试验:将准备好的试样一端中的面料端与黏合衬端分别夹入拉力机的上、下夹钳,并使剥离线位于两夹钳二分之一处,且试样的纵向轴与关闭的夹持表面成直角。起动试验机,记录拉伸100 mm长度内的各个峰值。

试验中如试样从夹钳中滑出，或试样在剥离口延长线上呈不规则断裂等，则为无效试验，需在原样上重新裁取试样，进行试验。试验中若发生黏合衬经纱或纬纱断裂现象，结果记录为"黏合衬撕破"。撕破现象仅发生在一个试样上剔除该试样结果即可。如果两个及两个以上试样发生撕破现象，则试样的剥离强力记录为"黏合衬撕破"。

（3）分析计算

分析每块试样在剥离试验时的曲线图（如图6-2），测定100 mm剥离长度内的平均剥离强力，或至少取五个最高峰值和五个最小峰值的平均值。

分别计算经、纬向的平均剥离强力（N）。计算结果修约至小数点后一位。

剥离强力按下式计算：

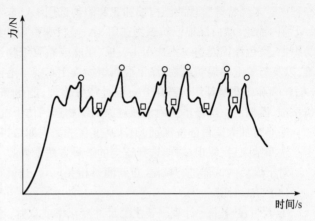

○——最高峰值　□——最小峰值

图6-2　黏合衬剥离试验曲线

$$\overline{F} = \frac{\sum F_n}{n} \text{ 或 } \overline{F} = \frac{\sum F_{10}}{10}$$

式中：$\overline{F}$——平均剥离强力（N）；

$\sum F_n$——100 mm剥离长度内的剥离强力峰值的总和（N）；

n——100 mm剥离长度内出现峰值的次数；

$\sum F_{10}$——五个最大峰值和五个最小峰值的总和（N）。

2. 使用黏合衬服装耐水洗测试

使用黏合衬服装耐水洗性能通过一次洗涤和一次干燥过程，然后测定尺寸变化率、剥离强力变化率及评价外观变化来表征。

（1）洗涤陪洗物

采用纯聚酯变形长丝针织物，单位面积质量为$(310 \pm 20)\,g/m^2$，由四片织物叠合而成，沿四边缝合，角上缝加固线。形状呈方形，尺寸为$(20 \pm 4)\,cm \times (20 \pm 4)\,cm$，每片缝合后的陪洗物重$(50 \pm 5)\,g$。也可以使用折边的纯棉漂白机织物或50/50涤棉平纹漂白机织物，单位面积质量为$(155 \pm 5)\,g/m^2$，尺寸为$(92 \pm 5)\,cm \times (92 \pm 5)\,cm$。

（2）试样准备

试样和陪洗物均需进行调湿处理。

服装取样不少于三件，分别对领围、胸围或腰围及衣长（前衣长、后衣长）、裤长或裙长进行测量，对剥离强力测试。如果试样为衣片或小样，取样不少于三块，测量标记经纬向各三对，尺寸不小于200 mm × 200 mm。

（3）试验程序

服装以标志所示的洗涤程序选择洗涤程序。如服装上没有说明时,可从表3-16中选择洗涤程序。未经特殊整理的漂白棉和亚麻织物选用1A;未经特殊整理的棉、亚麻或黏胶织物选用2A;漂白锦纶、漂白涤棉混纺织物选用3A;经特殊整理的棉和黏胶织物,染色锦纶、涤纶、腈纶混纺织物,染色涤棉混纺织物选用4A;棉、亚麻或黏胶织物选用5A;丙烯腈、醋酯纤维和三醋酯纤维,以及与羊毛的混纺织物,涤毛混纺织物选用6A;羊毛或羊毛与棉或黏胶混纺织物、丝绸选用7A;丝绸和印花醋纤织物选用8A;经过特殊整理,能耐沸煮但干燥方法需滴干的织物选用9A;仿手洗、模拟手工洗涤不能耐机械洗涤的织物选用仿手洗。

洗涤时加入适量的洗涤剂,泡沫高度在洗涤周期结束时不超过(3±0.5)cm。

洗涤结束后,取出试样,选择适当的干燥方法干燥。

对干燥后的试样进行调湿,重新测量相关尺寸,测量剥离强力。

（4）结果计算

① 尺寸变化率。计算服装主要尺寸变化率或衣片、小样长度方向、宽度方向的尺寸变化率(%)。计算结果修约到小数点后一位。以三个试样的平均尺寸变化率作为结果。如果出现有的缩短有的增长的情况,则列出三块试样尺寸变化率作为试验结果。

② 剥离强力变化率。根据洗涤前后测得的剥离强力计算出剥离强力变化率。计算结果修约到小数点后一位。以三个试样的平均尺寸变化率作为结果。如果出现有的减小有的增加的情况,则列出三块试样剥离强力变化率作为试验结果。

③ 外观评定。外观评定以各类服装的标准样照对比评定。将服装穿在合适的模台或衣架上,背景采用黑色或灰色纤维板,样照贴于纤维板上,灯光采用两支40 W日光灯照明,灯光放置于服装上方680 mm处。检验员离服装约1 200 mm处目测服装表面是否起泡、脱胶、缝子皱缩程度等。

3. 使用黏合衬服装耐干洗测试

对调湿后的服装、衣片或小样进行标记和测量,然后进行干洗,再经过调湿和测量,计算其尺寸变化率、剥离强力变化率,评定外观形态变化。干洗采用商业干洗机,洗涤剂为四氯乙烯(全氯乙烯)或烃类溶剂。

（1）陪洗物

陪洗物可以是服装也可以是布片,颜色为白色或浅色,纤维可以是纯毛、80% 羊毛和20% 棉或再生纤维素纤维等。尺寸不小于500 mm×500 mm。

（2）试样准备

试样准备与"2. 使用黏合衬服装耐水洗测试"相同。

（3）干洗试验

① 常规干洗:按(50±2)kg/m³结合滚筒容积计算总载物量。将调湿后的试样和陪洗物放入机器中,加入经蒸馏的含有1 g/L山梨糖醇月桂酸酯的四氯乙烯(全氯乙烯)或烃类溶剂,液体比为(5.5±0.5)L/kg(负载)(溶剂的液面高度为内桶直径的30%),洗涤过程中溶剂温度保持在(30±3)℃。

配制新鲜乳液,按每千克负载加10 mL去污剂与30 mL四氯乙烯(全氯乙烯)或烃类溶剂混合,添加20 mL水并不断搅拌。关闭过滤器电路并启动机器,在2~3 min时间内,缓缓地将乳液加入到机器内桶和外桶,液面高度不超过溶剂高度。

开动机器,运转 15 min。试验时不使用过滤器回路。结束后排出溶剂,用离心脱水法抽取溶剂 2 min(至少 1 min 为满速抽取)。

以相同液体比注入无水纯干洗溶剂对干洗物冲洗 5 min,排出并再次抽取 5 min(至少 3 min 为满速抽取)。然后进行翻滚干燥,内部温度不超过 80℃,外部温度不超过 60℃。干燥结束,关闭加热装置,减低筒内风速,让负载物在筒内反向旋转至少 5 min,冷却至室温。

取出样品,再次调湿后进行测量和评定。

② 缓和干洗法:除以下参数有差异外,其余与常规干洗法相同。

载物密度由(50 ±2)kg/m³改为(33 ±2)kg/m³,开动机器后运转时间由 15 min 减为 10 min。满速抽取时间 3 min 减为 1 min。

(4)结果计算

结果计算与使用黏合衬服装耐水洗测试相同。

第二节　服装填料检验

一、羽绒检验

服装用羽绒品质要求包括理化性能要求和微生物的卫生要求,羽绒品质测定项目有含绒量、绒子含量、蓬松度、耗氧量、残脂率、清洁度、气味及微生物等。

1. 理化性能要求

理化性能要求见表 6-17。

表 6-17　服装用羽绒理化性能要求

品名	含绒量/%	含绒量极限偏差/% ≥	绒子含量/% ≥	长毛片含量/% ≤	异色毛绒/% ≤	陆禽毛含量/% ≤	鸭毛(绒)含量/% ≤	杂质/% ≤	水分率/% ≤	蓬松度/cm ≥	耗氧量/(mg/100 g) ≤	残脂率/% ≤	清洁度/mm ≥	气味等级 ≤
灰鹅绒	75	−3.0	67.5	1.5		1.0	15.0	1.0	13.0	15.0	10.0	1.3	450	2
灰鸭绒	75	−3.0	67.5	1.5		1.0		1.0	13.0	14.0	10.0	1.3	450	2
白鹅绒	80	−3.0	72.0	1.0	1.0	0.8	15.0	1.0	13.0	15.0	10.0	1.3	450	2
白鸭绒	80	−3.0	72.0	1.0	1.0	0.8		1.0	13.0	14.0	10.0	1.3	450	2
灰鹅绒	80	−3.0	72.0	1.0		0.8	15.0	1.0	13.0	15.0	10.0	1.3	450	2
灰鸭绒	80	−3.0	72.0	1.0		0.8		1.0	13.0	14.0	10.0	1.3	450	2
白鹅绒	85	−3.0	76.5	1.0	1.0	0.8	15.0	1.0	13.0	15.0	10.0	1.3	450	2
白鸭绒	85	−3.0	76.5	1.0	1.0	0.8		1.0	13.0	14.0	10.0	1.3	450	2
灰鹅绒	85	−3.0	76.5	1.0		0.8	15.0	1.0	13.0	15.0	10.0	1.3	450	2

续表

品名	含绒量/%	含绒量极限偏差/%	绒子含量/% ≥	长毛片含量/% ≤	异色毛绒/% ≤	陆禽毛含量/% ≤	鸭毛(绒)含量/% ≤	杂质/% ≤	水分率/% ≤	蓬松度/cm ≥	耗氧量/(mg/100 g) ≤	残脂率/% ≤	清洁度/mm ≥	气味等级 ≤
灰鸭绒	85	-3.0	76.5	1.0		0.8		1.0	13.0	14.0	10.0	1.3	450	2
白鹅绒	90	-3.0	81.0	1.0	1.0	0.8	15.0	1.0	13.0	15.0	10.0	1.3	150	2
白鸭绒	90	-3.0	81.0	1.0	1.0	0.8		1.0	13.0	14.0	10.0	1.3	150	2
灰鹅绒	90	-3.0	81.0	1.0		0.8	15.0	1.0	13.0	15.0	10.0	1.3	150	2
灰鸭绒	90	-3.0	81.0	1.0		0.8		1.0	13.0	14.0	10.0	1.3	150	2
白鹅绒	95	-3.0	85.5	1.0	1.0	0.8	15.0	1.0	13.0	15.0	10.0	1.3	150	2
白鸭绒	95	-3.0	85.5	1.0	1.0	0.8		1.0	13.0	14.0	10.0	1.3	150	2
灰鹅绒	95	-3.0	85.5	1.0		0.8	15.0	1.0	13.0	15.0	10.0	1.3	150	2
灰鸭绒	95	-3.0	85.5	1.0		0.8		1.0	13.0	14.0	10.0	1.3	150	2

异色毛、长毛片仍计入毛绒总和内。异色绒仍计入绒子含量中。

2. 微生物的卫生要求

采用平板计数法,嗜温性需氧菌数 $<10^5$ CFU/g;粪链球菌数 $<10^2$ CFU/g;亚硫酸还原的梭状芽孢杆菌数 $<10^2$ CFU/g;沙汰氏菌在 20 g 中不能检出。

3. 试验方法

羽绒试验项目较多,试验方法比较复杂繁琐,FZ/T 80001—2002《水洗羽绒羽毛试验方法》对抽样、试样制作及各个项目的检验方法和程序都作了明确的规定,需要时,请参照标准进行。

二、充填用中空涤纶短纤维检验

充填用中空涤纶短纤维是指以聚对苯二甲酸乙二醇酯原料生产的,线密度为 1.67～22.22 dtex 充填用有硅或无硅中空涤纶短纤维。

1. 产品分类

产品规格以线密度、长度和孔数表示。产品按后整理工艺分为有硅型和无硅型;按纺丝工艺分为单组分型和双组分型;按安全健康指标分为 A、B、C 三类,用于服装的为 A 类。

2. 分等规定

充填用中空涤纶短纤维产品只有合格品一个等级,低于合格品的为等外品。

（1）服装用中空涤纶短纤维性能项目和指标(表 6-18)

表 6-18　服装用中空涤纶短纤维性能项目和指标

项　目		指　标
线密度偏差率/%		±16
长度偏差率/%		±10
倍长纤维含量/(mg/100 g)	≤	60

项　　目		指　　标
卷曲数/(个/25 mm)		M ±6.0
疵点和游离物含量/(mg/100 g)	≤	40
纤维弹性 H/%	≥	100(有硅型)
膨松性 B/%	≤	70(无硅型)
灰分/%	≤	0.03
单组份单孔型中空率/%	>	17
多孔纤维中空率/%	>	12
双组份型中空率/%	>	8
注1:M 由供需双方商定		

（2）其他项目及质量差异

服用产品中不得检出荧光增白剂。

包装件平均净质量和公定质量的偏差率不超过 ±0.5%，包装件名义质量与公定质量偏差率不超过 ±1%。

3. 试验方法

根据检验项目选择试验方法（表6-19）

表6-19　充填用中空涤纶短纤维检验项目试验方法

项目	试验方法标准	说明
线密度偏差率	FZ/T 50009.1	
长度偏差率、倍长纤维含量	GB/T 14336	样品中随机称取试样 50 g，再从该试样中均匀地取出并称取两份100~150 mg 的纤维作平均长度试验用。试验不需取出倍长纤维和计算超长纤维率
卷曲数	FZ/T 50009.3	
疵点和游离物含量	GB/T 14339	
纤维弹性、膨松性	FZ/T 50009.4	
灰分和 TiO$_2$ 含量	GB/T 14190	灰分测试的试样量为 2 g，TiO$_2$ 测试的试样量为 200 mg
中空率	FZ/T 50002	
荧光增白剂		将样品置于紫外光源下，如有荧光现象，则代表含有荧光增白剂
质量差异	GB/T 14334 GB/T 14341	批样测定净质量。实验室样品测得实际回潮率

4. 检验规则

需方收到货及时检查包装件的外包装、件数、质量与货单是否相符。

三个月内,对产品质量有异议时可提交复验,如该批产品数量使用超过三分之一以上,不能申请复验。

性能项目试验按 GB/T 14334 中包装件取样方法规定进行抽样检验。

倍长纤维含量、疵点含量的试样量增加一倍。

以性能项目指标中最低项的等级判定该批的等级。

三、喷胶棉检验

喷胶棉絮片是以涤纶短纤维为主要原料、经梳理成网,对纤网喷洒液体黏合剂,再经热处理制成的喷胶棉絮片。

1. 安全要求

安全要求符合"GB 18401 国家纺织产品基本安全技术规范"等强制性标准。

2. 分等规定

产品的评等分为一等品、合格品,低于合格品的为不合格品。产品评等分理化性能和外观质量评等。理化性能按批评等,外观质量按卷评等,综合评以其中最低的等级评定。

理化性能以检验项目中最低一项评等;理化性能测试结果不符合要求的可加倍抽取试样,进行复试,以复试结果作为评定等级的依据。外观质量按严重一项评等。

(1)理化性能要求(表6-20)

表6-20 喷胶棉絮片理化性能分等规定

项目		一等品	合格品
纤维含量偏差率/%		按 FZ/T 01053 规定要求	
纤维含油率/%		≤	
单位面积质量偏差率/%	<100 g/m²	−6.0 ~ +6.0	
	100 g/m² ~200 g/m²	−5.0 ~ +5.0	
	>200 g/m²	−4.0 ~ +4.0	
蓬松度/(cm³/g)		≥70	≥60
压缩回弹性能	压缩率/%	≥45	≥40
	回复率/%	≥75	≥70
耐水洗性		水洗3次,不露底,无明显破损、分层	

(2)外观质量要求(表6-21)

表6-21 喷胶棉絮片外观疵点分等规定

项目		一等品	合格品
外观疵点	破边	不允许	深入布边3 cm 以内,长5 cm 及以下,每20 cm 允许2处
	纤维分层		不明显
	破洞		不允许

项目		一等品	合格品
外观疵点	厚薄均匀性	均匀	无明显不均匀
	油污、斑渍	不允许	面积在 5 cm² 及以下，每 20 cm² 内允许 2 处
	漏胶	不允许	不明显
	起毛	不允许	不明显
幅宽偏差率/%		−1.0 ~ +1.0	−1.5 ~ +1.5
每卷允许段数、段长		100 m 以上 3 段，100 m 及以下为 2 段，每段不低于 6 m	

注 1：幅宽偏差最低为 ±1 cm。
注 2：在距离絮片 60 cm 处可见的疵点为明显疵点。未列入的疵点按相似疵点评定

3. 试验方法

（1）蓬松度、压缩回弹性能试验方法

在距边 10 cm 以上，沿纵向剪取数块试样，每块尺寸为 200 mm×200 mm，放在标准大气环境中 4 h，每块试样称重，组成质量约为 40 g 的组合试样，共三组。

把试样放在工作台上，压上测试压片（单位质量为 0.5 g/cm² 材质制成，大小为 200 mm×200 mm 的正方形），中间加 2 kg 砝码，30 s 后取下砝码，静置 30 s，如此重复三次后测定试样四角的高度（准确到 0.5 mm），取平均值 h_0（mm）。

再次在试样上压上测试压片，中间加 4 kg 砝码，30 s 时测定试样四角高度（准确到 0.5 mm），取其平均值 h_1（mm）。取下 4 kg 的砝码，3 min 时再测定试样四角的高度（准确到 0.5 mm），取平均值 h_2（mm）。

如此共测三组试样，取三组试样 h_0，h_1，h_2 的平均值，同时计算三组试样的平均质量 m（g）。

蓬松度 p（cm³/g）计算：

$$P = \frac{20 \times \frac{20h_0}{10}}{m}$$

压缩率 y（%）计算：

$$y = \frac{h_0 - h_1}{h_0} \times 100\%$$

回复率 h（%）计算：

$$h = \frac{h_2 - h_1}{h_0 - h_1} \times 100\%$$

（2）其他项目（见表 6-22 进行）

表 6-22　喷胶棉絮片检验项目试验方法

项目	试验方法标准	说明
纤维含量偏差率	FZ/T 01057	
含油率	GB/T 6504	
单位面积质量偏差率	GB/T 24218.1	
蓬松度	FZ/T 64003—2011	
压缩回弹性	FZ/T 64003—2011	
耐水洗性	GB/T 8629 —2001	试验前取 300 mm×300 mm 试样三块,用 T65/C35, 110 根/10 cm×76 根/10 cm 细纺布两块,尺寸略大于试样的标准面料,覆盖在试样的两面,四周用包缝机将两层面料缝合后按 7A 程序洗涤,F 程序干燥
幅宽偏差率	GB/T 4666	

4. 检验规则

在收货 15 天内及时进行验收,并将结果及时通知供方,如不验收按供方检验结果收货。

检验时理化性能试验按交货量的 10% 随机抽取,试样不得少于 2 卷,在离卷头 1 m 以上剪取 3 m 长的试样,试样要求没有明显疵点,以平均值为最终结果。

外观质量检验按交货量的 20% 随机抽取,但不得少于 5 卷,如不符合产品达到 8% ,则该批产品作降等处理。

思考与实践

1. 分析说明衬料的内在质量与外观质量要求?
2. 测定使用黏合衬服装剥离强力。
3. 测定使用黏合衬服装耐水洗性能。
4. 测定使用黏合衬服装耐干洗性能。

第七章

典型成品服装检验

　　成品服装是直接消费品,产品质量直接影响消费者的生活,服装生产企业必须重视成品服装的检验,保证产品符合规定要求,确保消费者权益不受侵害。成品服装种类很多,从内衣到外套,从夏装到冬装,从生活装到职业装,等等。服装品种不同,品质要求也不同,本书选择衬衫、茄克衫、西裤、西服大衣、羽绒服、裙装、婴幼儿服装等几种常见的典型服装介绍其检验方法。

第一节 服装检验规则

一、质量等级和缺陷划分规则

服装检验类别一般分为出厂检验和型式检验。

1. 质量等级

成品质量等级以缺陷是否存在及其轻重程度为依据。抽样样本中的单件产品以缺陷的数量及其轻重程度划分等级,批量产品的等级以抽样样本中单件产品的品等数量划分。

2. 缺陷划分

单件产品不符合规定的技术要求即构成缺陷。按产品不符合技术要求和对产品性能、外观的影响程度,划分为三类:

严重缺陷:严重降低产品的使用性能,严重影响产品外观的缺陷。

重缺陷:不严重降低产品的使用性能,不严重影响产品外观,但较严重不符合技术要求的缺陷。

轻缺陷:不符合技术要求,但对产品的使用性能和外观有较小影响的缺陷。

二、抽样规定

外观质量抽样:500件及以下抽10件;500件以上至1 000件(含1 000件)抽20件,1 000件以上抽30件。

理化性能抽样:根据项目需要,一般服装不少于4件,婴幼儿服装不少于6件。

三、判定规则

1. 单件判定

按严重缺陷数、重缺陷数、轻缺陷数判定,具体要求见服装产品标准。本章所述服装判定条件见表7-1。表7-1中"所有服装"是指衬衫、茄克、裙装、风衣、西裤、西服、大衣、羽绒服、婴幼儿服装。缺陷数符合条件1或条件2即可评为相应的等级。

表7-1 单件服装判定规则

判定条件		严重缺陷数	重缺陷数	轻缺陷数				
		所有服装	所有服装	衬衫	茄克、风衣、裙装	西裤、西服、大衣	羽绒服	婴幼儿服装
优等品		0	0	≤3	≤4	≤4	≤4	≤4
一等品	条件1	0	0	≤5	≤7	≤6	≤6	≤7
	条件2	0	≤1	≤3	≤3	≤3	≤3	≤3
合格品	条件1	0	0	≤8	≤8	≤8	≤8	≤10
	条件2	0	≤1	≤4	≤6	≤3	≤6	≤6

2. 批量等级判定

优等品批:外观检验样本中的优等品数≥90%,一等品和合格品数≤10%(不含不合格品),各项理化性能指标均达到优等品要求。

一等品批:外观检验样本中的一等品数≥90%,合格品数≤10%(不含不合格品),各项理化性能指标均达到一等品要求。

合格品批:外观检验样本中的合格品数≥90%,不合格品数≤10%(不含严重缺陷不合格品),各项理化性能指标均达到合格品要求。

当外观缝制质量等级判定和理化性能等级判定不一致时,按低等级判定。

3. 抽验

① 抽验中各批量判定数符合批量等级判定规定的,按相应等级品批出厂。

② 抽验中各批量判定数不符合规定要求时,应进行第二次抽验,抽验数量增加一倍;如仍不符合规定要求,则全部整修或降等。

四、出厂检验有关说明

1. 检验条件

检验用的人体模型架应与被检品相适应。检验用工作台表面保持整洁,工作台面采用白色或浅灰色,尺寸不小于80 cm×160 cm。

产品标准中对成品的外观质量有使用标准样照或色卡规定的,按规定的标准样照或色卡进行检验。

测定成品的外观疵点时,疵点样卡上的箭头应顺着光线射入方向。

测定成品色差程度时,被测部位按同一纱向(即经纬方向一致)摆放。采用正常北向自然光或600 lx及以上的等效光源,入射光与织物表面约成45°角,观察方向大致垂直于织物表面,距离60 cm目测,并按GB 250样卡对比。

2. 检验注意事项

成品出厂前,按国家标准或行业标准或经过备案的企业标准,及服装工艺文件对其产品质量进行检验。

出厂检验的被检品是指产品的使用说明齐全且为最终包装后的服装成品。被检品的各项理化性能指标均达到相应产品标准的等级要求。

出厂检验的项目包括成品的使用说明、号型规格、外观质量、缝制质量及包装等要求。

对检验合格的成品,在其相应的标志上加盖检验合格章或检验员工号。

五、安全检验说明

本章中安全检验方法不再作说明,见第二章。

六、纬斜或条格斜计算

各类成品服装中需测定纬斜或条格斜率的,按下式计算:

$$斜率(\%) = \frac{经纬纱(条格)倾斜与水平(垂直)最大距离}{衣片宽(长)} \times 100\%$$

第二节　衬衫检验

衬衫包括机织衬衫和针织衬衫,一般来讲,衬衫就是指机织衬衫,是以纺织机织物为主要原料生产的衬衫(不包括婴幼儿衬衫产品)。

一、技术要求

1. 安全要求

衬衫要符合"GB/T 18401 国家纺织产品基本安全技术规范"B 类产品安全要求。

2. 理化性能要求

（1）尺寸变化率

包括水洗和干洗后的尺寸变化率。洗涤按使用说明产品标注的洗涤方法,丝绸类产品按GB/T 18132 规定执行。衬衫洗涤后尺寸变化率要求见表 7-2。

表 7-2　衬衫洗涤后尺寸变化率要求

部位名称	优等品	一等品	合格品
领大(%)	≥ -1.0	≥ -1.5	≥ -2.0
胸围(%)	≥ -1.5	≥ -2.0	≥ -2.5
衣长(%)	≥ -2.0	≥ -2.5	≥ -3.0

（2）起皱级差

成品主要部位起皱级差指标见表 7-3。当原料为全棉、全毛、麻、棉麻混纺时洗涤后在规定的数值上,允许再降低 0.5 级。丝绸产品不考核洗涤后起皱指标。

表 7-3　衬衫主要部位起皱级差指标

部位名称	洗涤前起皱级差	洗涤后起皱级差		
		优等品	一等品	二等品
领子	≥ -4.5	> -4.0	4.0	> -3.0
口袋	≥ -4.5	> -4.0	3.5	> -3.0
袖头	≥ -4.5	> -4.0	4.0	> -3.0
摆缝	≥ -4.0	> -3.5	3.5	> -3.0
底边	≥ -4.0	> -3.5	3.5	> -3.0

（3）色牢度要求（表7-4）

表7-4　衬衫色牢度允许程度

项目		色牢度允许程度（级）		
		优等品	一等品	合格品
耐干洗	变色	≥4~5	≥4	≥3~4
	沾色	≥4~5	≥4	≥3~4
耐洗	变色	≥4	≥3~4	≥3
	沾色	≥4	≥3~4	≥3
耐干摩擦	沾色	≥4	≥3~4	≥3
耐湿摩擦	沾色	≥4	≥3~4	≥3
耐光	变色	≥4	≥3~4	≥3
耐酸汗渍	变色	≥4		≥3
	沾色			
耐碱汗渍	变色	≥4		≥3
	沾色			
耐水	变色	≥4		≥3
	沾色			

按 GB/T 4841.3 标准规定,颜色大于1/12染料染色标准深度为深色,颜色小于等于1/12染料染色标准深度为浅色。

耐干洗色牢度只考核使用说明中标注可干洗的产品。耐洗色牢度只考核使用说明中标注可水洗的产品。

耐摩擦色牢度允许程度,深色产品的一等品和合格品可以降低半级。

丝绸类产品的色牢度允许程度按"GB/T 18132 丝绸服装"规定。

（4）纰裂

主要部位缝子纰裂程度不大于 0.6 mm,试验结果出现滑脱或断裂判定为不合格。丝绸产品的缝子纰裂程度按"GB/T 18132 丝绸服装"规定执行。

（5）撕破强力

面料的撕破强力蚕丝织物不小于 7 N,单位面积质量低于 140 g/m² 纯棉织物不小于 7 N,其他一般织物不小于 10 N。

（6）原料的成分和含量

按成品标注的纤维名称和含量,允许偏差按 FZ/T 01053 规定。

3. 出厂检验项目

（1）经纬纱向

前身顺翘(不允许倒翘),后身、袖子允斜程度按表7-5规定。

表7-5　衬衫后身袖子允斜程度

面料	等级		
	优等品	一等品	合格品
什色	≤3%	≤4%	≤5%
色织	≤2%	≤2.5%	≤3%
印花	≤2%	≤2.5%	≤3%

（2）对条对格

面料有明显条格的在1.0 cm及以上的按表7-6规定。倒顺绒原料，全身顺向一致。特殊图案以主图为准，全身顺向一致。

表7-6　衬衫1.0 cm及以上明显条格对条对格规定

部位名称	对条对格规定	备注
左右前身	条料对中心条、格料对格互差不大于0.3 cm	格子大小不一致，以前身三分之一上部为准
袋与前身	条料对条、格料对格互差不大于0.2 cm	格子大小不一致，以袋前部的中心为准
斜料双袋	左右对称，互差不大于0.3 cm	以明显条为主（阴阳条不考核）
左右领尖	左右对称，互差不大于0.2 cm	阴阳条格以明显条格为主
袖头	左右袖头条格顺直，以直条对称，互差不大于0.2 cm	以明显条为主
后过肩	条料顺直，两头对比互差不大于0.4 cm	
长袖	条格顺直，以袖口为准，两袖对称，互差不大于1.0 cm	3.0 cm以下格料不对横，1.5 cm以下不对条
长袖	条格顺直，以袖口为准，两袖对称，互差不大于0.5 cm	2.0 cm以下格料不对横，1.5 cm以下不对条

（3）拼接

除装饰性的拼接外，全件产品不允许拼接。

（4）色差

领面、过肩、口袋、明门襟、袖头面与大身色差高于4级，其他部位色差不低于4级。

（5）外观疵点

各部位疵点按表7-7规定，未列入疵点按其形态，参照相似疵点执行。成品部位划分见图7-1。

表7-7　衬衫各部位疵点要求规定

疵点名称	各部位允许存在程度/cm			
	0号部位	1号部位	2号部位	3号部位
粗于一倍粗纱2根	0	长3.0以内	不影响外观	长不限

续表

疵点名称	各部位允许存在程度/cm			
	0 号部位	1 号部位	2 号部位	3 号部位
粗于二倍粗纱 3 根	0	长 1.5 以内	长 4.0 以内	长 6.0 以内
粗于三倍粗纱 4 根	0	0	长 2.5 以内	长 4.0 以内
双经双纬	0	0	不影响外观	长不限
小跳花	0	2 个	6 个	不影响外观
经缩	0	0	长 4,宽 1.0 以内	不明显
纬密不均	0	0	不明显	不影响外观
颗粒装粗纱	0	0	0	0
经缩波纹	0	0	0	0
断经断纬 1 根	0	0	0	0
搔损	0	0	0	轻微
浅油纱	0	长 1.5 以内	长 2.5 以内	长 4.0 以内
色档	0	0	轻微	不影响外观
轻微色斑(污渍)	0	0	(0.2×0.2)cm² 以内	不影响外观

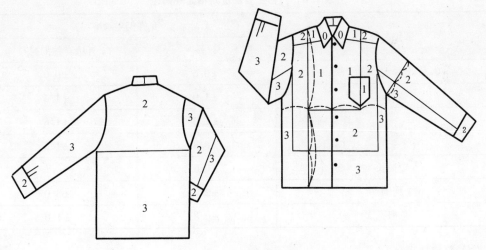

图 7-1　衬衫检验部位划分

(6) 缝制

① 针距密度要求

明暗线针距密度不少于 12 针/3 cm,绗缝线针距密度不少于 9 针/3 cm,包缝线(包括锁缝(链式线))针距密度不少于 12 针/3 cm,锁眼针距密度不少于 12 针/cm,钉扣每眼不低于 6 根线。特殊设计除外。

② 其他要求

各部位缝制线路整齐、牢固、平服。

上下线松紧适宜,无跳线、断线,起落针处有回针。

0 号部位不允许跳针、接线,其余部位 30 cm 内不得有两处单跳针或连续跳针,链式线迹不允许跳线。

覆黏合衬部位不允许有脱胶、渗胶及起泡。

领子平服,领面、里、衬松紧适宜,领尖不反翘。

绱袖圆顺,吃势均匀,两袖前后基本一致。

袖头及口袋和衣片的缝合部位均匀、平整、无歪斜。

商标位置端正。号型标志、成分含量标志、洗涤标志准确清晰,位置端正。

锁眼定位准确,大小适宜,两头封口。开眼无绽线。

钉扣与眼位相对,整齐牢固。缠脚线高低适宜,线结不外露。

四合扣(四件扣)松紧适宜,牢固。

有填充物的衬衫,绗线顺直,厚薄均匀。表面绗线上下左右对称,横向绗线互差不大于 0.4 cm。

成品中不得含有金属针。

(7) 允许偏差

衬衫主要部位规格允许偏差,按表 7-8 规定。

表 7-8 衬衫主要部位规格允许偏差

部位名称		允许偏差/cm	
		衬衫	有填充物的衬衫
领大		±0.6	±0.6
衣长		±1.0	±1.5
长袖长	连肩袖	±1.2	±1.6
	绱袖	±0.8	±1.2
短袖长		±0.6	
胸围		±2.0	±3.0
总肩宽		±0.8	±1.0

(8) 整烫要求

各部位熨烫平服、整洁,无烫黄、水渍及亮光。

领型左右基本一致,折叠端正。

一批产品的整烫折叠规格应保持一致。

(9) 其他

使用说明:符合 GB/T 5296.4 要求(参见第一章第六节)。

号型规格:号型设置按 GB/T 1335.1、GB/T 1335.2 规定选用。主要部件规格按GB/T 2667 规定或 GB/T 1335.1、GB/T 1335.2 规定设计的设计资料。

面料:选用符合衬衫品质要求的面料。

里料:采用与面料性能、色泽相适宜的里料。

衬布:使用适合面料性能的衬布。

缝线:选用适合所用面辅料质量的缝线,缝线与面料的色差允许程度为浅半级,深 1 级(印花、条格、色织原料以主色为准,装饰线除外),钉扣线与扣的色泽相适宜(特殊设计除外),钉商标线与商标底色相适宜。

填充物:符合 GB 18383 规定。

二、检验方法

1. 成品规格测量

衬衫成品规格测量方法见表7-9。

表7-9 衬衫成品规格测量方法

序号	部位名称		测量方法
1	领大		领子摊平横量,单立领量扣中到眼中的距离,翻折立领量上领下口,翻折领量上领下口,其他领量下口
2	衣长		男衬衫:前后身底边拉齐,由领侧最高点垂直至底边。 女衬衫:由前身肩缝最高点垂直至底边。 圆摆:由后领窝中点垂直量至底边
3	长袖长	连肩袖	由后领窝中点量至袖口边
		绱袖	由袖子最高点量至袖口边
4	短袖长		由袖子最高点量至袖口边
5	胸围		扣好纽扣,前后身放平(后折拉开)在袖底缝处横量(周围计算)
6	总肩宽		男衬衫:由过肩两端、后领窝向下 2.0 cm ~ 2.5 cm 处为定点水平测量。 女衬衫:由肩袖缝交叉处,解开纽扣放平测量

2. 外观测定

(1)经纬纱向

按 GB/T 14801 规定测定纬斜,按本章第一节"六、纬斜或条格斜率计算"公式计算纬斜率。

(2)色差测定

样品被测部位应纱向一致,采用北光照射,或用 600 lx 及以上等效光源,入射光与样品表面约成 45°角,检验人员视线垂直于样品表面,距离约 60 cm 目测,并用 GB 250 标准样卡对比评定色差等级。

(3)针距密度

针距密度测定时,在成品上任取 3 cm 测量(厚薄部位除外)。

(4)外观疵点

外观疵点按"衬衫外观疵点样照"比较判定,外观缝制起皱按"衬衫外观缝制起皱五级样照"比较判定。

（5）其他

其他按衬衫品质要求规定测定。

3. 理化性能测定

（1）成品缝子纰裂测定

① 取样部位,所取试样长度方向均垂直于取样部位的接缝。

摆缝取样部位:摆缝长的二分之一处为样本中心。

袖窿缝取样部位:后袖窿弯袖底十字后5.0 cm为样本中心。

袖缝（短袖不考核）取样部位:袖长二分之一处往上4.0 cm为样本中心。

过肩缝取样部位:过肩缝三分之一处为样本中心。

② 测试方法:试样调湿和试验要求在温度（20±2）℃,相对湿度为（65±4）%下进行。

丝绸面料负荷按GB/T 18132规定,其他面料负荷为（100±5）N。里料负荷为（70±5）N。

从经过调湿的成品的每个取样部位上各截取3块大小为5.0 cm×20.0 cm的试样,其直向中心线应与线缝垂直。强力机上下夹钳距离设定为10.0 cm,将试样先用上夹钳固定,在下端预加2 N张力,再夹紧下夹钳。以5.0 cm/min的速度施加张力,直到规定的负荷大小,停止运动。

在强力机上垂直量取其接缝脱开的最大距离。如出现纱线从试样中滑脱或断裂,则测试结果记录为滑脱或断裂。

③ 结果计算:如三块试样没有出现或只出现一块滑脱或断裂,计算未滑脱或断裂试样的平均值作为缝口脱开程度的平均值,修约至0.05 cm。如出现二块或三块滑脱或断裂,则结果为滑脱或断裂。

（2）其他理化性能指标测定

按检验项目选择试验方法（表7-10）。

表7-10　衬衫部分理化性指标测定方法

项目		试验方法标准	说　明
水洗尺寸变化率		GB/T 8630	批量样品中随机抽取三件样品测试,结果取平均值。如试验结果有一件不合格,则该项指标不合格
干洗尺寸变化率		FZ/T 80007.3	
洗涤后外观质量		试验方法同上	将干燥后的服装按外观测定要求放置,目测领子表面是否起泡脱胶。主要缝子部位的起皱程度与"衬衫外观缝制起皱五级样照"对比判定
色牢度	耐皂洗	GB/T 3921	
	耐干洗	GB/T 5711	
	耐水	GB/T 5713	
	耐摩擦	GB/T 3920	
	耐光	GB/T 8427	
	耐汗渍	GB/T 3922	
撕破强力		GB/T3917.2	采用单舌法,经纬向各取三块试样,测试值精确到0.1 N,分别计算经纬向平均值,修约至整数

三、检验规则

检验规则按第七章第一节要求,质量缺陷严重性判定依据见表7-11。各缺陷按序号逐项累计计算。未列出的缺陷可根据缺陷划分规则,参照相似缺陷酌情判定。凡属丢工、少序、错序,均为重缺陷。缺件为严重缺陷。

理化性能一项不合格,即为该检验批不合格。

表7-11 衬衫质量缺陷严重程度分类表

项目	序号	轻缺陷	重缺陷	严重缺陷
使用说明	1	商标不端正,明显歪斜;钉商标线与商标底色的色泽不相适宜	使用说明内容不准确	使用说明内容缺项
外观及缝制质量	2		使用黏合衬部位渗胶	使用黏合衬部位脱胶、起泡
	3	熨烫不平服;有光亮	轻微烫黄;变色	变质,残破
	4			成品内含有金属针
	5	领型左右不一致,折叠不端正,互差0.6 cm以上;领窝、门襟轻微起兜;底领外露;胸袋、袖头不平服、不端正	领窝、门襟严重起兜	
	6	表面有连根线长1.0 cm;纱毛长1.5 cm,两根以上;有轻度污渍,污渍不大于2 cm²;水花不大于4 cm²	有明显污渍,污渍大于2 cm²;水花大于4 cm²	
	7	领子不平服,领面松紧不适宜;豁口重叠	领尖反翘	
	8	缝制线路不顺直;止口宽窄不均匀,不平服;接线处明显双轨长大于1.0 cm;起落针处没有回针;毛、脱、漏不大于1.0 cm;30 cm内有两个单跳线;上下线松紧轻度不适宜	毛、脱、漏大于1.0 cm,但不大于2.0 cm;连续跳针或30 cm内有两个以上单跳针;上下线松紧严重不适宜	毛、脱、漏大于2.0 cm,链式线迹跳线
	9	表面绗线不顺宜;横向绗线、对称绗线互差大于0.4 cm	横向绗线、对称绗线互差大于0.8 cm	
	10	领子止口不顺直;止口反吐;领尖长短不一致,互差0.3 cm~0.5 cm;绱领不平服;绱领偏斜0.6 cm~0.9 cm	领尖长短互差大于0.5 cm;绱领偏斜大于1.0 cm;绱领严重不平服;0号部位有接线、跳线	领尖毛出
	11	压领线:宽窄不一,下炕,反面线距大于0.4 cm或上炕		
	12	盘头:探出0.3 cm;止口反吐、不整齐		

续表

项目	序号	轻缺陷	重缺陷	严重缺陷
外观及缝制质量	13	门、里襟不顺直;门、里襟长短互差0.4 cm～0.6 cm	门、里襟长短互差大于等于0.7 cm	
	14	针眼外露	钉眼外露	
	15	口袋歪斜;口袋不方正、不平服;缉线明显宽窄;双口袋高低大于0.4 cm	左右口袋距扣眼中心互差大于0.6 cm	
	16	绣花:针迹不整齐;轻度漏印迹	严重漏印迹;绣花不完整	
	17	视头:左右不对称;止口反吐;宽窄互差大于0.3 cm,长短互差大于0.6 cm		
	18	褶:互差大于0.8 cm,不均匀、不对称		
	19	大小袖衩长短互差大于0.5 cm;左右袖衩长短互差大于0.5 cm;袖衩封口歪斜		
	20	绱袖:不圆顺;吃势不均匀;袖窿不平服		
	21	两袖长短互差0.6 cm～0.8 cm	两袖长短互差大于等于0.9 cm	
	22	十字缝:互差大于0.5 cm		
	23	肩、袖窿、袖缝、侧缝、合缝不均匀;倒向不一致;两小肩大小互差大于0.4 cm	两小肩大小互差大于0.8 cm	
	24	省道:不顺直;尖部起兜;长短;前后不一致;两小肩大小互差大于0.4 cm		
	25	锁眼间距互差大于等于0.5 cm;偏斜大于等于0.3 cm;纱线绽出	锁眼跳线、开线、毛漏	
	26	扣与眼位互差大于等于0.4 cm;钉扣不牢		
	27	底边:宽窄不一致;不顺直;轻度倒翘	严重倒翘	
规格偏差	28	规格偏差超过规定50%以内	规格偏差超过规定50%以上	规格偏差超过规定100%及以上

续表

项目	序号	轻缺陷	重缺陷	严重缺陷
辅料	29	线、滚条、衬等辅料的性能与面料不相适应;钉扣线与扣的色泽不相适宜;装饰物不平服、不牢固		纽扣、附件脱落;金属件锈饰;装饰物残破、缺少
纬斜	30	超过规定要求	超过规定50%及以上	
对条对格	31	超过规定要求	超过规定50%及以上	
图案	32			面料倒顺毛,全身顺向不一致;特殊图案或顺向不一致
拼接	33			不符合规定要求
色差	34	低于规定要求半级	低于规定要求半级以上	
疵点	35	2号部位或3号部位超过规定要求	0号部位或1号部位超过规定要求	0号部位上出现2号部位或3号部位的疵点
针距	36	低于规定要求2针及以内	低于规定要求2针以上	

第三节　茄克衫检验

茄克衫通常指以纺织机织物为主要原料生产的茄克衫(不包括儿童服装和婴幼儿服装的茄克)。

一、技术要求

1. 安全要求

茄克衫要符合"GB/T 18401国家纺织产品基本安全技术规范"C类产品安全要求。

2. 理化性能

（1）耐洗涤性能

包括水洗和干洗后的尺寸变化率、涤涤干燥后外观平整度和接缝外观、洗后的透胶及起泡要求。

① 水洗后尺寸变化率要求见表7-12。

② 洗涤干燥后外观平整度和接缝外观及黏合衬质量要求,只考核使用说明中标注可水洗的产品。

洗涤干燥后外观平整度:优等品要求≥3级,一等品、合格品不考核。

洗涤干燥后接缝外观质量:优等品要求≥4级,一等品、合格品要求≥3级。

洗涤后黏合衬质量:优等品不允许透胶及起泡,一等品、合格品不允许明显透胶、不允许明显起泡。

表 7-12　茄克衫洗涤后尺寸变化率要求

部位名称	水　洗			干洗
	优等品	一等品	合格品	
领大/%	≥ -1.0	≥ -1.0	≥ -1.5	≥ -1.5
胸围/%	≥ -1.5	≥ -2.0	≥ -2.5	≥ -2.0
衣长/%	≥ -1.5	≥ -2.5	≥ -3.5	≥ -2.0
注:按使用说明标注的洗涤方法考核				

（2）覆黏合衬部位剥离强度

覆黏合衬部位剥离强度≥6 N/(2.5 cm × 10 cm)，无纺黏合衬如在试验中无法剥离则不考核此项指标。复合、喷涂面料除外。

（3）色牢度要求

色牢度要求见表 7-13。里料的耐干摩擦色牢度不低于 3 ~ 4 级，耐皂洗色牢度不低于 3 级，耐水色牢度不低于 3 级，耐汗渍色牢度不低于 3 级，绣花线耐皂洗色牢度不低于 4 级。

表 7-13　茄克衫色牢度允许程度

项目		色牢度允许程度（级）		
		优等品	一等品	合格品
耐干洗	变色	≥4 ~ 5	≥4	≥3 ~ 4
	沾色	≥4 ~ 5	≥4	≥3 ~ 4
耐皂洗	变色	≥4	≥3 ~ 4	≥3
	沾色	≥4	≥3 ~ 4	≥3
耐干摩擦	沾色	≥4	≥3 ~ 4	≥3
耐湿摩擦	沾色	≥3 ~ 4	≥3	≥2 ~ 3
耐光	变色	≥4	≥3 ~ 4	≥3
耐汗渍	变色	≥3		
	沾色	≥3		
耐水	变色	≥3		
	沾色	≥3		

耐干洗色牢度只考核使用说明中标注可干洗的产品。耐皂洗色牢度只考核使用说明中标注可水洗的产品。

蚕丝及蚕丝为主的混纺织物色牢度允许程度按"GB/T 18132 丝绸服装"规定。

起绒、磨毛、植绒类面料、深色面料的湿摩擦牢度的合格品指标允许降低半级。

颜色大于 1/12 染料染色标准深度为深色，颜色小于等于 1/12 染料染色标准深度为浅。

（4）起毛起球允许程度

优等品≥4级；一等品≥3~4级；合格品≥3~4级。

（5）纰裂及缝纫性能

成品主要部位的缝子纰裂程度不大于0.6 cm，纰裂试验结果出现织物断裂、织物撕破现象判定为合格，出现滑脱现象判定为不合格，出现缝线断裂现象，判定为缝纫性能不合格。

（6）原料成分和含量

按成品标注的纤维名称和含量，允许偏差按 FZ/T 01053 规定。

3. 出厂检验项目

（1）经纬纱向

领面、后身、袖子允许的纬斜程度不大于3%，前身底边不倒翘。

色织格料纬斜不大于3%。

（2）对条对格

面料有明显条格的在1.0 cm及以上的按表7-14规定。倒顺毛（绒）原料、阴阳格原料全身顺向一致（长毛原料，全身上下，顺向一致）。特殊图案以主图为准，全身顺向一致。

表7-14 茄克衫1.0 cm及以上明显条格对条对格规定

部位名称	对条对格规定	备 注
左右前身	条料顺直，格料对横，互差不大于0.3 cm	格子大小不一致，以衣长二分之一上部为主
袋与前身	条料对条、格料对格互差不大于0.3 cm。斜料贴袋左右对称，互差不大于0.5 cm（阴阳条格除外）	格子大小不一致，以袋前部为主
领尖、驳头	条料对称，互差不大于0.2 cm	阴阳格以明显条格为主
袖子	条料顺直，格料对横，以袖山为准，两袖对称，互差不大于0.8 cm	
背缝	条料对条，格料对格，互差不大于0.3 cm	
摆缝	格料对横，袖窿底10.0 cm以下互差不大于0.4 cm	

（3）拼接

挂面在驳头下、最下扣眼以上允许一拼，但应避开扣眼位。领里可对称一拼（立领不允许）。其他部位不允许拼接，装饰性的拼接除外。

（4）色差

领子、驳头、前披肩与前身的色差高于4级，里子的色差不低于3~4级。

覆黏合衬所造成的色差不低于3~4级。其他表面部位的色差不低于4级。

（5）外观疵点

成品各部位疵点允许程度按表7-15规定，未列入疵点按其形态，参照相似疵点执行。成品各部位划分见图7-2。每个独立部位只允许疵点一处。

表 7-15　茄克衫各部位疵点要求规定

疵点名称	各部位允许存在程度/cm		
	1 号部位	2 号部位	3 号部位
粗于原纱一倍的纱	长 1.5 以内	长 2.5 以内	长 3.5 以内
粗于原纱二倍的纱	不允许	长 1.5 以内	长 2.5 以内
粗经纱	长 1.5 以内	长 2.5 以内	长 3.5 以内
经缩波纹	不允许	不宽于 0.5	不宽于 1.0
浅油纱	不允许	1.5 ~ 2.5	2.6 ~ 3.5
斑疵 （油、锈、色斑）	不允许	不大于 0.2 cm² 不明显	不大于 0.3 cm² 不明显

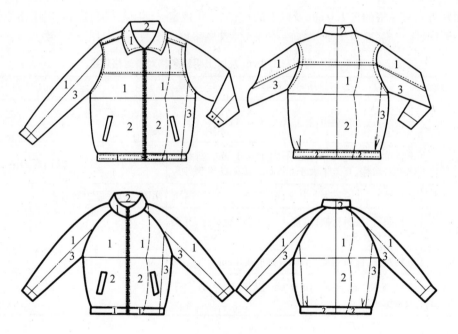

图 7-2　茄克衫部位划分

（6）缝制

① 针距密度要求（特殊设计除外）见表 7-16。

表 7-16　茄克衫针距密度

项目	针距密度	备注
明暗线	3 cm 不少于 12 针	特殊需要除外
包缝线	3 cm 不少于 9 针	

项目		针距密度	备注
手工针		3 cm 不少于 7 针	肩缝、袖窿、领子不少于 9 针
三角针		3 cm 不少于 5 针	以单面计算
锁眼	细线	1 cm 不少于 12 针	
	粗线	1 cm 不少于 9 针	
钉扣	细线	每眼不低于 8 根线	缝脚线高度与止口厚度相适应
	粗线	每眼不低于 6 根线	

② 其他要求：

各部位缝制平服,线路顺直、整齐、牢固,针迹均匀,上下线松紧适宜,起止针处及袋口回针缉牢。

领子平服,不反翘,领子部位明线不允许有接线。

缉袖圆顺,前后基本一致。袋与袋盖方正、圆顺。

各部位缝份不小于 0.8 cm(特殊工艺要求除外)。

锁眼定位准确,大小适宜,扣与眼对位,整齐牢固。眼位不偏斜,锁眼针迹美观、整齐、平服。

钉扣牢固,扣脚高低适宜,线结不外露,钉扣不得钉在单层布上(装饰扣除外),绕脚高度与扣眼厚度相适宜,缠绕三次以上(装饰扣不缠绕),收线打结结实完整。

四合扣上下扣松紧适宜,牢固,不脱落;扣与扣眼及四合扣上下要对位。

缉拉链缉线顺直,拉链带平服,左右高低一致。

对称部位基本一致。

领子部位不允许跳针,其余部位 30 cm 内不得有两处及以上单跳针或连续跳针。链式线迹不允许跳针。

商标、号型标志、成分含量标志、洗涤标志准确清晰,位置端正。

(7) 规格允许偏差

规格允许偏差按表 7-17 规定。

表 7-17 茄克衫规格允许偏差

部位名称	领大	衣长	胸围	总肩宽	长袖袖长		短袖袖长
					缉袖	连肩袖	
规格允许偏差/cm	±1.0	±1.0	±2.0	±0.8	±0.8	±1.2	±0.6

(8) 整烫要求

各部位熨烫平服、整洁,无烫黄、水渍及亮光。

覆黏合衬部位不允许有脱胶、渗胶及起皱。

(9) 其他

使用说明:符合 GB/T 5296.4 要求。

号型规格:号型设置按 GB/T 1335.1、GB/T 1335.2 规定选用。主要部件规格符合设计资料要求(设计要符合 GB/T 1335.1、GB/T 1335.2 规定)。

面料:选用符合茄克衫品质要求的面料。

里料:采用与面料性能、色泽相适宜的里料。

衬布、垫肩:使用适合面料性能、色泽适宜的衬布和垫肩。

缝线:选用适合所用面辅料质量的缝线;锈花线的缩率与面料相适应;钉扣线与扣的色泽相适宜;钉商标线与商标底色相适宜(装饰线除外)。

纽扣、附件:采用适合所用面料的纽扣(装饰扣除外)、拉链及金属附件,无残疵。纽扣表面光洁、无缺损,拉链啮合良好、光滑流畅,金属附件无锈蚀、无锐刺,不沾色。

二、检验方法

1. 成品规格测定

主要部位规格测量方法按表7-18规定。

表7-18 茄克衫主要部位规格测量方法

序号	部位名称		测量方法
1	衣长		由前身肩缝最高点垂直量至底边,或由领窝正中垂直量至底边
2	胸围		扣好纽扣或拉上拉链,前后身摊平,沿袖窿底缝缝横量(周围计算)
3	领大		领子摊平横量,立领量上口,其他领子量下口(特殊领口除外)
4	袖长	绱袖	由袖子最高点量至袖口边中间
		连肩袖	由后领中过肩点量至袖口边中间
5	总肩宽		由肩袖缝的交叉点摊平横量(连肩袖不量)

2. 外观检验

(1) 色差评定

评定成品色差时,被评部位纱向要一致。入射光与样品表面约成45°角,观察方向垂直于样品表面,距离约60 cm目测,并用GB 250标准样卡对比评定色差等级。

(2) 缝制质量

在成品上任取3 cm测量(厚薄部位除外)。

(3) 纬斜

按GB/T 14801规定测定纬斜,按本章第一节"六、纬斜或条格斜率计算"公式计算纬斜率。

(4) 其他

按质量要求规定测定。

3. 理化性能测定

① 主要部位的缝子绽裂程度测定,测试方法请参照第七章第二节"检验方法"中"成品缝子绽裂测定"。取样部位按如下规定:

后中(背)缝取样部位:后领中向下25 cm。

袖缝取样部位:袖窿处向下10 cm。

摆缝取样部位:袖窿底向下10 cm。

② 其他理化性能指标测定,见表7-19。

表7-19　茄克衫理化性能项目试验方法

项目		试验方法标准	说　明
水洗尺寸变化率		GB/T 8630	采用5A洗涤程序(含毛或蚕丝≥50%采用7A),干燥采用悬挂晾干。批量样品中随机抽取三件样品测试,结果取平均值
干洗尺寸变化率		FZ/T 80007.3	常规干洗。批量样品中随机抽取三件样品测试,结果取平均值
洗涤干燥后外观平整度		GB/T 13769	采用水洗尺寸变化率试验后的样品评定
洗涤干燥后接缝外观		GB/T 13771	采用水洗尺寸变化率试验后的样品评定
成品覆黏合衬剥离强度		FZ/T 80007.1	只考核领子和大身部位
色牢度	耐皂洗	GB/T 3921	
	耐干洗	GB/T 5711	
	耐水	GB/T 5713	
	耐摩擦	GB/T 3920	
	耐光	GB/T 8427	
	耐汗渍	GB/T 3922	
起毛起球		GB/T 4802.1	精梳毛织物采用方法E,粗梳毛织物采用方法F,其余采用方法D(2008版标准)
其余理化项目			按项目要求在成品上选取试样

三、检验规则

检验规则按第七章第一节要求,质量缺陷判定依据按表7-20进行判定。各缺陷按序号逐项累计计算。未列出的缺陷,参照相似缺陷酌情判定。凡属丢工、少序、错序,均为重缺陷。缺件为严重缺陷。

表7-20　茄克衫质量缺陷判定依据

项目	序号	轻缺陷	重缺陷	严重缺陷
使用说明	1	商标不端正,明显歪斜;使用说明内容不规范	使用说明内容不准确	使用说明内容缺项
外观及缝制质量	2			使用黏合衬部位脱胶、渗胶、起皱
	3	熨烫不平服;有光亮	轻微烫黄;变色	变质,残破

续表

项目	序号	轻缺陷	重缺陷	严重缺陷
外观及缝制质量	4	表面有污渍,表面有长于 1 cm 的死线头 3 根及以上	有明显污渍,面料大于 2 cm²;里料大于 4 cm²;水花大于 4 cm²	有严重污渍,污渍大于 30 cm²
	5	缝制不平服,松紧不适宜;底边不圆顺;包缝后缝份小于 0.8 cm;毛、脱、漏小于 1 cm	有明显折痕;毛、脱、漏大于等于 1 cm;表面部位布边针眼外露	毛、脱、漏大于等于 2 cm
	6	30 cm 内有 2 个单跳针	领子部位有 1 个单跳针,连续跳针或 30 cm 内有 2 个以上单跳针;四、五线包缝有跳针;锁眼缺线或断线 0.5 cm 以上	链式线迹跳针、断线
	7	缉明线宽窄不一致		
	8	锁眼、钉扣、各个封结不牢固;眼位距离不均匀,互差大于 0.3 cm;扣与眼或四合扣上下扣互差大于 0.3 cm	眼位距离不均匀,互差大于 0.6 cm;扣与眼或四合扣上下扣互差大于 0.6 cm	
	9	领子面、里松紧不适宜,表面不平服;领尖长短或驳头宽窄互差大于 0.3 cm	领子面、里松紧明显不适宜	
	10	领窝不平服、起皱;绱领子以肩缝对比偏差大于 0.6 cm	领窝明显不平服、起皱;绱领子以肩缝对比偏差大于 0.8 cm	
	11	绱袖不圆顺、前后不适宜;吃势不均匀;两袖前后不一致,互差大于 1 cm		
	12	袖缝不顺直,两袖长短互差大于 0.8 cm;两袖口大小互差大于 0.4 cm(双层)		
	13	前身止口、里襟处门襟长于里襟 0.3 cm 以上;里襟长于门襟;门、里襟止口处反吐;门襟不顺直	里襟长于门襟 0.8 cm 以上	
	14	肩缝不顺直、不平服;两肩宽窄不一致,互差大于 0.5 cm		
	15	口袋、袋盖不圆顺;袋盖及贴袋大小不适宜;开袋豁口及嵌线宽窄互差大于 0.3 cm;袋位前后、高低互差大于 0.5 cm	袋口封结不牢固;毛茬	
	16	装拉链不平服,露牙不一致	装拉链明显不平服	

续表

项目	序号	轻缺陷	重缺陷	严重缺陷
规格允许偏差	17	规格超过规定要求 50% 以内	规格超过规定要求 50% 及以上	规格超过规定要求 100% 及以上
辅料	18	线、衬等辅料的色泽与面料不相适应。钉扣线与扣的色泽不相适宜		纽扣、金属扣及其他附件等脱落；金属件锈蚀；上述配件在洗涤试验后出现脱落或锈蚀
纬斜	19	超过规定要求 50% 及以内	超过规定要求的 50% 以上	
对条对格	20	超过规定要求 50% 及以内	超过规定要求的 50% 以上	
图案	21			面料倒顺毛，全身顺向不一致；特殊图案顺向不一致
色差	22	面料或里料色差不符合规定要求半级；里布影响色差低于 3 级	面料或里料色差不符合规定要求半级以上	
疵点	23	2、3 号部位超过规定要求	1 号部位超过规定要求	
针距	24	低于规定要求 2 针及以内	低于规定要求 2 针以上	

第四节 西 裤 检 验

西裤是以毛、毛混纺及交织品、仿毛等机织物为主要面料生产的西裤及西服裙等毛呢类服装。

一、技术要求

1. 安全要求

西裤要符合"GB/T 18401 国家纺织产品基本安全技术规范"B 类产品安全要求。

2. 理化性能要求

理化性能要求按表 7-21 规定。

表 7-21 西裤理化性能要求

项 目		分 等 要 求		
		优等品	一等品	合格品
纤维含量		按产品使用说明标注的纤维名称和含量，允许偏差按 FZ/T 01053 规定		
尺寸变化率/%	干洗	裤(裙)长 −1.0 ~ +1.0；腰围 −0.8 ~ +0.8		
	水洗	裤(裙)长 −1.5 ~ +1.5；腰围 −1.2 ~ +1.0		

项　目			分　等　要　求		
			优等品	一等品	合格品
洗涤后扭斜率/%		干洗	≤1.5	≤3.0	
		水洗	≤2.0	≤4.0	
面料色牢度/级	耐干洗	变色	≥4～5	≥4	≥3～4
		沾色	≥4～5	≥4	≥3～4
	耐皂洗	变色	≥4	≥3～4	≥3～4
		沾色	≥4	≥3～4	≥3
	耐水	变色	≥4	≥4	≥3～4
		沾色	≥4	≥3～4	≥3
	耐汗渍	变色	≥4	≥3～4	≥3
		沾色	≥4	≥3～4	≥3
	耐摩擦	干摩擦	≥4	≥3～4	≥3
		湿摩擦	≥3～4	≥3	≥2～3
	耐光	浅色	≥4	≥3	≥3
		深色	≥4	≥4	≥3
里料色牢度/级	耐干洗	沾色	≥4	≥4	≥3
	耐皂洗	沾色	≥4	≥3～4	≥3
	耐水	变色	≥4	≥3～4	≥3
		沾色	≥4	≥3～4	≥3
	耐汗渍	变色	≥4	≥3	≥3
		沾色	≥4	≥3	≥3
	耐摩擦	干摩擦	≥4	≥3～4	≥3
装饰件和绣花耐皂洗、耐干洗沾色/级			≥3～4		
面料起毛起球/级	精梳(绒面)		≥3～4	≥3	≥3
	精梳(光面)		≥4	≥3～4	≥3～4
	粗梳		≥3～4	≥3	≥3
纰裂/cm			≤0.6		
后档缝接缝强力/(N/(5 cm×10 cm))			面料≥140;里料≥80		
面料撕破强力/N			≥10		

颜色大于 1/12 染料染色标准深度色卡（GB/T 4841.3）为深色,小于等于 1/12 为浅色。

水洗尺寸变化率、耐湿摩擦色牢度和耐皂洗色牢度仅考核使用说明注明的水洗产品。

纰裂试验结果出现织物断裂、撕破或缝线断裂现象判定为合格,出现滑脱现象判定为不合格。

3. 出厂检验项目

（1）经纬纱向

前身:经纱以烫迹线为准,臀围线以下偏斜不大于 0.5 cm,条格料不允斜。

后身:经纱以烫迹为准,中档线以下偏斜不大于 1.0 cm。

腰头:经纱偏斜不大于 0.3 cm,条格料不允斜。

色织格料纬斜不大于 2%。

（2）对条对格

面料有明显条格的在 1.0 cm 及以上的要对条对格。侧缝对条对格要求:侧缝袋口下 10 cm 处格料对横,互差不大于 0.2 cm;后档缝对条对格要求:格料对横,互差不大于 0.3 cm;袋盖与大身对条对格要求:条料对条,格料对格,互差不大于 0.2 cm。

倒顺毛（绒）原料、阴阳格原料顺向一致。

（3）拼接

腰头面、里允许拼接一处,男裤拼缝在后缝处,女裤（裙）拼缝在后缝或侧缝处（弧腰除外）。

（4）色差

下档缝、腰头与大身色差不低于 4 级,其他表面部位高于 4 级。套装中下装与上装的色差不低于 4 级。同批不同条色差不低于 4 级。

（5）外观疵点

成品各部位疵点允许程度按表 7-22 规定,未列入疵点按其形态,参照相似疵点执行。允许存在程度内的疵点各部位只允许一处。轻微疵点指直观上不明显,通过仔细辨识才可看到的疵点;明显疵点指直观上较明显,影响总体效果的疵点。每个独立部位只允许疵点一处。成品各部位划分见图 7-3。

表 7-22 西裤各部位疵点要求规定

疵点名称	各部位允许存在程度（cm）		
	1 号部位	2 号部位	3 号部位
纱疵	不允许	轻微,总长度 1.0 cm 或总面积 0.3 cm² 以下;明显不允许	轻微,总长度 1.5 cm 或总面积 0.5 cm² 以下;明显不允许
毛粒	1 个	3 个	5 个
条印、折痕	不允许	轻微,总长度 1.5 cm 或总面积 1 cm² 以下;明显不允许	轻微,总长度 2.0 cm 或总面积 1.5 cm² 以下;明显不允许
斑疵（油污、锈斑、色斑、水渍、粉印等）	不允许	轻微,总面积 0.3 cm² 以下;明显不允许	轻微,总面积 0.5 cm² 以下;明显不允许
破洞、磨损、蛛网	不允许	不允许	不允许

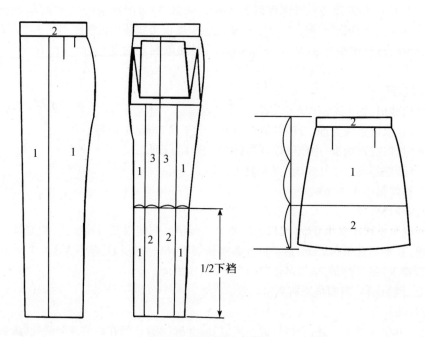

图 7-3　西裤成品各部位划分

（6）缝制

① 针距密度要求（特殊设计除外），见表 7-23。

表 7-23　西裤针距密度要求

项目		针距密度	备注
明暗线		3 cm　11 针～12 针	
包缝线		3 cm　不少于 10 针	
手工针		3 cm　不少于 7 针	
三角针	腰口	3 cm　不少于 9 针	以单面计算
	脚口	3 cm　不少于 6 针	
锁眼	细线	1 cm　12 针～14 针	
	粗线	1 cm　不少于 9 针	
钉扣	细线	每孔不低于 8 根线	缠脚线高度与止口厚度相适应
	粗线	每孔不低于 4 根线	
注：细线是指 20 tex 及以下的缝纫线；粗线是指 20 tex 以上的缝纫线			

② 其他要求：

各部位缝制线路顺直、整齐、牢固，绱拉链平服、无连根线头。

上下线松紧适宜，无跳线、断线。起落针处有回针，底线不外露。

侧缝口袋下端打结处以上 5 cm 至以下 10 cm 之间、下档缝上 1/2 处、后档缝、小档缝缉两道线，或用用链式线迹缝制。

袋布的垫料要折光边或包缝。

袋口两端封口牢固、整洁。

各部位缝份不小于 0.8 cm（开袋、门襟止口除外）。

锁眼定位准确，大小适宜，扣与眼对位，整齐牢固。钮脚高低适宜，线迹不外露。

商标、耐久性标签位置端正、准确清晰。

各部位明线和链式线不允许跳针，明线不允许接线，其他缝纫线迹 30 cm 内不得有两处单跳或连续跳针，不得脱线。

（7）允许偏差

规格允许偏差，裤（裙）长允许偏差 ±1.5 cm，腰围允许偏差 ±1.0 cm。

（8）外观质量规定要求（表 7-24）

表 7-24　西裤外观质量规定

部位	外观质量规定
腰头	面、里、衬平服，松紧适宜
门、里襟	面、里、衬平服，松紧适宜，长短互差不大于 0.3 cm。门襟不短于里襟
前、后档	圆顺、平服，档底十字缝互差不大于 0.2 cm
串带	长短、宽窄一致。位置准确、对称。前后互差不大于 0.4 cm，高低互差不大于 0.2 cm
裤袋	袋位高低、袋口大小互差不大于 0.5 cm，前后互差不大于 0.3 cm，袋口顺直平服。袋布缝制牢固
裤腿	两裤腿长短、肥瘦互差不大于 0.3 cm
裙身	裙身平服、下摆不起吊
裤脚口（裙底边）	两脚口大小互差不大于 0.3 cm；吊脚不大于 0.5 cm；裤脚前后互差不大于 1.5 cm；裤口边缘顺直；裙底边圆顺

（9）整烫外观要求

各部位熨烫平服、整洁，无烫黄、水渍、亮光，烫迹线顺直，臀部圆顺，裤脚平直。

覆黏合衬部位不允许有脱胶、渗胶及起皱，各部位表面不允许有沾胶。

（10）其他要求

使用说明：符合 GB/T 5296.4 要求。

号型规格：号型设置按 GB/T 1335.1、GB/T 1335.2 规定选用。主要部件规格按 GB/T 1335.1、GB/T 1335.2、GB/T 14304 规定设计的设计资料。

面料：选用符合西裤（裙）品质要求的面料。

里料：采用与面料性能、色泽相适宜的里料。

衬布：使用适合面料性能、尺寸变化率适宜的衬布。

缝线：选用适合所用面料、里料、辅料质量的缝线；钉扣线与扣的色泽相适宜；钉商标线与商标底色相适宜(装饰线除外)。

纽扣、附件:采用适合所用面料的纽扣(装饰扣除外)、附件。纽扣、附件无锈、光滑、耐用,经洗涤和熨烫后不变形、不变色。

二、检验方法

1. 成品规格测定

主要测量裤(裙)长和腰围。

裤(裙)长测量由腰上口沿侧缝摊平垂直量至脚口(底边)。腰围测量扣上裤(裙)钩(纽扣)沿腰宽中间横量(周围计算)。

2. 外观检验

① 色差评定:评定成品色差时,被评部位纱向要一致。入射光与样品表面约成45°角,观察方向垂直于样品表面,距离约60 cm 目测,并用 GB 250 标准样卡对比评定色差等级。

② 各部分疵点与"男女毛呢服装外观疵点样照"对比判定。

③ 针距密度:缝纫线迹上任取 3 cm 测量(厚薄部位除外)。

④ 纬斜:按 GB/T 14801 规定测定纬斜,按本章第一节"六、纬斜或条格斜率计算"公式计算纬斜率。

⑤ 其他按质量要求规定测定。

3. 理化性能测定

(1) 主要部位的缝子纰裂程度测定

测试方法请参照第七章第二节"检验方法"中"成品缝子纰裂测定"。取样部位按如下规定:

裤后缝取样部位:后龙门弧线二分之一为中心。

裤(裙)侧缝取样部位:裤(裙)侧缝上三分之一为中心。

下档缝取样部位:下档缝上三分之一为中心。

(2) 洗涤后扭斜率试验方法

① 取样 3 条,将裤(裙)子按熨烫线迹重合对齐后铺平,在距离裤脚(裙底)边 70 mm 处(以侧缝底边为准)画一条直线 YZ(平行于裤(裙)子的宽度方向,如底边不是直线形,则垂直于纵向对称轴)。YZ 与侧缝交点标记为 A,在距离 A 点 500 mm 的上方画一条短线与 YZ 平行。在该短线上作标记 B,使 AB 与 YZ 垂直。如果裤(裙)子不足两条平行线间距离达到 500 mm,则标记两条平线间可能得到的最大距离,并保证平行于 YZ 的直线的位置距裤(裙)子的上部边缘至少 75 mm。

② 洗涤方法按水洗尺寸变化率和干洗尺寸变化率试验进行。洗涤后,将试样自然展开放在平滑的台面上。在 YZ 线上作标记 A′,使 A′B 线与 YZ 线垂直,测量 AA′ 之间的距离 a(mm)以及 AB 之间的距离 b(mm)。

③ 扭斜率(X)计算公式:$X = \dfrac{a}{b} \times 100\%$。

④ 裤子左右裤管分别报告扭曲率的测定结果,取其最大值。计算三条裤(裙)子平均扭斜率作为最终结果。

(3) 后裆接缝强力

取样一条,取样位置见图 7-4,按 G/T 3923.1 规定进行试验。

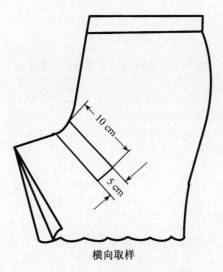

横向取样

图7-4 西裤后裆缝接缝强力试验取样位置

（4）其他理化性能指标测定（表7-25）

表7-25 西裤部分理化性能项目试验方法

项目		试验方法标准	说 明
水洗尺寸变化率		GB/T 8630	采用7A洗涤程序,干燥采用A法。批量样品中随机抽取三条样品测试,结果取平均值
干洗尺寸变化率		FZ/T 80007.3	批量样品中随机抽取三条样品测试,结果取平均值
色牢度	耐皂洗	GB/T 3921	试验条件采用A(1),单纤维贴衬
	耐干洗	GB/T 5711	
	耐水	GB/T 5713	采用单纤维贴衬
	耐摩擦	GB/T 3920	
	耐光	GB/T 8427	采用方法3
起毛起球		GB/T 4802.1	绒面精梳毛织品起球次数为400次,仿毛产品起毛起球压力、次数按精梳毛织品或粗梳毛织品。结果与对应的精梳毛织品起球样照(绒面、光面)或粗梳毛织品起球样照对比判定等级
面料撕破强力		GB/T 3917.2	
纤维含量		FZ/T 01057	
未提及的理化项目			按测试项目在成品上选取

三、检验规则

检验规则按第七章第一节要求,质量缺陷判定依据按表7-26进行判定。各项缺陷逐项累计计算。未列出的缺陷参照相似缺陷酌情判定。丢工为重缺陷,缺件为严重缺陷。

理化性能一项不合格即为该抽验批不合格。

表7-26 西裤(裙)质量缺陷判定依据

项目	序号	轻缺陷	重缺陷	严重缺陷
使用说明	1	商标、耐久性标签不端画正,明显歪斜;钉商标线与商标底色的色泽不适应;使用说明内容不规范	使用说明内容不正确	使用说明内容缺项
辅料	2	辅料的色泽、色调与面料不相适应	辅料的性能与面料不适应	拉链、纽扣等附件脱落;金属附件锈蚀
经纬纱向	3	经纱前身倾斜0.5~1.0 cm,条格料倾斜0.3 cm以内;经纱后身倾斜1.0~1.5 cm,条格料倾斜0.5~1.0 cm;经纱腰头倾斜0.3~0.6 cm;色织格料纬斜2%~4%(含4%)	经纱前身倾斜1.0~1.5 cm,条格料倾斜0.3~0.6 cm;经纱后身倾斜1.5~2.5 cm,条格料倾斜1.0~1.5 cm;经纱腰头倾斜0.6 cm以上;色织格料纬斜4%~8%(含8%)	经纱前身倾斜1.5 cm以上,条格料倾斜0.6 cm以上;经纱后身倾斜2.5 cm以上,条格料倾斜1.5 cm以上;经纱腰头倾斜0.6 cm以上;色织格料纬斜8%以上
对格对条	4	对格对条超过规定要求50%及以内	对格对条超过规定要求50%以上	倒顺毛、阴阳格原料全身顺向不致
拼接	5		不符合技术要求的拼接	
色差	6	表面部位色差超过规定要求的半级以内;衬布影响色差低于3~4级	表面部位色差超过规定要求的半级以上;衬布影响色差低于3级	
外观疵点	7	2、3号部位超过规定要求100%及以内的轻微疵点	明显疵点;1号部位超过规定要求;2、3号部位超过规定要求100%以上的疵点	严重污渍,面积大于30 cm²;烫黄、破损等严重影响使用和外观
规格允许偏差	8	规格超过规定要求50%及以内	规格超过规定要求50%以上	规格超过规定要求100%以上
整烫外观	9	熨烫不平服;烫迹线不顺直;臀部不圆顺;裤脚不平直	轻微烫黄;变色;亮光	烫黄、变质,严重影响使用和美观
外观及缝制质量	10		使用黏合衬部位脱胶、渗胶、起皱	使用黏合衬部位脱胶、渗胶、起皱。严重影响使用和美观
	11	表面有3根及以上大于1.5 cm的连根线头	表面部位毛、脱、漏	表面部位毛、脱、漏,严重影响使用和美观
	12	腰头面、衬、里不平服,松紧不适宜;腰里明显反吐;绱腰明显不顺		

续表

项目	序号	轻缺陷	重缺陷	严重缺陷
外观及缝制质量	13	串带长短互差大于 0.4 cm,宽窄、前后、高低互差大于 0.4 cm	串带钉得不牢(一端掀起)	
	14	省道长短或左右不对称,互差大于 0.8 cm,裙裥豁开		
	15	门里襟长短互差大于 0.3 cm;门襟短于里襟;六襟止口反吐;门裥缝合松紧不平		
	16	前、后档不圆顺,不平服;下档十字缝互差大于 0.2 cm		
	17	袋位高低、袋口大小互差大于 0.5 cm,前后互差大于 0.3 cm,袋口不顺直或不平服		
	18	后袋盖不圆顺、不方正、不平服;袋盖里明显反吐;嵌线宽窄大于 0.2 cm;袋盖小于袋口 0.3 cm 以上		
	19	袋布垫底不平服;垫料未折光边或包缝		袋布脱、漏
	20	袋口两端封口不整洁	袋口两端封口不牢固	
	21	侧缝不顺直、不平服;缝子没分开		
	22	侧缝与档缝不相对(裤烫迹线错位);裤脚口两缝互差大于 0.3 cm		
	23	两裤腿长短或肥瘦不一致,互差大于 0.3 cm	两裤腿长短或肥瘦不一致,互差大于 0.8 cm	
	24	两脚口大小不一致,互差大于 0.3 cm	两脚口大小不一致,互差大于 0.6 cm	
	25	裤下口不齐,吊脚大于 0.5 cm;裤脚前后互差大于 1.5 cm;裙底边不圆顺;裙身吊	裤下口明显不齐,吊脚大于 1 cm;裤脚前后互差大于 2 cm	
	26	裤脚口(裙底边)折边宽度不一致;贴脚条止口不外露;贴脚条不一致,位置不准确,互差大于 0.6 cm		
	27	缝份宽度小于 0.8 cm(开袋、门襟止口除外)	缝份宽度小于 0.5 cm(开袋、门襟止口除外)	

续表

项目	序号	轻缺陷	重缺陷	严重缺陷
外观及缝制质量	28	缝纫线迹30 cm内有两处单跳或连续跳针；明线接线	明线或链式线迹跳针；明线双轨	明线或链式线迹断线、脱线(装饰线除外)
	29	缝纫线路不顺直；上下线松紧不适宜；3部位底线外露	1、2部位缝纫线路严重歪曲；1、2部位底线明显外露	
	30		侧缝袋口下端打结处以上5 cm至以下10 cm之间、下档缝上1/2处、后档缝、小档缝缉未用两道线或链式缝迹缝制	
	31	针距低于规定要求2针(含2针)以内	针距低于规定要求2针以上	
	32	锁眼偏斜；锁眼间距互差大于0.3 cm；偏斜大于0.2 cm,纱线绽出	锁眼跳、开线；锁眼毛漏	锁眼漏开眼
	33	扣与眼位互差大于0.2 cm；缠脚线高度与止口厚度不适应；钉扣不牢	扣与眼位互差大于0.5 cm	
	34	绱拉链明显不平服、不顺直；拉链基布的色调与面料不适应	绱拉链宽窄互差大于0.5 cm	

第五节 风衣检验

风衣是指以纺织机织物为主要面料生产的风衣。

一、技术要求

1. 安全要求

风衣要符合"GB/T 18401国家纺织产品基本安全技术规范"C类产品安全要求。

2. 理化性能要求

理化性能要求按表7-27规定。

表7-27 风衣理化性能要求

项　　目		优等品	一等品	合格品
原料成分和含量		按 FZ/T 01053 规定		
水洗后尺寸变化率/%	衣长	-1.5 ~ +1.0	-2.5 ~ +1.0	-3.0 ~ +1.0
	胸围	-1.0 ~ +1.0	-2.0 ~ +1.0	-2.5 ~ +1.0

项　目		优等品	一等品	合格品
干洗后尺寸变化率/%	衣长	−1.0 ~ +1.0		
	胸围	−0.8 ~ +1.0		
干洗后起皱/级　　≥		5	4	3
起毛起球/级　　≥	光面	4	3 ~ 4	
	绒面	3 ~ 4	3	
纰裂/cm　　≤		0.6		
覆黏合衬部位剥离强力/N　　≥		6		
撕破强力/N　　≥		一般织物140，蚕丝织物、纯棉织物(单位面积质量低于140 g/m²)7		
沾水等级/级　　≥		4		
染色牢度/级　≥	耐干洗 变色、沾色	4 ~ 5	4	3 ~ 4
	耐光 变色	4	3 ~ 4	3
	耐洗 变色、沾色	4	3 ~ 4	3
	耐水 变色、沾色	4	3 ~ 4	3
	耐汗渍 变色、沾色	4	3 ~ 4	3
	耐摩擦 干摩擦	4	3 ~ 4	3
	耐摩擦 湿摩擦	3 ~ 4	3	3(深色2 ~ 3)
	耐热压 变色	4	3 ~ 4	3

纰裂试验结果出现织物撕裂、织物撕破或缝线断裂现象判定为合格,出现滑脱现象判定为不合格。

沾水等级只考核采用防水整理的面料。

颜色大于1/12染料染色标准深度色卡(GB/T 4841.3)为深色,颜色小于等于1/12染料染色标准深度为浅色。

3. 出厂检验项目

(1) 经纬纱向

前身经纱:以领口宽线为准,不允斜;条格不允斜。

后身经纱:以腰节下背中线为准,经纱倾斜不大于1.0 cm,条格料不允斜。

袖子:经纱以前袖缝为准,大袖片倾斜不大于1.0 cm,小袖片倾斜不大于1.5 cm。

袋盖:与大身纱向一致,斜料左右对称。

挂面:以驳头止口处经纱为准,不允斜。

领面纬纱倾斜不大于0.5 cm,条格料不允斜。

前身顺翘(不允许倒翘),后身、袖子纬斜程度不大于3%。

（2）对条对格

面料有明显条格的在 1.0 cm 及以上的按表 7-28 规定。面料有明显条、格在 0.5～1.0 cm 间,袋与前身条料对条,格料对格,互差不大于 0.1 cm。倒顺毛(绒)原料、阴阳格原料全身顺向一致。特殊图案面料以主图为准,全身顺向一致。

表 7-28　风衣 1.0 cm 及以上明显条格对条对格规定

部位	对条对格规定	备注
左右前身	条料对条,格料对横,互差不大于 0.3 cm	格子大小不一致,以前身 1/3 上部为准
袋与前身	条料对条,格料对格,互差不大于 0.3 cm,斜料贴袋左右对称,互差不大于 0.5 cm	格子大小不一致,以袋前部中心为准
袖与前身	袖肘线以上与前身格料对横,两袖互差不大于 0.5 cm	
袖缝	袖肘线以下,前后袖缝格料对横,互差不大于 0.3 cm	
背缝	条料对条,格料对横,互差不大于 0.3 cm	
领子、驳头	条格左右对称,互差不大于 0.3 cm	阴阳条格以明显条格为主
摆缝	格料对横,袖窿以下 10 cm 处,互差不大于 0.4 cm	
袖子	条料顺直对称,以袖山为准,两袖对称,互差不大于 1.0 cm	
后过肩	条料顺直,两头对比互差不大于 0.4 cm	

（3）拼接

挂面在驳头下,最下扣眼以上可一拼,但应避开扣眼位。领里可对称一拼(立领不允许),其他部位不允许拼接。装饰性拼接除外。

（4）色差

领面、驳头、前披肩与前身色差高于 4 级,里料色差不低于 3～4 级。

（5）外观疵点

成品各部位疵点允许程度按表 7-29 规定,未列入疵点按其形态,参照相似疵点执行。每个独立部位只允许疵点一处。成品各部位划分见图 7-5。

表 7-29　风衣各部位疵点要求规定

疵点名称	各 部 位 允 许 存 在 程 度		
	1 号部位	2 号部位	3 号部位
粗于一倍粗纱	0.3～1.0 cm	1.0～4.0 cm	4.0～6.0 cm
粗于二倍粗纱	不允许	1.0～2.0 cm	2.0～4.0 cm

续表

疵点名称	各 部 位 允 许 存 在 程 度		
	1 号部位	2 号部位	3 号部位
粗于三倍粗纱	不允许	允许	小于 2.5 cm
大肚纱 3 根	不允许	不允许	1.0~3.0 cm
颗粒状粗纱	不允许	不允许	不影响外观
毛粒(个)	2	4	6
色档	不允许	不影响外观	不宽于 0.2 cm
经缩	不允许	不宽于 0.5 cm	不宽于 1.0 cm
条痕(折痕)	不允许	1.0~2.0 cm 不明显	2.0~4.0 cm 不明显
斑疵(油、锈、色斑)	不允许	不大于 0.3 cm² 不明显	不大于 0.5 cm² 不明显
缺经(纬)	不允许	不允许	不允许

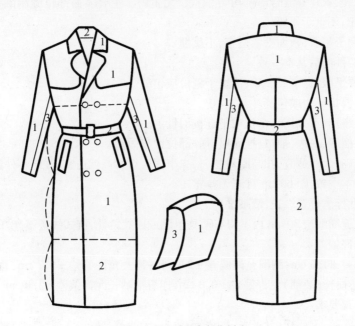

图 7-5　风衣成品各部位划分

（6）缝制

① 针距密度要求（特殊设计除外），见表 7-30。

表 7-30　西裤针距密度要求

项目	针距密度	备注
明暗线/3 cm	11 针~12 针	特殊需要除外
包缝线/3 cm	不少于 11 针	

续表

项目		针距密度	备注
手工针/3 cm		不少于 7 针	肩缝、袖窿、领子不低于 9 针
三角针/3 cm		不少于 4 针	以单面计算
锁眼/1 cm	细线	不少于 10 针	机锁眼
	粗线	不少于 8 针	手工锁眼
钉扣/孔	细线	不低于 8 根线	缠脚线高度与止口厚度相适应
	粗线	不低于 4 根线	

② 其他要求

各部位的缝份不小于 1.0 cm,包缝缝份不小于 0.8 cm;缝纫线迹顺直,整齐、平服、牢固;上下线松紧适宜,无跳针、断线,起止针处回针牢固。

袖、袖头、口袋、衣片等缝合部位均匀、平整、无歪斜。主要表面部位缝制皱缩按"男西服外观起皱样照"规定,不低于 4 级。

绱领端正,领子平服,领面松紧适宜,不反翘。

绱袖圆顺,两袖前后基本一致。

滚条、压条要平服,宽窄要一致;活里子缝份应包缝。

袋布的垫料要折光边或包缝。

袋口的两端牢固,可采用套结机或平缝机回针。

袖窿、袖缝、摆缝、底边、袖口、挂面里口等部位针牢固。

锁眼定位准确,大小适宜,扣与眼对位,整齐牢固。纽脚高低适宜,线结不外露。

对称部位基本一致,距 60 cm 目测无差异。

商标、耐久性标志位置端正,清晰准确。

成品各部位缝纫线迹 30 cm 内不得有两处单跳或连续跳针,链式线迹不允许跳针。

(7) 规格允许偏差

衣长允许偏差 ±1.5 cm;胸围允许偏差 ±2.0 cm;领大允许偏差 ±0.7 cm;总肩宽(装袖)允许偏差 ±0.8 cm;袖长(装袖)允许偏差 ±0.8 cm,连肩袖袖长允许偏差 ±1.0 cm。

(8) 整烫外观要求

各部位熨烫平服,无死褶、无极光;整洁,无线头;无烫黄、变色、水渍、亮光、水花等。

覆黏合衬部位平服,不允许有脱胶、渗胶、起泡及起皱。

无污迹、残破及开线等外观损伤。

(9) 其他要求

使用说明:符合 GB/T 5296.4 要求。

号型规格:号型设置按 GB/T 1335.1、GB/T 1335.2、GB/T 1335.3 规定选用。主要部件规格按 GB/T 1335.1、GB/T 1335.2、GB/T 1335.3 规定设计的设计资料。

面料:选用符合风衣品质要求的面料。

里料:采用与面料性能、色泽相适宜的里料。

衬布:使用适合面料性能的衬布。

垫肩:采用棉或其他材料。

缝线:选用适合所用面料、里料、辅料质量的缝线;钉扣线与扣的色泽相适宜;钉商标线与商标底色相适宜(装饰线除外);绣花线与面料性能相近,其耐洗色牢度沾色不低于3~4级。

纽扣、拉链、金属附件:采用适合所用面料的纽扣(装饰扣除外)、拉链及金属附件。纽扣、拉链及金属附件经洗涤和熨烫后不变形、不变色、不生锈。

镶料:使用与面料缩水率、性能相适应的镶料。

二、检验方法

1. 成品规格测定

主要部位规格测量方法按表7-31规定。

表7-31　风衣主要部位规格测量方法

序号	部位	测量方法
1	衣长	由前身左襟肩缝是高点垂直量至底边,或由后领中垂直量至底边
2	胸围	扣上纽扣(或合上拉链)前后身摊平(折拉平),扣居中,沿袖窿底缝水平横量(周围计算)
3	领大	领子摊平横量,单立领量扣眼,其他领量下口(叠门除外),关门领不考核
4	袖长	绱袖:由肩缝的交叉点量至袖口边中间,或由袖子最高点量至袖口边。 连肩袖:由后领中沿肩袖缝交叉点量至袖口中间(袖外侧弧量)
5	总肩宽	由肩袖缝处的交叉点摊平横量

2. 外观检验

① 色差评定:评定成品色差时,被评部位纱向要一致。入射光与样品表面约成45°角,观察方向垂直于样品表面,距离约60 cm目测,并用GB 250标准样卡对比评定色差等级。

② 各部分疵点与男女毛呢服装外观疵点样照对比。使用疵点标样时,标样上的箭头顺着光线射入的方向。

③ 针距密度:缝纫线迹上任取3 cm测量(厚薄部位除外)。

④ 纬斜:按GB/T 14801规定测定纬斜,按本章第一节"六、纬斜或条格斜率计算"公式计算纬斜率。

⑤ 其他按品质要求规定测定。

3. 理化性能测定

① 主要部位的缝子纰裂程度测定,测试方法请参照第七章第二节"检验方法"中"成品缝子纰裂测定"。取样部位按如下规定:

后背缝取样部位:后领中向下25 cm;袖窿缝缝取样部位:后袖窿弯处;摆缝缝取样部位:袖窿底部向下10 cm;袖缝取样部位:袖窿处向下10 cm。

② 其他理化性能指标测定,见表7-32。

表 7-32　风衣部分理化性能试验方法

项目		试验方法标准	说明
纤维含量		GB/T 2910	
水洗尺寸变化率		GB/T 8630	
干洗尺寸变化率		FZ/T 80007.3	
起毛起球		GB/T 4802.1	
剥离强力		FZ/T 80007.1	
撕破强力		GB/T 3917.2	单舌法
沾水等级		GB/T 4745	
色牢度	耐皂洗	GB/T 3921	试验条件采用 A(1)
	耐干洗	GB/T 5711	
	耐水	GB/T 5713	采用单纤维贴衬
	耐摩擦	GB/T 3920	
	耐光	GB/T 8427	采用方法 3
	耐汗渍	GB/T 3922	
	耐热压	GB/T 6152	潮压法。加压温度:腈纶(150 ± 2)℃,锦纶和维纶(120 ± 2)℃,其他纤维(180 ± 2)℃

三、检验规则

检验规则按第七章第一节要求,质量缺陷判定依据按表 7-33 进行判定。各项缺陷逐项累计计算。未列出的缺陷参照相似缺陷酌情判定。丢工、少序、错序为重缺陷,缺件为严重缺陷。

理化性能按最低一项评定等级。

表 7-33　风衣质量缺陷判定依据

项目	序号	轻缺陷	重缺陷	严重缺陷
使用说明	1	商标不端正,明显歪斜;钉商标线与商标底色的色泽不适应	使用说明内容不正确	使用说明内容缺项
外观及缝制质量	2		复合面料直泡	使用黏合衬部位脱胶、渗胶、起泡、起皱
	3	领子、驳头面、衬、里松紧不适宜,领面不平服;豁口重叠	领子、驳头面、里松紧明显不适宜,不平服	
	4	领口、驳口、串口不顺直;领子、驳头止口反吐		

续表

项目	序号	轻缺陷	重缺陷	严重缺陷
外观及缝制质量	5	领尖、领嘴、驳头左右不一致,领尖长短互差0.3~0.5 cm	领尖反翘,领尖长短互差大于等于0.5 cm	
	6	绱领不平服;偏斜0.6~0.9 cm,压领线宽窄不一致或下炕、反面线距大于等于0.4 cm或上炕	绱领严重不平服,绱领偏斜大于等于1.0 cm;1号部位有接线、跳线;领尖毛出	
	7	领窝不平服,轻微起皱;盘头探出0.3 cm,止口反吐	领窝严重起皱	
	8	领翘不适宜;领外口松紧不适宜;底领外露	领翘严重不适宜;底领外露大于等于0.2 cm	
	9	肩缝不顺直;不平服	肩缝严重不顺直;不平服	
	10	两肩宽窄互差大于等于0.5 cm	两肩宽窄互差大于等于1.0 cm	
	11	胸部不挺括,左右不一致,腰部不平服	胸部严重不挺括,腰部严重不平服	
	12	左右口袋高低互差大于等于0.4 cm;前后互差大于等于0.6 cm	袋位高低互差大于等于0.8 cm;前后互差大于等于1.0 cm	
	13	袋盖长短、宽窄互差大于等于0.3 cm,口袋歪斜、不平服;辑线不顺直、明显宽窄;袋角不整齐	袋布垫料边毛无包缝;袋角封口严重不牢	
	14	门、里襟不顺直、不平服;止口反吐	六襟严重起兜,止口明显反吐	
	15	门、里襟长短互差0.4~0.6 cm;门、里襟明显搅豁	门、里襟有拆痕,长短互差大于等于0.7 cm	
	16	省道不顺直,尖部起兜;有长短,前后不一致,左右互差大于等于1.0 cm		
	17	底边宽窄不一致;不顺直,轻度倒翘	底边严重倒翘;里子短,面明显不平服;里子明显外露	
	18	绱袖不圆顺,吃势不均匀;袖窿不平服;袖子起吊、不顺;十字缝互差大于等于0.7 cm	绱袖明显不圆顺,吃势严重不均匀;两袖前后明显不一致大于等于2.5 cm;袖子明显起吊、不顺	
	19	两袖长短互差大于等于0.7 cm;两袖口互差大于等于0.5 cm;袖头、克夫左右不对称,止口反吐,宽窄大于等于0.3 cm;长短大于等于0.6 cm	两袖长短互差大于等于0.9 cm;两袖口互差大于等于0.8 cm	

项目	序号	轻缺陷	重缺陷	严重缺陷
外观及缝制质量	20	缝制线路不顺直;宽窄不均匀;不平服;接线处明显双轨,大于等于1.0 cm;起落针处无回针;30 cm有两处单跳和连续跳针;上下线松紧轻度不适宜	毛、脱、漏小于2.0 cm;上下线松紧明显不适宜	毛、脱、漏大于等于2.0 cm;链式线路跳针、断线、破损
	21	叠线部位漏叠两处及以上,衣里有毛、脱漏	有叠线部位漏叠超过两处以上	
	22	里料针眼外露(布边)大于等于3 cm	面料针眼外露大于等于1 cm	
	23	明线宽窄、弯曲,起落针处无回针	明线双轨	
	24	轻度污渍;熨烫不平服;有明显水花、亮光;表面有大于1.0 cm的线头、纱头2根以上	有明显污渍,污渍大于2 cm²,水花大于4 cm²;轻微烫黄、变色	有严重污渍,污渍大于30 cm²;烫黄、破损、变质等严重影响使用和美观
	25	绣花针迹不整齐;轻微露印迹	严重露印迹;绣花不完整	
	26	各缝制部位起皱低于规定要求	领面、门里襟严重起缕,低于规定要求	
色差	27	表面部位色差不符合规定要求的1级以内;衬布影响色差低于3~4级	表面部位色差超过规定要求的1级以上;衬布影响色差低于3级	
辅料	28	缝纫线色泽、色调与面料不相适应;钉扣线与扣色泽不适应		
疵点	29	2、3号部位超过规定要求	1号部位超过规定要求	
对条对格	30	对条、对格,纬斜超过规定要求50%及以内	对条、对格,纬斜超过规定要求50%以上	面料倒顺毛,全身顺向不一致;特殊图案顺向不一致
拼接	31			不符合规定要求
针距	32	低于规定要求2针及以内	低于规定要求2针以上	
规格	33	超过规定要求50%以内	超过规定要求50%以上	超过规定要求100%及以上
锁眼	34	锁眼间距互差大于等于0.5 cm;偏斜大于等于0.3 cm;纱线绽出;圆眼毛	跳线、开线;毛漏;漏开眼;四合扣间距进出大于等于0.6 cm	
钉扣及附件	35	扣与眼位互差大于等于0.3 cm钉扣不牢;缀拉链明显不平服、不顺直	扣与眼位互差大于等于0.6 cm;拉链宽窄互差大于等于0.5 cm	纽扣、金属扣、四合扣脱落;金属件锈蚀;拉链缺齿,拉链锁头脱落

第六节　西服、大衣检验

西服、大衣是以毛、毛混纺及交织品、仿毛等机织物为主要面料生产的西服、大衣等毛呢类服装。本节介绍男西服、大衣的品质要求和检验。女西服、大衣的质量要求与检验请参照"GB/T 2665 女西服 大衣"标准。

一、技术要求

1. 安全要求

西服、大衣要符合"GB/T 18401 国家纺织产品基本安全技术规范"C 类产品安全要求。

2. 理化性能要求

理化性能要求按表 7-34 规定。

表 7-34　男西服、大衣理化性能要求

项目			分等要求		
			优等品	一等品	合格品
纤维含量			按产品使用说明标注的纤维名称和含量,允许偏差按 FZ/T 01053 规定		
尺寸变化率/%	干洗		衣长　−1.0 ~ +1.0;胸围　−0.8 ~ +0.8		
	水洗		衣长　−1.5 ~ +1.5;胸围　−1.0 ~ +1.0		
干洗后起皱级差/级			>4	>4	≥3
覆黏合衬部位剥离强度/[N/(2.5 cm×10 cm)]			≥6		
面料色牢度/级	耐干洗	变色	≥4 ~ 5	≥4	≥3 ~ 4
		沾色	≥4 ~ 5	≥4	≥3 ~ 4
	耐皂洗	变色	≥4	≥3 ~ 4	≥3 ~ 4
		沾色	≥4	≥3 ~ 4	≥3
	耐水	变色	≥4	≥4	≥3 ~ 4
		沾色	≥4	≥3 ~ 4	≥3
	耐摩擦	干摩擦	≥4	≥3 ~ 4	≥3
		湿摩擦	≥3 ~ 4	≥3	≥2 ~ 3
	耐光	浅色	≥4	≥3	≥3
		深色	≥4	≥4	≥3
里料色牢度/级	耐干洗	沾色	≥4	≥4	≥3 ~ 4
	耐皂洗	沾色	≥4	≥3 ~ 4	≥3

项目			分等要求		
			优等品	一等品	合格品
里料色牢度/级	耐水	沾色	≥4	≥3～4	≥3
	耐摩擦	干摩擦	≥4	≥3～4	≥3
装饰件和绣花耐皂洗、耐干洗沾色/级			≥3～4		
面料起毛起球/级	精梳(绒面)		≥3～4	≥3	≥3
	精梳(光面)		≥4	≥3～4	≥3～4
	粗梳		≥3～4	≥3	≥3
纰裂/cm			≤0.6		
后档缝接缝强力/[N/(5 cm×10 cm)]			面料≥140；里料≥80		
面料撕破强力/N			≥10		

颜色大于 1/12 染料染色标准深度色卡为深色,小于等于 1/12 为浅色(GB/T 4841.3)。

水洗尺寸变化率、耐湿摩擦色牢度和耐皂洗色牢度仅考核使用说明注明的水洗产品。

纰裂试验结果出现织物断裂、撕破或缝线断裂现象判定为合格,出现滑脱现象判定为不合格。

3. 出厂检验项目

(1)经纬纱向

前身:经纱以领口宽线为准,不允斜。

后身:经纱以腰节下背中心为准,西服偏斜不大于 0.5 cm,大衣倾斜不大于 1.0 cm;条格料不允斜。

袖子:经纱以前袖缝为准,大袖片偏斜不大于 1.0 cm,小袖片偏斜不大于 1.5 cm。

领面:纬纱偏斜不大于 0.5 cm,条格料不允斜。

袋盖:与大身纱向一致,斜料左右对称。

挂面:以驳头止口处经纱为准,不允斜。

(2)对条对格

面料有明显条格的在 1.0 cm 及以上的,有关部位按表 7-35 规定对条对格。面料有明显条格的在 0.5 cm 及以上的,手巾袋与前身条料对条,格料对格,互差不大于 0.1 cm。倒顺毛(绒)原料、阴阳格原料全身顺向一致。特殊图案以主图为准,全身顺向一致。

表 7-35　男西服、大衣 1.0 cm 及以上明显条格对条对格规定

部位名称	对条对格规定
左右前身	条料对条,格料对横,互差不大于 0.3 cm
手巾袋与前身	条料对条、格料对格互差不大于 0.2 cm

部位名称	对条对格规定
大袋与前身	条料对条、格料对格互差不大于 0.3 cm
袖与前身	袖肘线以上与前身格料对横,两袖互差不大于 0.5 cm
袖缝	袖肘线以上,后袖缝格料对横,互差不大于 0.3 cm
背缝	以上部为准,条料对称,格料对横,互差不大于 0.2 cm
背缝与领面	条料对条,互差不大于 0.2 cm
领子、驳头	条格料左右对称,互差不大于 0.2 cm
摆缝	袖窿底 10 cm 处,格料对横,互差不大于 0.3 cm
袖子	条格顺直,以袖山为准,两袖互差不大于 0.5 cm

（3）拼接

大衣挂面允许两接一拼,在下一至二档扣眼之间,避开扣眼位,在两扣眼距之间拼接。西服、大衣耳朵皮允许两接一拼,其他部位不允许拼接。

（4）色差

袖缝、摆缝色差不低于 4 级,其他表面部位高于 4 级。套装中上装与下装的色差里子的色差不低于 4 级。

（5）外观疵点

成品各部位疵点允许程度按表 7-36 规定,轻微疵点指直观上不明显,通过仔细辨认才可看到的疵点;明显疵点指直观上较明显,影响总体效果的疵点。优等品前领面及驳头不允许出现疵点。未列入疵点按其形态,参照相似疵点执行。每个独立部位只允许疵点一处。成品各部位划分见图 7-6。

表 7-36　男西服、大衣各部位疵点要求规定

疵点名称	各部位允许存在程度		
	1 号部位	2 号部位	3 号部位
纱疵	不允许	轻微,总长度在 1.0 cm 或总面积 0.3 cm^2 以下;明显不允许	轻微,总长度在 1.5 cm 或总面积 0.5 cm^2 以下;明显不允许
毛粒	1 个	3 个	5 个
条印、折痕	不允许	轻微,总长度在 1.5 cm 或总面积 1 cm^2 以下;明显不允许	轻微,总长度在 2.0 cm 或总面积 1.5 cm^2 以下;明显不允许
斑疵 （油污、锈斑、色斑、水渍等）	不允许	轻微,总面积不大于 0.3 cm^2；明显不允许	轻微,总面积不大于 0.5 cm^2；明显不允许
破洞、磨损、蛛网	不允许	不允许	不允许

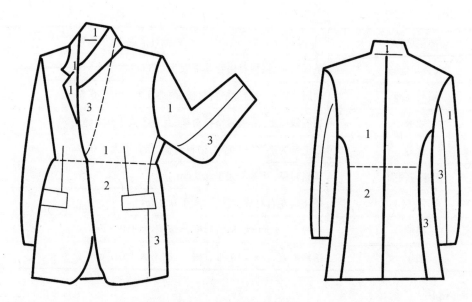

图7-6a　男西服各部位划分

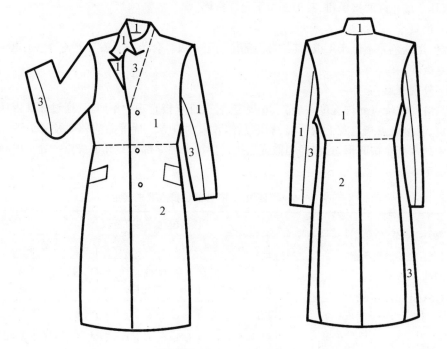

图7-6b　男大衣各部位划分

（6）缝制

①针距密度要求（特殊设计除外），见表7-37。细线是指20 tex及以下的缝纫线；粗线是指20 tex以上的缝纫线。

表 7-37 男西服、大衣针距密度要求

项目		针距密度	备注
明暗线		3 cm 11 ~ 12 针	
包缝线		3 cm 不少于 9 针	
手工针		3 cm 不少于 7 针	肩缝、袖窿、领子不少于 9 针
手拱止口/机拱止口		3 cm 不少于 5 针	
三角针		3 cm 不少于 5 针	以单面计算
锁眼	细线	1 cm 12 针 ~ 14 针	
	粗线	1 cm 不少于 9 针	
钉扣	细线	每眼不低于 8 根线	缝脚线高度与止口厚度相适应
	粗线	每眼不低于 4 根线	

② 其他要求

各部位缝制线路顺直、整齐、牢固。主要表面部位缝制皱缩按《男西服外观起皱样照》规定，不低于 4 级。

缝份宽度不于 0.8 cm（开袋、领止口、门襟止口等除外）。起落针处有回针。

上下线松紧适宜，无跳线、断线、脱线、连根线头。底线不外露。

领子平服，领面松紧适宜。

绱袖圆顺，前后基本一致。

滚条、压条要平服，宽窄一致。

袋布的垫料要折光边或包缝。

袋口两端打结，可采用套结机或平缝机回针。

袖窿、袖缝、底边、袖口、挂面里口、大衣摆缝等部位叠针牢固。

锁眼定位准确，大小适宜，扣与眼对位，整齐牢固。钮脚高低适宜，线迹不外露。

商标、号型标志、成分标志位置端正、准确清晰。

各部位明线和链式线不允许跳针，明线不允许接线，其他缝纫线迹 30 cm 内不得有两处单跳或连续跳针，不得脱线。

（7）规格允许偏差

西服衣长允许偏差 ±1.0 cm；大衣衣长允许偏差 ±1.5 cm；胸围允许偏差 ±2.0 cm；领大允许偏差 ±0.6 cm；总肩宽允许偏差 ±0.6 cm；西服袖长允许偏差 ±0.7 cm；大衣袖长允许偏差 ±1.2 cm。

（8）外观质量规定要求

领子：领面平服，领窝圆顺，左右领尖不翘。

驳头：串口、驳口顺直，左右驳头宽窄、领嘴大小对称，领翘适宜。

止口：顺直平挺，门襟不短于里襟，不搅不豁，两圆头大小一致。

前身:胸部挺括、对称,面、里、衬服贴,省道顺直。

袋、袋盖:左右袋高、低、前、后对称,袋盖与袋口宽相适应,袋盖与大身的花纹一致。

后背:平服。

肩:肩部平服,表面没有褶,肩缝顺直,左右对称。

袖:绱袖圆顺,吃势均匀,两袖前后、长短一致。

(9) 整烫外观要求

各部位熨烫平服、整洁,无烫黄、水渍、亮光。

覆黏合衬部位不允许有脱胶、渗胶及起皱,各部位表面不允许有沾胶。

(10) 其他要求

使用说明:符合 GB/T 5296.4 要求。

号型规格:号型设置按 GB/T 1335.1、GB/T 1335.3 规定选用。主要部件规格按 GB/T 1335.1、GB/T 1335.3、GB/T 14304 规定设计的设计资料。

面料:选用符合西服、大衣品质要求的面料。

里料:采用与面料性能、色泽相适宜的里料。

衬布:使用适合面料性能、色泽适宜的衬布。

缝线:选用适合所用面料、里料质量的缝线;钉扣线与扣的色泽相适宜;钉商标线与商标底色相适宜(装饰线除外)。

纽扣、附件:采用适合所用面料的纽扣(装饰扣除外)、附件。纽扣、附件要光滑、耐用,经洗涤和熨烫后不变形、变色、生锈、掉漆等现象。

二、检验方法

1. 成品规格测定

主要部位规格测量方法按表 7-38 规定。

表 7-38 男西服、大衣裤主要部位规格测量方法

序号	部位		测量方法
1	衣长		由前身左襟肩缝最高点垂直量至底边,或由后领中垂直量至底边
2	胸围		扣上纽扣(或合上拉链),前后身摊平,沿袖窿底缝水平横量(周围计算)
3	领大		领子摊平横量,搭门除外。开门领不考核
4	总肩宽		由肩袖缝的交叉点横量
5	袖长	装袖	由袖山最高点量至袖口边中间
		连肩袖	由后领中沿袖山最高点量至袖口边中间

2. 外观检验

① 色差评定:评定成品色差时,被评部位纱向要一致。入射光与样品表面约成45°角,观察方向垂直于样品表面,距离约 60 cm 目测,并用 GB 250 标准样卡对比评定色差等级。

② 各部分疵点与"男女毛呢服装外观疵点样照"对比。

③ 针距密度:缝纫线迹上任取 3 cm 测量(厚薄部位除外)。

④ 纬斜:按 GB/T 14801 规定测定纬斜,按本章第一节"六、纬斜或条格斜率计算"公式计算纬斜率。

⑤ 其他按品质要求规定测定。

3. 理化性能测定

① 主要部位的缝子纰裂程度测定,测试方法请参照第七章第二节"检验方法"中"成品缝子纰裂测定"。取样部位按如下规定:

后背缝取样部位:后领中向下 25 cm;袖窿缝取样部位:后袖窿弯处;摆缝取样部位:袖窿处向下 10 cm。袖窿缝不考核里料。

② 其他理化性能指标测定,见表 7-39。

表 7-39　部分理化性能项目试验方法

项目		试验方法标准	说明
纤维含量		GB/T 2910	
水洗尺寸变化率		GB/T 8630	采用 7A 洗涤程序,干燥采用 A 法。批量样品中随机抽取三件样品测试,结果取平均值
干洗尺寸变化率		FZ/T 80007.3	
剥离强力		FZ/T 80007.1	
色牢度	耐皂洗	GB/T 3921	试验条件采用 A(1),单纤维贴衬
	耐干洗	GB/T 5711	
	耐水	GB/T 5713	采用单纤维贴衬
	耐摩擦	GB/T 3920	
	耐光	GB/T 8427	采用方法 3
起毛起球		GB/T 4802.1	绒面精梳毛织品起球次数为 400 次,仿毛产品起毛起球压力、次数按精梳毛织品或粗梳毛织品。结果与对应的精梳毛织品起球样照(绒面、光面)或粗梳毛织品起球样照对比判定等级
面料撕破强力		GB/T 3917.2	
未提及的理化项目			按测试项目在成品上选取

三、检验规则

检验规则按第七章第一节要求,质量缺陷判定依据按表 7-40 进行判定。各项缺陷逐项累计计算。未列出的缺陷参照相似缺陷酌情判定。丢工为重缺陷,缺件为严重缺陷。

理化性能一项不合格即为该抽验批不合格。

表 7-40　男西服、大衣质量缺陷判定依据

项目	序号	轻缺陷	重缺陷	严重缺陷
使用说明	1	商标、耐久性标签不端正,明显歪斜;钉商标线与商标底色的色泽不适应;使用说明内容不规范	使用说明内容不正确	使用说明内容缺项
辅料	2	辅料的色泽、色调与面料不相适应。钉扣线与扣色泽不适应	里料、缝纫线的性能与面料不适应	
锁眼	3	锁眼间距互差大于 0.4 cm;偏斜大于 0.2 cm,纱线绽出	跳线;开线;毛漏;漏开眼	
钉扣及附件	4	扣与眼位互差大于 0.2 cm(包括附件等);钉扣不牢	扣与眼位互差大于 0.5 cm(包括附件等)	纽扣、金属扣脱落(包括附件等);金属件锈蚀
经纬纱向	5	纬斜超过规定要求 50% 及以内	纬斜超过规定要求 50% 以上	
对格对条	6	对格对条超过规定要求 50% 及以内	对格对条超过规定要求 50% 以上	面料倒顺毛全身顺向不一致
拼接	7		不符合技术要求的拼接	
色差	8	表面部位色差超过规定要求的半级以内;衬布影响色差低于 4 级	表面部位色差超过规定要求的半级以上;衬布影响色差低于 3~4 级	
外观疵点	9	2、3 号部位超过规定要求	1 号部位超过规定要求	破损等严重影响使用和外观
针距	10	低于规定要求 2 针(含 2 针)以内	低于规定要求 2 针以上	
规格允许偏差	11	规格超过规定要求 50% 及以内	规格超过规定要求 50% 以上	规格超过规定要求 100% 及以上
外观及缝制质量	12			使用黏合衬部位脱胶、渗胶、起皱
	13	领子、驳头面、衬、里松紧不适宜;表面不平挺	领子、驳头面、里、衬松紧明显不适宜,不平挺	
	14	领口、驳口、串口不顺直;领子、驳头止口反吐		
	15	领尖、领嘴、驳头左右不一致,尖圆对比互差大于 0.3 cm;领豁口左右明显不一致		
	16	领窝不平服、起皱;绱领(领肩缝对比)偏斜大于 0.5 cm	领窝不平服、起皱;绱领(领肩缝对比)偏斜大于 0.7 cm	

续表

项目	序号	轻缺陷	重缺陷	严重缺陷
外观及缝制质量	17	领翘不适宜;领外口松紧不适宜;底领外露	领翘严重不适宜;底领外露大于0.2 cm	
	18	肩缝不顺直;不平服	肩缝严重不顺直;不平服	
	19	两肩宽窄不一致,互差大于0.5 cm	两肩宽窄不一致,互差大于0.8 cm	
	20	胸部不挺括,左右不一致;腰部不平服;省位左右不一致	胸部严重不挺括,腰部严重不平服	
	21	袋位高低互差大于0.3 cm;前后互差大于0.5 cm	袋位高低互差大于0.8 cm;前后互差大于1.0 cm	
	22	袋盖长短、宽窄互差大于0.3 cm;口袋不平服、不顺直;嵌线不顺直、宽窄不一致;袋角不整齐	袋盖小于袋口(贴袋)0.5 cm(一侧)或小于嵌线;袋布垫料毛边无包缝	
	23	门襟、里襟不顺直、不平服;止口反吐	止口明显反吐	
	24	门襟长于里襟,西服大于0.5 cm,大衣大于0.8 cm;里襟长于门襟;门里襟明显搅豁		
	25	眼位距离偏差大于0.4 cm;眼与扣位互差0.4 cm;扣眼歪斜、眼大小互差大于0.2 cm		
	26	底边明显宽窄不一致;不圆顺;里子底边宽窄明显不一致	里子短,面明显不平服;里子长,明显外露	
	27	绱袖不圆顺,吃势不适宜;两袖前后不一致大于1.5 cm;袖子起吊、不顺	绱袖明显不圆顺;两袖前后是业不一致大于2.5 cm;两袖明显起吊、不顺	
	28	袖长左右对比互差大于0.7 cm;两袖口对比互差大于0.5 cm	袖长左右对比互差大于1.0 cm;两袖口对比互差大于0.8 cm	
	29	后背不平、起吊;开叉不平服、不顺直;开叉止口明显搅豁;开叉长短互差大于0.3 cm	后背明显不平服、起吊	
	30	衣片缝合明显松紧不平;不顺直;连续跳针(30 cm内出现两个单跳针按连续跳针计算)	表面部位有毛、脱、漏;缝份小于0.8 cm;链式缝迹跳针有1处	表面部位毛、脱、漏,严重影响使用和美观
	31	有叠线部位漏叠2处(包括2处)以下;衣里有毛、脱、漏	有叠线部位漏叠超过2处	

续表

项目	序号	轻缺陷	重缺陷	严重缺陷
外观及缝制质量	32	明线宽窄、弯曲	明线接线	
	33	滚条不平服、宽窄不一致;腰节以下活里没包缝		
	34	轻度污渍;熨烫不平服;有明显水花、亮光;表面有大于1.5 cm的连根线头3根及以上	有明显污渍,污渍大于2 cm²;水花大于2 cm²	有严重污渍,污渍大于30 cm²;烫黄等严重影响使用和美观

第七节　羽绒服装检验

羽绒服装是指以纺织机织物为主要面料,以羽绒为主要填充物生产的各种服装。

一、技术要求

1. 安全要求

羽绒服要符合"GB/T 18401 国家纺织产品基本安全技术规范"C 类产品安全要求。

2. 理化性能要求

理化性能要求按表 7-41 规定。

表 7-41　羽绒服装理化性能要求

项　目			分等要求		
			优等品	一等品	合格品
纤维含量			按产品使用说明标注的纤维名称和含量,允许偏差按 FZ/T 01053 规定		
面料色牢度/级	耐皂洗	变色	≥4	≥3~4	≥3~4
		沾色	≥4	≥3~4	≥3
	耐水	变色	≥4~5	≥4	≥3~4
		沾色	≥4	≥3~4	≥3
	耐摩擦	干摩擦	≥4	≥3~4	≥3~4
		湿摩擦	≥3~4	≥3	≥2~3
	耐光		≥4	≥3~4	≥3
里料色牢度/级	耐皂洗	沾色	≥4	≥3~4	≥3~4
	耐水	沾色	≥4	≥3~4	≥3
	耐摩擦	干摩擦	≥4	≥3~4	≥3~4

续表

项　目	分等要求		
	优等品	一等品	合格品
纰裂/cm	≤0.4		
儿童上衣拉带安全规格	GB/T 22702		
童装绳索和拉带安全要求	GB/T 22705		
婴幼儿服装的衣带缝纫强力	FZ/T 81014		
防钻绒性/根	≤5	≤15	≤50

起绒、磨毛、植绒类面料的湿摩擦色牢度的合格品指标允许比本表规定低半级。

防钻绒性只考核与羽绒直接接触的织物。

纰裂试验结果出现织物断裂、撕破或缝线断裂现象判定为合格,出现滑脱现象判定为不合格。

蚕丝面料的色牢度按 GB/T 18132 考核。

婴幼儿服装的色牢度按 FZ/T 81014 考核。

3. 出厂检验项目

（1）经纬纱向

前身经纱以门襟线为准,不允斜。

后身经纱以背中心为准,西服偏斜不大于 1.0 cm,大衣倾斜不大于 1.5 cm;条格料不允斜。

袖子经纱以前袖中线为准,大袖片倾斜不大于 1.0 cm,小袖片偏斜不大于 1.5 cm。

前身底边不倒翘,后身、袖子、前后裤(裙)片纬纱允许程度按下表 7-42 规定。

表 7-42　羽绒服装后身、袖子、前后裤(裙)片纬纱允许程度

面料	允许程度/cm		
	优等品	一等品	合格品
什色、花色	≤3	≤4	≤5
条格	≤2	≤2.5	≤3

（2）对条对格

面料有明显条格的在 1.0 cm 及以上的按表 7-43 规定。倒顺毛(绒)原料、阴阳格原料全身顺向一致(长毛原料、全身上下,顺向一致)。特殊图案以主图为准,全身顺向一致。

表 7-43　羽绒服装 1.0 cm 及以上明显条格对条对格规定

部位名称	对条对格规定	备注
前身	条料顺直,格料对横,互差不大于 0.3 cm	格子大小不一致,以前身三分之一上部为准
袋、袋盖与大身	条料对条、格料对横,互差不大于 0.3 cm	格子大小不一致,以袋的中心前部为准
领角	条料左右对称,互差不大于 0.3 cm	阴阳条格以明显条格为主
袖子	两袖左右顺直,条格对称,以袖山为准,互差不大于 1.0 cm	

续表

部位名称	对条对格规定	备注
裤(裙)侧缝	侧缝袋口下 10 cm 处格料对横，互差不大于 0.5 cm	
前后档缝	条格对称，格料对横，互差不大于 0.5 cm	

（3）色差

袖缝、摆缝、下档缝的色差不低于 3 ~ 4 级，其他表面部位不低于 4 级。由多层面料或覆黏合衬所造成的色差不低于 3 ~ 4 级。套装中上装与下装的色差不低于 3 ~ 4 级。

（4）外观疵点

成品各部位疵点允许程度按表 7-44 规定，不明显疵点指仔细辨认才能发现的疵点，不明显影响外观的评价。各部位只允许一处允许存在程度内的疵点，超出时则计为缺陷，可累计。未列入疵点按其形态，参照相似疵点执行。每个独立部位只允许疵点一处。

成品各部位划分见图 7-7。

表 7-44 羽绒服装各部位疵点要求规定

疵点名称	各部位允许存在程度		
	1 号部位	2 号部位	3 号部位
纱线疵	不明显 0.3 ~ 1.0 cm 明显不允许	不明显 1.0 ~ 2.0 cm 明显不允许	不明显 2.0 ~ 4.0 cm 明显 1.0 ~ 4.0 cm
颗粒状粗纱	不允许	不允许	不允许
纬档	不允许	明显不允许	不宽于 0.2 cm
斑疵 （油污、色斑）	不允许	不明显不大于 0.3 cm² 明显不允许	不明显不大于 0.5 cm² 明显不允许
破洞、磨损、蛛网	不允许	不允许	不允许

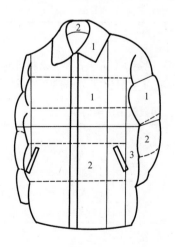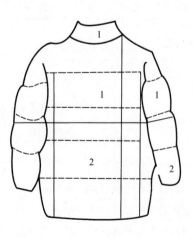

（a）

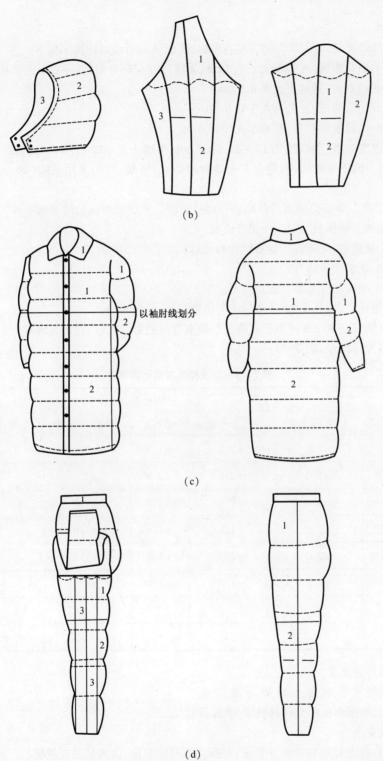

（b）

以袖肘线划分

（c）

（d）

图 7-7　羽绒服装各部位划分

（5）缝制

① 绗线对称规定，表面纵向绗线左右对称；表面横向绗线对称规定如下：

搭门：左右前身绗线，互差不大于 0.4 cm；无搭门左右前身绗线，互差不大于 0.3 cm。

袖底缝：绗线对齐，互差不大于 0.6 cm。

摆线：绗线前后对齐，互差不大于 0.6 cm。

裤下档缝：绗线前后对齐，互差不大于 0.8 cm。

② 针距密度要求，明暗线为 12～16 针/3 cm，绗线为 9～12 针/3 cm，锁眼不少于 14 针/cm，钉扣每眼不低于 8 根线，包缝为 9～12 针/3 cm。锁眼、钉扣采用细线（20 tex 及以下的缝纫线）。

③ 其他要求。各部位缝制线路顺直、整齐、牢固。主要表面部位缝制皱缩按"羽绒服装外观疵点及缝制起皱五级样照"规定，不低于 3 级。

上下线松紧适宜，无断线。起落针处有回针。

领子平服，领面松紧适宜。

绱袖圆顺，两袖前后基本一致。

商标、号型标志、成分标志、洗涤标志的位置端正、清晰准确。

各部位缝纫线迹 30 cm 内不得有两处单跳或连续跳针，链式线迹不允许跳针。

（6）规格允许偏差（表 7-45）

表 7-45　羽绒服装规格允许偏差

部位		极限偏差/cm					
		上衣、短大衣	中、长大衣	童上衣	童中、长大衣	裤	童裤
衣长		±2.0	±2.5	±1.5	±2.0		
胸围		±2.5	±2.5	±2.0	±2.0		
领大		±1.0	±1.0	±1.0	±1.0		
袖长	装袖	±1.5	±1.5	±1.0	±1.0		
	连肩袖	±2.0	±2.0	±1.5	±1.5		
总肩宽		±1.2	±1.2	±1.0	±1.0		
裤（裙）长						±2.5	±2.5
腰围						±2.0	±1.5

（7）整烫外观要求

各部位熨烫平服、整洁，无烫黄、水渍、亮光。

覆黏合衬、涂层部位不允许有脱胶、渗胶及起皱。

（8）其他要求

使用说明：符合 GB/T 5296.4 要求，并标注填充物名称、含绒量和充绒量。

号型规格：号型设置按 GB/T 1335.1、GB/T 1335.2、GB/T 1335.3 规定选用。主要部件规

格按 GB/T 1335.1、GB/T 1335.2、GB/T 1335.3 规定设计的设计资料。

面料:选用符合羽绒服装品质要求的面料。

里料:采用与面料性能、色泽相适宜的里料。不允许使用不透气的织物与薄膜,与羽绒直接接触的织物要具有防钻绒性能。

衬布:使用适合面料性能的衬布,尺寸变化率与面料相适宜。

缝线:选用适合所用面料、里料质量的缝线;钉扣线与扣的色泽相适宜;钉商标线与商标底色相适宜(装饰线除外)。

纽扣、附件:采用适合所用面料的纽扣(装饰扣除外)、附件。纽扣、附件经洗涤和熨烫后不变形、不变色。

填充物:羽绒含绒量明示值不得低于 50%;充绒量与明示值的偏差不小于 -5.0%。羽绒填充物质量要求指标见"第六章第二节羽绒"部分,当耗氧量≤10 mg/100 g 时,不考核微生物指标。

二、检验方法

1. 成品规格测定

羽绒服装主要部位规格测量方法如下:

衣长:由前身肩缝最高点捋平量至底边,或由后领中垂直量至底边。

胸围:扣上纽扣(或合上拉链),前后身摊平,沿袖窿底缝下 2 cm 水平横量(周围计算)。

领大:领下口捋平横量。

袖长:由袖子最高点捋平量至袖口边中间。连肩袖由后领中沿肩袖缝交叉点量至袖口边中间。

总肩宽:由肩袖缝的交叉点摊平横量。

裤(裙)长:由腰上口沿侧缝捋平量至裤脚口(裙底边)。

腰围:扣好裤扣,沿腰口中间捋平横量(周围计算)。

2. 填充物测定

① 取样:在样品中随机抽取一件,取整件成品的全部羽绒填充物。

② 充绒量测定:调湿和试验采用标准大气,试样至少调湿 24 h 并直至平衡。先测定有羽绒填充的服装总质量(g);然后将服装拆开,取出羽绒填充物,再用吸尘器将剩余的羽绒吸出,然后将外套从里翻出检查是否有残留的羽绒,并用镊子镊干净;测定剩余部分的质量(g),非羽绒填充物计入剩余部分质量;充绒量即服装总质量与剩余部分的质量之差。

③ 羽绒品质测定:按 FZ/T 80001 标准。当测定值不符合理化指标和微生物指标要求时,判定羽绒品质不合格。双方有异议除微生物外的项目允许复验一次,结果按复验结果进行判定。

3. 外观检验

① 色差评定:评定成品色差时,被评部位纱向要一致。入射光与样品表面约成 45°角,观察方向垂直于样品表面,距离约 60 cm 目测,并用 GB 250 标准样卡对比评定色差等级。

② 各部分疵点与"男女羽绒服装外观疵点样照"或"男女单、棉服装及男女儿童单服装外观疵点样照"对比。

③ 针距密度:缝纫线迹上任取 3 cm 测量(厚薄部位除外)。成品主要部分缝子皱缩与羽绒

服装外观疵点及缝制起皱五级样照对比。

④ 纱向(条格)斜:按本章第一节"六、纬斜或条格斜率计算"公式计算斜率。

⑤ 其他按质量要求规定测定。

4. 理化性能测定

① 主要部位的缝子纰裂程度测定,测试方法请参照第七章第二节"检验方法"中"成品缝子纰裂测定"。

a. 取样部位规定:

袖窿缝取样部位:后袖窿处;

摆缝取样部位:袖窿处向下 10 cm;

下裆缝取样部位:下裆缝三分之一为中心。

b. 试样测定负荷规定:

52 g/m^2 以上丝绸面料为$(67 \pm 1.5) \text{N}$。

52 g/m^2 及以下织物或 67 g/m^2 以上缎类丝绸面料为$(45 \pm 1.0) \text{N}$。

其他纺织面料为$(100 \pm 2.0) \text{N}$。

里料为$(70 \pm 1.5) \text{N}$。

② 防钻绒性

防钻绒性测定用采用摩擦法(检验方法见第四章第三节防钻绒性能检验),试样制备有两种方法即方法 A 和方法 B。方法 B 就是第四章第三节防钻绒性能检验的方法(根据客户提供的织物和羽绒来制作试样),方法 A(沿着羽绒服装内胆绗缝的方向取样)试样制备如下:

横向绗缝时(如图 7-8),绗缝间距为 90 ~ 130 mm 较适宜(如超出范围采用方法 B)。利用内胆本身的缝线为边,以绗距作为试样袋的宽度,长度沿着横向取样,试样袋的规格为$(110 \pm 20) \text{mm} \times (210 \pm 20) \text{mm}$。将表 7-46 规定的填充羽绒装入试样袋中,在距试样袋长度方向 170 mm 处将试样袋未缝合的短边缝合,然后对四周缝纫线迹进行封闭处理(必要时可进行黏合加固处理),以防止羽绒从缝线处钻绒。

表 7-46 填充羽绒质量规定

含绒量/%	填充羽绒质量/g				
	宽度为 90 mm	宽度为 100 mm	宽度为 110 mm	宽度为 120 mm	宽度为 130 mm
>70	26.0 ±1.0	28.0 ±1.0	30.0 ±1.0	32.0 ±1.0	34.0 ±1.0
50 ~ 70	31.0 ±1.0	33.0 ±1.0	35.0 ±1.0	37.0 ±1.0	39.0 ±1.0

格子绗缝时(如图 7-8),格子宽为 90 ~ 130 mm,长度不小于 170 mm 较适宜(如超出范围采用方法 B)。仍以绗距作为试样袋的宽,利用内胆本身的缝线为边,长度方向取样为(210 ± 10) mm。试样袋的规格和填充羽绒质量同横向绗缝。缝线防钻绒处理同横向绗缝。同样方法共制作两个试样。

试验结果判定,当钻绒根数小于 50 根时,取两个试样钻绒根数的平均值作为最终结果;当钻绒根数大于 50 根时,试验结果记录"大于 50 根"。

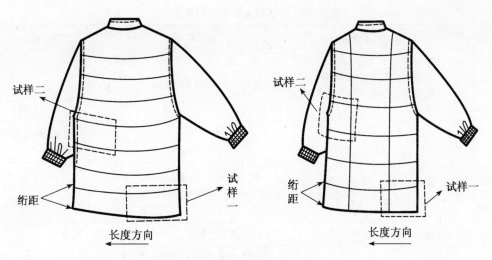

图7-8　防钻绒性测试绗缝示意

（3）其他理化性能指标测定（表7-47）

表7-47　羽绒服部分理化性能试验方法

项目		试验方法标准	说　明
纤维含量		GB/T 2910	
色牢度	耐皂洗	GB/T 3921	试验条件采用 A(1)，单纤维贴衬
	耐水	GB/T 5713	采用单纤维贴衬
	耐摩擦	GB/T 3920	
	耐光	GB/T 8427	采用方法3
儿童上衣拉带安全规格		GB/T 22702	
童装绳索和拉带安全		GB/T 22705	
婴幼儿服装的衣带缝纫强力及纽扣等不可拆卸附件拉力		FZ/T 81014	
未提及的理化项目			按测试项目在成品上任意选取

三、检验规则

检验规则按第七章第一节要求，质量缺陷判定依据按表7-48进行判定。各项缺陷逐项累计计算。未列出的缺陷参照相似缺陷酌情判定。丢工、少序、错序均为重缺陷，断针、缺件为严重缺陷。

填充物、理化性能一项不合格即为该抽验批不合格。

表 7-48　羽绒服装质量缺陷判定依据

项目	序号	轻缺陷	重缺陷	严重缺陷
外观及缝制质量	1	标志字迹不清晰;商标不端正,明显歪斜;钉商标线与商标底色的色泽不适应;使用说明内容不规范	使用说明内容不正确	使用说明内容缺项
	2			覆黏合衬和涂层部痉脱胶、渗胶、起皱
	3	附件有掉皮、锈斑、划痕;有粉印、水花 1.0 cm² 以上	里子有明显污渍,面积大于 25 cm²。附件有明显掉皮、锈斑	
	4	熨烫不平;有亮光	轻微烫黄,变色	变质;残破
	5		轻微钻绒(缝份、缝迹针眼处除外)	有钻绒现象,严重影响使用和外观
	6	1.0 cm 以上线头超过 5 根	毛、脱、漏,表面部位在 1.0 cm 及以下,或里子部位在 2.0 cm 及以下	毛、脱、漏,表面部位在 1.0 cm 及以上,或里子部位在 2.0 cm 及以上
	7	领角(圆角)互差大于 0.3 cm	领角(圆角)互差大于 0.6 cm;领面明显起缕,低于规定要求	
	8	缉领偏斜 1.0 cm 及以内	缉领偏斜大于 1 cm	
	9	各缝制部位起皱低于规定要求	门、里襟严重起皱、起缕,低于规定要求	
	10	两袋口对比互差大于 0.3 cm;袋盖小于袋口 0.4 cm;两袋高低进出互差小于 0.8 cm;袋盖宽窄 0.4 cm,嵌线宽窄大于 0.3 cm	两袋口对比互差大于0.3 cm;袋嵌线、袋口严重毛出;两袋高低进出互差大于 0.9 cm;袋口封口严重不牢固	
	11	缉袖不圆顺,吃势不均匀;两袖前后互差大于 1.5 cm;两袖长短互差大于 1.0 cm	缉袖不圆顺,吃势严重不均匀	
	12	帽门、帽底对比互差大于 0.5 cm		
	13	缉线明显不顺直;吐止口;接线双轨		
	14	明线、暗线或绗线出现泡线		
色差	15	3 号部位超过规定要求半级及以内	1、2 号部位超过规定要求半级及以内;3 号部位超过规定要求半级以上	

续表

项目	序号	轻缺陷	重缺陷	严重缺陷
辅料	16	缝纫线与面料和里料的质地、颜色不适应；钉扣线与扣的色泽不适应	镶色线或镶色料褪色	
	17	里料、缝纫线的色泽、色调与面料不相适应；钉扣线与扣的色泽、色调不适应	里料、缝纫线的性能与面料不适应	
	18			使用不透气的织物、薄膜
疵点	19	2、3号部位超过规定要求	1号部位超过规定要求	
对格对条	20	对条、对格、纬斜超过规定要求50%及以内	对条、对格、纬斜超过规定要求50%以上	面料倒顺毛，全身顺向不一致。特殊图案顺向不一致
针距	21	低于规定要求2针(含2针)以内	低于规定要求2针以上	
规格允许偏差	22	规格超过规定要求50%及以内	规格超过规定要求50%以上	规格超过规定要求100%及以上
四合扣	23	面扣与底扣之间互差小于0.5 cm；间距进出小于0.6 cm	面扣与底扣之间互差大于0.5 cm及以上；间距进出大于0.6 cm及以上	四合扣脱落
表面绗线	24	绗线明显不顺直；绗线线距互差大于0.3 cm	绗线充绒厚薄严重不匀；绒内有异物	
	25	无门襟对横互差大于0.3 cm		
	26	摆缝对横互差大于0.5 cm	摆缝对横互差大于0.7 cm	
	27	袖底缝对横互差大于0.5 cm	袖底缝对横互差大于0.7 cm。	
拉链圆眼	28		拉链明显不平服、起皱，拉链码带宽窄超0.5 cm	拉链缺齿,拉链头子脱落
	29	圆眼毛口		

第八节 裙 装 检 验

本节主要介绍连衣裙(裙套)的检验。连衣裙(裙套)指以纺织机织物为主要面料生产的裙子、连衣裙和裙套等(不包括婴幼儿服装的连衣裙(裙套))。

一、技术要求

1. 安全要求

连衣裙(裙套)要符合"GB/T 18401 国家纺织产品基本安全技术规范"安全要求。

2. 理化性能要求

理化性能要求见表 7-49 规定。

表 7-49　裙子理化性能要求

项　　目			分等要求		
			优等品	一等品	合格品
纤维含量			按产品使用说明标注的纤维名称和含量,允许偏差按 FZ/T 01053 规定		
尺寸变化率/%	水洗	领大	≥ -1.0	≥ -1.5	≥ -2.0
		胸围	≥ -1.5	≥ -2.0	≥ -2.5
		衣长	≥ -1.5	≥ -2.5	≥ -3.5
		腰围	≥ -1.0	≥ -1.5	≥ -2.0
		裙长	≥ -1.5	≥ -2.5	≥ -3.5
	干洗	领大	≥ -1.5		
		胸围	≥ -2.0		
		衣长	≥ -2.0		
		腰围	≥ -1.5		
		裙长	≥ -2.0		
覆黏合衬部位剥离强度/[N/(2.5 cm×10 cm)]			≥6		
面料色牢度/级	耐干洗	变色	≥4 ~ 5	≥4	≥3 ~ 4
		沾色	≥4 ~ 5	≥4	≥3 ~ 4
	耐皂洗	变色	≥4	≥3 ~ 4	≥3
		沾色	≥4	≥3 ~ 4	≥3
	拼接互染	沾色	≥4 ~ 5	≥4	≥4
	耐摩擦	干摩擦	≥4	≥3 ~ 4	≥3
		湿摩擦	≥3 ~ 4	≥3	≥2 ~ 3
	耐光	浅色	≥4	≥4	≥3
		深色	≥4	≥3	≥3
	耐汗渍	变色	≥4	≥3 ~ 4	≥3
		沾色	≥4	≥3 ~ 4	≥3
	耐水	变色	≥4	≥3 ~ 4	≥3
		沾色	≥4	≥3 ~ 4	≥3

项　目			分等要求		
			优等品	一等品	合格品
里料色牢度/级	耐皂洗	沾色	≥3		
	耐摩擦	干摩擦	≥3～4		
	耐汗渍	变色	≥3		
		沾色	≥3		
	耐水	变色	≥3		
		沾色	≥3		
装饰件和绣花线耐皂洗/级		变色	≥3～4		
		沾色	≥3～4		
装饰件和绣花线耐干洗/级		变色	≥3～4		
		沾色	≥3～4		
面料起球/级			≥4	≥3～4	≥3
纰裂/cm			≤0.6,试验中不得出现织物断裂、滑脱、缝纫线断裂		

颜色大于1/12染料染色标准深度色卡为深色,小于等于1/12为浅色(GB/T 4841.3)。

水洗尺寸变化率、耐皂洗色牢度、水洗拼接互染仅考核使用说明注明的可水洗产品。干洗尺寸变化率、耐干洗色牢度仅考核使用说明注明的可干洗产品。水洗拼接互染仅考核深色与浅色相拼接的产品。

尺寸变化率,领大只考核关门领。腰围不考核松紧腰围,褶皱处理或纬向弹性产品不考核横向尺寸变化率。

覆黏合衬部位剥离强度只考核上衣的领子和大身部位,且不考核复合、喷涂面料的剥离,非织造布黏合衬如在试验中无法剥离则不考核此项目。

蚕丝含量>50%的织物色牢度允许程度按GB/T 18132规定。

起绒、植绒类面料、深色面料的湿摩擦色牢度的合格品考核指标允许降半级。

织物平方米质量在52 g及以下的纰裂允许程度指标按GB/T 18132规定。外层起装饰作用部分不考核接缝性能。

起绒织物不考核起球。

3. 出厂检验项目

（1）经纬纱向

后身袖子及筒裙的允斜程度不大于3%,前身底边不倒翘。

（2）对条对格

面料有明显条格的在1.0 cm及以上的按表7-50规定。色织格料允斜程度不大于3%。倒顺毛(绒)、阴阳格面料全身顺向一致。特殊图案以主图为准,全身顺向一致。

表7-50　裙子1.0 cm及以上明显条格对条对格规定

部位名称	对条对格规定	备注
左右前身	条料顺直,格料对横,互差不大于0.3 cm	遇格子大小不一时,以衣长二分之一上部为主
袋与前身	条料对条、格料对格,互差不大于0.3 cm。斜料贴袋左右对称,互差不大于0.5 cm(阴阳格除外)	遇格子大小不一时,以袋前部为主
领子、驳头	条料对称,互差不大于0.2 cm	遇有阴阳格,以明显条格为主
后过肩	条料顺直,两头对比互差不大于0.4 cm	以明显条为主
袖头	左右袖头条格顺直,以直条对称,互差不大于0.2 cm	以明显条为主
袖子	条格顺直,格料对横,以袖山为准,两袖对称,互差不大于0.8 cm	
袖与前身	袖肘线以上与前身格料对横,两袖互差不大于0.8 cm	
背缝	条料对条,格料对横,互差不大于0.3 cm	遇上格子大小不一,以上背部为主
摆缝	格料对横,袖窿底10 cm处以下互差不大于0.4 cm	
裙侧缝	条格顺直,格料对横,互差不大于0.3 cm	

（3）拼接

挂面在驳头下、最下扣眼以上允许一拼,但必须避开扣眼位。裙子的腰头允许在后缝或侧缝处拼接一处,其他部位不允许拼接(特殊设计除外)。

（4）色差

腰头与大身的色差不低于4级,里料的色差不低于3~4级。其他表面部位的色差高于4级。套装中上装与裙子的色差不低于4级。

（5）外观疵点

成品各部位疵点允许程度按表7-51规定,未列入疵点按其形态,参照相似疵点执行。每个独立部位只允许疵点一处。成品各部位划分见图7-9。

表7-51　裙子各部位疵点要求规定

疵点名称	各部位允许存在程度		
	1号部位	2号部位	3号部位
粗节(粗于原纱一倍)	不允许	长度在2.5 cm以内	长度在3.5 cm以内
竹节(粗于原纱二倍)	不允许	长度在1.5 cm以内	长度在2.5 cm以内
双经双纬	不允许	不影响外观	长度不限
轻油纱	不允许	长度在2.5 cm以内	长度在3.5 cm以内

疵点名称	各部位允许存在程度		
	1 号部位	2 号部位	3 号部位
色档	不允许	轻微	不影响外观
斑疵（油、锈、色斑）	不允许	不明显，不大于 0.2 cm²	不明显，不大于 0.3 cm²
散布性棉结、毛粒、粗节、竹节	不允许		

轻油纱，目测距离 60 cm 观察时可见。

麻类等特殊风格的产品除外。

图 7-9a　成品各部位划分（连衣裙、上衣）

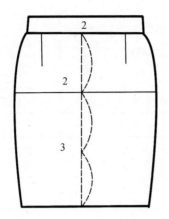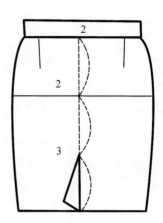

图 7-9b　成品各部位划分(裙子)

（6）缝制

① 针距密度要求(特殊设计除外)，见表 7-52。

表 7-52　裙子针距密度要求

项目		针距密度	备注
明暗线/3 cm	细线	不少于 12 针	特殊需要除外
	粗线	不少于 9 针	
包缝线/3 cm		不少于 9 针	
手工针/3 cm		不少于 7 针	肩缝、袖窿、领子不少于 9 针
三角针/3 cm		不少于 5 针	以单面计算
锁眼/cm	细线	不少于 12 针	
	粗线	不少于 9 针	
钉扣	细线	每眼不低于 8 根线	缠脚线高度与止口厚度相适应
	粗线	每眼不低于 6 根线	
注:细线是指 20 tex 及以下的缝纫线;粗线是指 20 tex 以上的缝纫线			

② 其他要求：

各部位缝制平服、线路顺直、整齐、牢固,针迹均匀,上下线松紧适宜,无跳线、断线,起止针处及袋口须回针缉牢。

领子平服,不反翘,领子部位明线不允许有接线。

绱袖圆顺,前后基本一致。袋与袋盖方正、圆顺;袋口两端须打结。

滚条、压条要平服,宽窄一致。

外露缝份须包缝,各部位缝份小于 0.8 cm(袋、领、门襟、止口等除外)。

锁眼定位准确,大小适宜,扣与眼对位,整齐牢固。眼位不偏斜,锁眼针迹美观、整齐、平服。

钉扣牢固,扣脚高低适宜,线结不外露。钉扣不得钉在单层布上(装饰扣除外),缠脚高度与扣眼厚度适宜,缠绕三次以上(装饰扣不缠绕),收线打结结实完整。

扣与扣眼上下对位良好,四合扣牢固,上下对位,吻合适度,无变形或过紧现象。

绱门襟拉链平服,左右高低一致。

商标、号型标志、成分含量标志、洗涤标志准确清晰、位置端正。

对称部位基本一致。

领子部位不允许跳针,其余部位30 cm内不得有连续跳针或两处及以上单跳针。链式线迹不允许跳针。

装饰物(绣花、镶嵌等)牢固、平服。

裙子侧缝顺直,筒裙类产品扭曲率不大于3%。

(7)规格允许偏差

规格允许偏差见表7-53。

表7-53 裙子规格允许偏差

部位	领大	衣长	胸围	总肩宽	长袖袖长		短袖袖长	腰围	裙长	连衣裙裙长
					圆袖	连肩袖				
允许偏差/cm	±0.6	±1.0	±2.0	±0.8	±0.8	±1.2	±0.6	±1.5	±1.5	±2.0

(8)整烫外观要求

各部位熨烫平服、整洁,无烫黄、水渍、亮光。

覆黏合衬部位不允许有脱胶、渗胶、起皱、起泡、沾胶。

(9)其他要求

使用说明:符合GB/T 5296.4要求。

号型规格:号型设置按GB/T 1335.2、GB/T 1335.3规定选用。主要部件规格按GB/T 1335.2、GB/T 1335.3规定设计的设计资料。

面料:选用符合裙子、连衣裙、裙套品质要求的面料。

里料:采用与面料性能、色泽相适宜的里料。

衬布、垫肩:使用与面料尺寸变化率、性能、色泽适宜的衬布、垫肩。

缝线:选用适合所用面料、里料性能的缝线;绣花线的缩率与面料相适应;钉扣线与扣的色泽相适宜;钉商标线与商标底色相适宜(装饰线除外)。

纽扣、拉链及附件:采用适合所用面料的纽扣、拉链及附件。纽扣表面光洁、无缺损,附件无残疵、无尖锐点和锐利边缘,经洗涤和/或熨烫后不变形、不变色、不沾色、不生锈。拉链啮合良好、光滑流畅。

二、检验方法

1. 成品规格测定

裙装主要部位规格测量方法如下:

领大:摊平横量领下口(特殊领口除外)。

衣长：由前身左襟肩缝最高点垂直量至底边，或由后领中垂直量至底边。

圆袖袖长：由袖山最高点量至袖口边中间。

连肩袖袖长：由后领中沿袖山最高点量至袖口边中间。

胸围：扣上纽扣（或合上拉链），前后身摊平，沿袖窿底缝水平横量（周围计算）。

总肩宽：由肩袖缝的交叉点摊平横量（连肩袖不量）。

腰围：扣上裙钩（纽扣），沿腰宽中间横量（周围计算）。

裙长：由腰上口沿侧缝摊平垂直量至裙子底边。

连衣裙裙长：由前身肩缝最高点垂直量至裙子底边，或由后领中垂直量至裙子底边

2. 外观检验

① 色差评定。评定成品色差时，被评部位纱向要一致。入射光与样品表面约成 45°角，观察方向垂直于样品表面，距离约 60 cm 目测，并用 GB 250 标准样卡对比评定色差等级。

② 疵点检验。各部分疵点与"男女衬衫外观疵点样照"对比。

③ 针距密度。缝纫线迹上任取 3 cm 测量（厚薄部位除外）。

④ 允斜程度。测定纬斜率，以纬斜率表示。按本章第一节"六、纬斜或条格斜率计算"公式计算纬斜率。

⑤ 扭曲率测定。按图 7-17 测量裙腰与侧缝交叉处垂直到底边的点与扭曲后端点的距离 a(cm)和裙腰与侧缝交叉处垂直到底边的距离 b(cm)。按下式计算扭曲率。

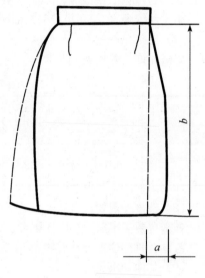

图 7-10　扭曲率测量示意

$$扭曲率 = \frac{a}{b} \times 100\%$$

⑥ 其他按质量要求规定测定。

3. 理化性能测定

① 主要部位的接缝性能（缝子纰裂程度）测定，测试方法请参照第七章第二节"检验方法"中"成品缝子纰裂测定"。

a. 取样部位规定：

后背缝取样部位：后领中向下约 25 cm。

袖缝取样部位：袖窿处向下约 10 cm。

摆缝取样部位：袖窿处向下约 10 cm。

裙侧缝、裙后中缝取样部位：腰头向下约 20 cm。

b. 裙装缝子纰裂程度试验规定负荷：平方米重量在 52 g 及以下织物面料为(45.0±1.0)N，其他织物面料为(100.0±2.0)N，服装里料为(70.0±1.5)N。

② 其他理化性能指标测定，试验方法见表 7-54。

表 7-54 裙装部分理化性试验方法

项目		试验方法标准	说明
纤维含量		GB/T 2910	
水洗尺寸变化率		GB/T 8630	采用5A(面料含毛或蚕丝≥50%采用7A)洗涤程序(丝绸产品按GB/T18132),干燥采用悬挂晾干。批量样品中随机抽取三件样品测试,结果取平均值
干洗尺寸变化率		FZ/T 80007.3	采用常规干洗法。批量样品中随机抽取三件样品测试,结果取平均值
剥离强力		FZ/T 80007.1	
色牢度	耐干洗	GB/T 5711	
	耐皂洗	GB/T 3921	采用方法 C(3)(蚕丝、再生纤维素纤维、锦纶、毛及混纺织物采用 A(1))
	耐摩擦	GB/T 3920	
	耐光	GB/T 8427	采用方法 3
	耐汗渍	GB/T 3922	
	耐水	GB/T 5713	
拼接互染色牢度		GB/T 3921	采用方法 A(1)。在成衣面料拼接部位取样,以拼接接缝为样本中心,取样尺寸为 40 mm×200 mm,使试样为拼接颜色各取一半(或按样品实际比例取样),评级按 GB/T 251 规定评价两种面料的沾色
起球		GB/T 4802.1	磨毛织物、精梳毛织品采用方法 E,松结构精梳毛织品、粗梳毛织品采用方法 F,其余采用方法 D
洗涤干燥后外观质量			观察经过水洗尺寸变化率试验后的样品外观质量情况,并与未经洗涤的样品以及织物经洗涤后外观平整度立体标准样板(GB/T 13769)和织物经洗涤后接缝外观平整度立体标准样板(GB/T 13771)进行比较、评价
未提及的理化项目			按测试项目在成品上选取

三、检验规则

检验规则按第七章第一节要求,质量缺陷判定依据按表 7-55 进行判定。各项缺陷逐项累计计算。未列出的缺陷参照相似缺陷酌情判定。丢工、少序、错序为重缺陷,缺件为严重缺陷。

表 7-55 裙装质量缺陷判定依据

项目	序号	轻缺陷	重缺陷	严重缺陷
使用说明	1	商标不端正,明显歪斜;使用说明内容不规范	使用说明内容不正确	使用说明内容缺项

项目	序号	轻缺陷	重缺陷	严重缺陷
外观及缝制质量	2			使用黏合衬部位脱胶、渗胶、起皱
	3	熨烫不平服;有亮光	轻微烫黄;变色	变质;残破
	4	表面有轻微污渍;表面有长于1.0 cm的死线头三根及以上	有明显污渍,面料有大于2.0 cm²,里料大于4.0 cm²;水花大于4.0 cm²	有严重污渍,污渍大于30.0 cm²
	5	缝制不平服,松紧不适宜;底边不圆顺;包缝后缝份小于0.8 cm	有明显折痕;毛、脱、漏小于等于1.0 cm;表面部位布边针眼外露	毛、脱、漏大于1.0 cm
	6	30.0 cm内有两个单跳针;双轨线、吊带、串带各封结、回针不牢固	连续跳针或30.0 cm内有两个以上单跳针	链式线迹针、断线
	7	锁眼、钉扣、各个封结不牢固;眼位距离不均匀,互差大于0.4 cm;扣与眼互差大于0.2 cm	眼位距离不均匀,互差大于0.5 cm;扣与眼互差大于0.5 cm(包括附件)	
	8	领面、领窝、驳头不平服;领外口、串口不顺直;领型不对称,绱领偏斜大于0.5 cm	绱领偏斜大于等于1.0 cm	
	9	绱袖不圆顺,前后不适宜,两袖互差大于0.8 cm(包括袖底十字缝);袖缝、侧缝不顺直、不平服,长袖长度互差大于0.8 cm;短袖长度互差大于0.6 cm	两袖前后差大于1.5 cm	
	10	袖缝不顺直,两袖长短互差大于0.8 cm;两袖口大小互差大于0.4 cm(双层)		
	11	门襟(包括开衩)短于里襟0.3 cm长于里襟0.4 cm以上;门襟不顺直、不平服、门襟搅豁大于3.0 cm;门里襟止口反吐;裙衩不平服、不顺直、搅明显搅豁大于1.5 cm		
	12	肩缝不顺直、不平服;两肩宽窄不一致,互差大于0.5 cm		
	13	袋盖长短,宽窄互差大于0.3 cm;口袋不平服、不顺直;嵌线不直、宽窄不一致;袋角不整齐	袋盖小于袋口(贴袋)0.5 cm(一侧)或小于嵌线;袋布垫料毛边,无包缝	

续表

项目	序号	轻缺陷	重缺陷	严重缺陷
外观及缝制质量	14	装拉链不平服,露牙不一致	装拉链明显不平服	拉链缺齿,拉链锁头脱落
	15	省道不顺直、不平服;长短、位置互差大于 0.5 cm;细裥(含塔克线)不均匀,左右不对称,互差大于 0.5 cm;打裥裥面宽窄不一致,左右不对称		
	16	腰头明显不平服、不顺直;宽窄互差大于 0.3 cm;止口反吐;橡筋松紧不匀;活里没有包缝		
	17	装饰物不平服、不牢固;绣面花型起皱,明显露印		绣花漏绣
	18	裙子侧缝扭曲率大于 3%;裙子侧缝长短互差大于 1.0 cm		
规格允许偏差	19	规格超过规定要求 50% 及以内	规格超过规定要求 50% 以上	规格超过规定要求 100% 及以上
辅料	20	线、衬等辅料的色泽与面料不相适应。钉扣线与扣色泽不相适宜	里料、缝纫线的性能与面料不相适宜	纽扣、金属扣及其他附件等脱落;金属件锈蚀;上述配件在洗涤试验后出现脱落或锈蚀
允斜程度	21	规格超过规定要求 50% 及以内	规格超过规定要求 50% 以上	
对条对格	22	超过规定要求 50% 及以内	超过规定要求 50% 以上	
图案	23			面料倒顺毛,全身顺向不一致;特殊图案顺向不一致
色差	24	面料或里料色差超过规定要求的半级以内;里布影响色差低于 3 级	面料或里料色差超过规定要求的半级以上	
疵点	25	2、3 号部位超过规定要求	1 号部位超过规定要求	破损等严重影响使用和外观
针距	26	低于规定要求 2 针(含 2 针)以内	低于规定要求 2 针以上	

第九节　婴幼儿服装检验

本节婴幼儿服装是指以纺织机织物为主要原料生产的婴幼儿服装及套件,也可包括婴幼儿服饰产品。

一、技术要求

1. 安全要求

婴幼儿服装要符合"GB/T 18401 国家纺织产品基本安全技术规范" A 类产品安全要求。

2. 理化性能要求

按表 7-56 规定。颜色大于 1/12 染料染色标准深度色卡为深色,小于等于 1/12 为浅色(GB/T 4841.3)。深色合格品的耐湿摩擦色牢度可降低半级。

表 7-56　婴幼儿服装理化性能要求

项目			分等要求		
			优等品	一等品	合格品
纤维含量			按产品使用说明标注的纤维名称和含量,允许偏差按 FZ/T 01053 规定		
水洗尺寸变化率	胸围		≥-2.5	≥-3.0	≥-3.5
	衣长				
	裤(裙)长				
色牢度/级	耐洗	变色、沾色	≥4	≥3~4	≥3
	耐唾液	变色、沾色	≥4	≥4	≥4
	耐汗渍	变色、沾色	≥4	≥3~4	≥3~4
	耐水	变色、沾色	≥4	≥3~4	≥3~4
	耐摩擦	干摩擦	≥4	≥4	≥4
		湿摩擦	≥4	≥3~4	≥3
衣带缝纫强力/N			≥70		
纽扣等不可拆卸附件拉力			不脱落		
可萃取重金属含量/(mg/kg)	汞		≤0.02		
	铬		≤1.0		
	铅		≤0.2		
	砷		≤0.2		
	铜		≤25.0		

3. 出厂检验项目

（1）经纬纱向

领面、后身、袖子的允斜程度不大于3%，前身底边不倒翘。色织格料纬斜不大于3%。

（2）对条对格

面料有明显条格的在1.0 cm及以上的按下述规定对条对格：

前身：条料对条，格料对横，互差不大于0.3 cm。格子大小不一时，以前身三分之一上部为准。

袋、袋盖与前身：条料对条、格料对格，互差不大于0.3 cm。格子大小不一时，以袋前部中心为准。

领角：条格左右对称，互差不大于0.3 cm。阴阳条格以明显条格为主。

袖子：两袖左右顺直，条格对称，以袖山为准，互差不大于0.5 cm。

裤侧缝：侧缝袋口下10 cm处，格料对横，互差不大于0.5 cm。

前后裆缝：条格对称，格料对横，互差不大于0.4 cm。

倒顺毛（绒）、阴阳格面料全身顺向一致（长毛原料，全身上下顺向一致）。特殊图案以主图为准，全身顺向一致。

（3）色差

领面、袋与大身、裤侧缝色差高于4级，其他表面部位不低于4级。套装中上装与裤子的色差不低于4级。

（4）外观疵点

成品各部位疵点允许程度按表7-57规定，每个独立部位只允许疵点一处。成品各部位划分见图7-11。

表7-57　婴幼儿服装各部位疵点要求规定

疵点名称	各部位允许存在程度		
	1号部位	2号部位	3号部位
粗于二倍粗纱3根	不允许	长度在1 cm～3 cm	长度在3 cm～6 cm
粗于三倍粗纱4根	不允许	不允许	长度小于2.5 cm
经缩	不允许	不明显	长度小于4 cm，宽度小于1 cm
颗粒状粗纱	不允许	不允许	不影响外观
色档	不允许	不影响外观	轻微
斑疵（油、锈、色斑）	不允许	不影响外观	不大于0.2 cm^2

（5）缝制

① 针距密度要求（特殊设计除外）：

明暗线为（10～14）针/3 cm；

包缝线不少于9针/3 cm；

手工针不少于7针/3 cm，肩缝、袖窿、领子不少于9针；

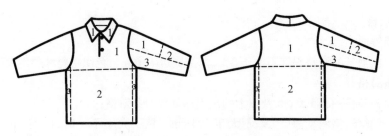

(a) 婴幼儿服装(上衣)各部位划分

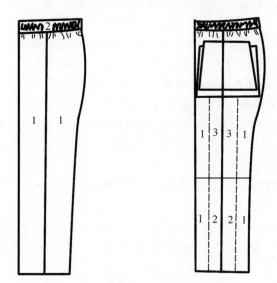

(b) 婴幼儿服装(裤子)各部位划分

(c) 婴幼儿服装(裙)各部位划分

图7-11　婴幼儿服装各部位划分

三角针不少于5针/3 cm(以单面计算);

锁眼细线不少于12针/cm,粗线不少于9针;

钉扣细线每眼不低于8根线,粗线每眼不低于4根线,缠脚线高度与止口厚度相适应。

② 其他要求:

各部位缝份不小于0.8 cm。缝制线路顺直、整齐、平服、牢固,起落针处有回针。

绱领端正,领子平服,领面松紧适宜。

绱袖圆顺,前后基本一致。

滚条、压条要平服,宽窄一致。

所有外露缝份须全部包缝。

袋口两端牢固,可采用套结机或平缝机回针。

袖窿、袖缝、摆缝、底边、袖口、挂面里口等部位要叠针。

锁眼定位准确,大小适宜,扣与眼对位,整齐牢固。钮脚高低适宜,线迹不外露。

商标位置端正,耐久性标签内容清晰、正确。内衣成品商标、耐久性标签缝制在衣服外表面。

成品各部位缝纫线迹30 cm内不得有两处单跳和连续跳针,链式线迹不允许跳针。

成品中不得残留金属针。

领口、帽边不允许使用绳带。成品上的绳带外露长度不超过14 cm。

印花部位不允许含有可掉落粉末和颗粒;绣花或手工缝制装饰物不允许有闪光片和颗粒珠子或可触及性锐利边缘及尖端的物质。

婴幼儿套头衫领圈展开(周长)尺寸不小于52 cm。

(6) 规格允许偏差

规格允许偏差按表7-58规定。

表7-58 婴幼儿服装规格允许偏差

部位	衣长	胸围	领大	总肩宽	袖长		裤(裙)长	腰围
					装袖	连肩袖		
允许偏差(cm)	±1.0	±1.5	±0.6	±0.6	±0.6	±1.0	±1.0	±0.7

(7) 整烫外观要求

各部位熨烫平服、整洁,无烫黄、水渍、亮光。

使用黏合衬部位不允许有脱胶、渗胶、起皱。

(8) 其他要求

使用说明:符合GB/T 5296.4要求,在产品标识上注明不可干洗。

号型规格:号型设置按GB/T 1335.3规定选用。主要部件规格按GB/T 1335.3规定设计的设计资料。

面料:选用符合婴幼儿服装品质要求的面料。

里料:采用与面料性能、色泽相适宜的里料。

填充物:采用具有一定保暖性的天然纤维、化学纤维或动物毛皮,填充物絮片符合GB 18383规定要求。

衬布:使用与面料尺寸变化率、性能、色泽适宜的衬布。

缝线、绳带、松紧带:选用适合所用面料质量的缝线、绳带、松紧带(装饰线、带除外)。钉扣线与扣的色泽相适宜。

纽扣、拉链及金属附件:采用适合所用面料的纽扣(装饰扣除外)、拉链及金属附件。纽扣、拉链及金属附件表面无毛刺、无可触及性锐利尖端及其他残疵,且洗涤和熨烫后不变形、不变色、不生锈,拉链的拉头不可脱卸。可触及性锐利边缘及尖端是指在正常穿着条件下,成品上可能对人体皮肤产生的伤害的锐利边缘和尖端。

钉商标:钉商标线与商标底色相适宜。

二、检验方法

1. 成品规格测定

主要部位规格测量方法按表 7-59 规定。

表 7-59　婴幼儿服装主要部位规格测量方法

序号	部位		测量方法
1	衣长		由前身襟肩缝最高点垂直量至底边,或由后领中垂直量至底边
2	胸围		扣上纽扣(或合上拉链),前后身摊平,沿袖窿底缝水平横量(周围计算)
3	领大		领子摊平横量,立领量上口,其他领量下口(搭门除外)
4	总肩宽		由肩袖缝的交叉点摊平横量
5	袖长	绱袖	由肩袖缝的交叉点量至袖口边
		连肩袖	由后领中沿肩袖缝交叉点量至袖口边
6	腰围		扣上裤钩(纽扣),沿腰宽中间横量(周围计算)
7	衣长	裤长	由腰上口沿侧缝摊平垂直量至脚口
		裙长	由腰上口沿侧缝摊平垂直量至裙子底边
8	领圈展开尺寸		测量领圈(弹性领圈撑开;有固定物需解除后)的最大周长

2. 外观检验

① 色差评定:评定成品色差时,被评部位纱向要一致。入射光与样品表面约成 45°角,观察方向垂直于样品表面,距离约 60 cm 目测,并用 GB 250 标准样卡对比评定色差等级。

② 各部分疵点与"男女棉服装及男女儿童单服装外观疵点样照"对比。

③ 针距密度:缝纫线迹上任取 3 cm 测量(厚薄部位除外)。

④ 纬斜,按本章第一节"六、纬斜或条格斜率计算"公式计算纬斜率。

⑤ 残留金属针检测:将包装好的成品正反两面逐件通过验针机进行。

⑥ 其他按质量要求规定测定。

3. 理化性能测定

(1) 衣带缝纫强力测试

测试方法按 GB/T 3923.1 规定,取最低值作为测试结果。

衣带部位取样说明:在带子与衣服缝合部位(包括全部衣带部位,边缘部位无法取样带除外),以缝合线为中心左右各剪取 115 mm,以带子缝合线的中心点剪取宽 50 mm 的试样,样品数量 5 块,钳口夹距为 100 mm ± 1 mm,拉伸速度为 100 mm/min,逐个进行试验。取样见图 7-12。

（2）纽扣等不可拆卸附件拉力测试

在垂直和平行于婴幼儿服装附件主轴的方向上，在一定时间内施加一定的负荷（70±2）N，来验证婴幼儿服装的附件的抗拉强力是否满足规定的要求。当附件由固定在婴幼儿服装的两部分构成时，两部分都要测试。调湿和试验均采用标准大气条件。

随机取婴幼儿服装成品三件，去掉服装的包装，置于标准大气中调湿。

用拉力测试仪下夹钳夹住附件与婴幼儿服装联结处的面料，使附件平面垂直于拉力测式仪的上夹钳。上夹钳夹住被测附件，注意夹持时不得引起被测附件明显变形、破

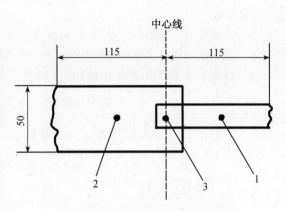

1—带子　2—衣服　3—缝纫线
图7-12　婴幼儿服装衣带部位取样

碎等不良现象。沿着与被测附件主轴平行的方向，在5 s内均匀施加（70±2）N的负荷，并保待10 s；更换上夹钳，沿着与被测附件垂直的方向，在5 s内均匀施加（70±2）N的负荷，并保待10 s。如附件从上夹钳中滑落，但未从下层面料被拉掉或附件从上夹钳中滑落并破碎则试验数据作废。分别记录两个方向测得的拉力（精确到1 N）。三件服装上的所有纽扣等不可拆卸附件都要测试。

当所有附件的抗拉强力均不低于（70±2）N时，判定该婴幼儿服装合格，否则为不合格。

（3）其他理化性能指标测定

其他理化性能指标测定见表7-60。

表7-60　婴幼儿服装部分理化性能试验方法

项目		试验方法标准	说　明
纤维含量		GB/T 2910	
铬、铅、铜含量		GB/T 17593.1	
汞、砷含量		GB/T 17593.4	
水洗尺寸变化率		GB/T 8630	采用4A洗涤程序（丝绸产品按GB/T18132），干燥采用悬挂晾干。批量样品中随机抽取三件样品测试，结果取平均值
色牢度	耐摩擦	GB/T 3920	
	耐皂洗	GB/T 3921	
	耐汗渍	GB/T 3922	
	耐水	GB/T 5713	
	耐唾液	GB/T 18886	

三、检验规则

检验规则按第七章第一节要求,质量缺陷判定依据按表7-61进行判定。各项缺陷逐项累计计算。未列出的缺陷参照相似缺陷酌情判定。丢工、少序、错序为重缺陷,缺件为严重缺陷。

理化性能一项不合格,即为该抽验批不合格。

表7-61 婴幼儿服装质量缺陷判定依据

项目	序号	轻缺陷	重缺陷	严重缺陷
使用说明外观及缝制质量	1	商标不端正,明显歪斜;钉商标线与面料色泽不适应;内衣产品的耐久性标签钉在衣服内侧	使用说明内容不正确	使用说明内容缺项
	2			有残留金属针
	3			绳带外露长度大于14 cm;领口或帽边使用绳带
	4	熨烫不平服;有亮光	轻微烫黄;变色	变质;残破
	5	表面有死线头长于1.0 cm、纱毛长1.5 cm,2根以上;有轻充污渍,污渍小于等于2.0 cm²,水花小于等于4.0 cm²	有明显污渍,污渍大于2.0 cm²,水花大于4.0 cm²	有严重污渍,污渍大于30.0 cm²
	6	领型左右不一致,折叠不端正,互差0.6 cm以上(两肩对比、门里襟对比);领窝、门襟轻微起兜,不平挺;底领外露,胸袋、袖头不平服、不端正	领窝、门襟严重起兜	
	7	里料针眼外露(布边)小于3.0 cm	面料针眼外露(布边)小于1.0 cm。里料针眼外露(布边)大于等于3.0 cm	
	8	领子不平服,领面松紧不适宜;豁口重叠		
	9	口袋歪斜;不平服;缉线明显宽窄;左右口袋高低大于0.4 cm;前后大于0.6 cm		
	10	袖头:左右不对称;止口反吐;宽窄大于0.3 cm;长短大于0.6 cm		
	11	袖开叉长短大于0.5 cm		
	12	缩袖:不圆顺;吃势不均匀;袖窿不平服		
	13	肩、袖窿、袖缝、侧缝、合缝不均匀;倒向不一致;两肩大小互差大于0.5 cm	两肩大小互差大于1.0 cm	

项目	序号	轻缺陷	重缺陷	严重缺陷
使用说明外观及缝制质量	14	十字缝:互差大于 0.7 cm		
	15	底边:宽窄不一致;不顺直;轻度倒翘	底边严重倒翘	
	16	裤侧袋口明显不平服、不顺直;袋口大小互差大于 0.5 cm;侧袋上口高低,互差大于 0.5 cm		
	17	裤后袋不圆顺、不方正、不平服;袋盖里明显反吐;嵌线宽窄大于 0.3 cm;袋盖小于袋口 0.3 cm以上	袋口明显毛	
	18	两裤褪长短不一致,互差大于 0.5 cm;裤脚口左右大小不一致,互差大于 0.4 cm	两裤腿长短不一致,互差大于 1.0 cm;裤脚口左右大小不一致,互差大于 0.6 cm	
	19	省道:不顺直;尖部起兜;有长短,前后不一致,左右不对称,互差大于 1.0 cm;串带不对称,互差大于 0.7 cm	串带钉得不牢(一端掀起)	
	20	缝制线路不顺直;宽窄不均匀;不平服;接线处明显双轨大于 1.0 cm;起落针处没有回针;30 cm 有二处单跳和连续跳针;上下线轻度松紧不适宜	毛、脱、漏小于 2.0 cm;上下线松紧严重不适宜,影响牢度	毛、脱、漏大于等于 2.0 cm;链式线路跳纱、断线
	21	领子止口不顺直;反吐;领尖长短不一致,互差 0.3～0.5 cm;绱领不平服;绱领偏斜 0.6～0.9 cm	领角长短互差大于 0.5 cm;绱领偏斜大于等于 1.0 cm;绱领严重不平服。1 号部位有接线、跳线;领角毛出	
	22	压领线:宽窄不一致,下炕;反面线距大于 0.4 cm 或上炕		
	23	门、里襟不顺直、不平服;长短互差 0.4～0.6 cm;两袖长短互差 0.6～0.8 cm	门、里襟有拆痕、长短互差大于等于 0.7 cm;两袖长短互差大于等于 0.9 cm	
	24	裤门里襟长短,互差大于 0.3 cm;门襟止口明显反吐;门祥缝合明显松紧不平		
	25	裤小档、后档缝明显不圆顺、不平服;封结不整齐,裤底不平;后缝单线	各部位封结不牢固;后缝平拉断线	

项目	序号	轻缺陷	重缺陷	严重缺陷
使用说明外观及缝制质量	26	锁眼偏斜,扣与眼位互差大于0.3 cm	锁眼跳线、开线;扣掉落	
	27			套头衫领圈展开(周长)尺寸小于52 cm
	28			印花部位含有可掉落粉末或颗粒
	29			绣花或手工缝制装饰物有闪光片或颗粒状珠子或可触及性锐利边缘及尖端的物质
色差	30	表面部位色差不符合规定要求的1级及以内	表面部位色差超过规定要求的1级以上	
辅料	31	缝纫线、绳、带的色泽、色调与面料不相适应。钉扣线与扣的色泽不相适宜		
疵点	32	2、3号部位超过规定要求	1号部位超过规定要求	
对条对格	33	对条、对格、纬斜超过规定要求50%及以内	对条、对格、纬斜超过规定要求50%以上	面料倒顺毛,全身顺向不一致;特殊图案顺向不一致
针距	34	低于规定要求2针(含2针)以内	低于规定要求2针以上	
规格允许偏差	35	规格偏差超过规定要求50%及以内	规格偏差超过规定要求50%以上	规格偏差超过规定要求100%及以上
锁眼	36	锁眼间距互差大于等于0.5 cm;偏斜大于等于0.3 cm;纱线绽出	跳线,开线,毛漏	
纽扣及金属附年	37	扣与眼位互差大于等于0.3 cm(包括金属扣);钉扣不牢	扣与眼位互差大于等于0.6 cm(包括金属扣)	有毛刺;有可触及性锐边缘或尖端;纽扣、金属扣脱落;金属件锈蚀
拉链	38	拉链明显不平服、不顺直	拉链宽窄互差大于0.5 cm	拉链缺齿,拉链锁头脱落;拉链头可脱卸

思考与实践

1. 服装检验质量等级是如何划分的？缺陷划分为哪三类？

2. 服装检验抽样数量是如何规定的？单件产品和批量产品等级是如何来判定？

3. 说说成品服装纰裂的技术要求，实践测定某种服装成品缝子纰裂程度。

4. 分小组练习各种服装成品规格测量。绘制服装成品测量部位示意图。

5. 选择条格服装，进行对条对格检验。

6. 练习查看成品服装有无拼接，如果有拼接，是否合理？检查服装各部位色差，并判定其是否符合要求。

7. 练习检查服装的缝制针距密度等缝制质量。

8. 练习查找服装的质量缺陷，进行严重程度分析，判定单件产品的等级。

9. 查验成品服装标识、标签、使用说明等，并说明该服装的各部位原料成分、使用维护方法、标识的完整程度。

第八章

进出口服装检验

　　《中华人民共和国进出口商品检验法》明确规定,纺织服装制品必须由检验检疫机构实施检验,进口服装未经检验的不准销售和使用,出口服装未经检验的不准出口。出入境检验体现了国家对服装商品实施质量管制的意志,是维护国家经济安全、保护消费者权益的有力措施。中国作为服装进出口大国,进出口服装企业和检验人员了解和掌握进出口服装检验知识显得犹为重要。

第一节 进出口服装检验规则

一、内在质量检验

进出口服装内在质量一般是指要通过检测仪器或试验才可以进行质量判定的项目,包括安全项目和常规项目。安全项目是指涉及人身安全、卫生、环保、健康、防欺诈等项目,它包括法规性要求和非法规性要求。安全项目之外的其他项目为常规项目。

1. 进出口服装基本法规性要求

法规性要求是指相关法律、法规、法令、条例、官方公报、强制性标准等明示的要求。也包括输入国与我国政府签订的双边检验协定中所规定的所有技术项目。

非法规性要求不具有法的属性,是指相关组织、企业、贸易关系人相互约定的技术要求。如部分国家或地区(组织)以推荐性标准、产品安全声明等对服装相关技术项目规定的非法规性要求。

① 出品服装法规性要求规定

进口服装基本法规性要求必须符合 GB 18401 规定的要求。

出口服装法规性要求,不同的输入国或地区有不同的要求,部分国家或地区服装安全项目法规性的安全项目见表8-1。当输入国没有相关技术法规要求并且与我国未签订双边检验协议时,出口服装法规性要求应当符合 GB 18401 规定的要求。

表8-1 部分国家或地区服装法规性要求的安全项目

安全项目 \ 国家或地区	美国	法国	欧盟	英国	日本	德国	荷兰	澳大利亚	韩国	意大利
甲醛		△			△	△			△	
可分解致癌芳香胺染料		△	△			△	△	△		
可萃取重金属及重金属总含量	△		△		△	△	△			
含氯酚等		△	△	△		△	△			
有机锡化合物			△		△	△				
含溴或含氯阻燃整理			△		△	△				
聚氯乙烯和邻苯二甲酸酯类增塑剂	△		△							
阻燃性能	△		△	△			△	△		
烷基苯酚聚氧乙烯醚类			△							
多环芳烃			△			△				
全氟辛烷磺酰基化合物和全氟辛酸			△			△				
石棉纤维			△							

续表

国家或地区 安全项目	美国	法国	欧盟	英国	日本	德国	荷兰	澳大利亚	韩国	意大利
短链氯化石蜡	△		△							
检针					△					
纤维含量标识	△	△	△	△	△	△	△	△	△	△
护理标识	△				△			△		
富马酸二甲酯		△	△							
三氯生										
儿童服装等绳带及小部件	△		△	△						

注：△表示此安全项目该国或地区有相关法规性要求

② 安全项目限量要求

安全项目各国或地区的限量规定有的相同或相近，有的差别很大。例如甲醛的限量（mg/kg）规定，日本要求2岁以下婴幼儿服装为20，直接触皮肤服装为75，与皮肤接触较少服装为300，非直接触皮肤服装为1 000；法国要求36个月以下婴儿服装为20，直接触皮肤服装为200，非直接触皮肤服装为400；韩国要求2岁以下婴幼儿服装为30，直接触皮肤服装为100，非直接触皮肤服装为300；德国要求与皮肤直接接触的服装游离甲醛释放量大于1 500时，必须用德文和英文注明"含有甲醛，建议在第一次穿着前洗涤，以免对皮肤有害"。

SN/T 1649—2012《进出口纺织品安全项目检验规范》附录 B～W 中列出了部分国家或地区的安全项目限量规定，读者需要时可以查阅参考。

③ 安全项目抽样要求

抽样时从每一检验批中按品种、颜色随机抽取有代表性样品，每个样品按不同颜色各抽取1个样品，抽样数量要保证试验需要。样品抽取后密封放置，不应进行任何处理。取样方法同"第二章 第二节 一、国家纺织产品基本安全技术规范检验规则"中的取样说明。

④ 全项目结果判定

进口服装达到 GB 18401 全部要求，则判定该批产品基本安全性能合格，否则为不合格。

出口服装根据输入国或地区的安全项目规定，达到全部安全项目指标要求的，则判定该批产品基本安全性能合格，否则为不合格。

当输入国或地区没有相关技术法规要求，并且与我国未签订双边政府间检验协议，出口服装法规性要求应当满足 GB 18401 要求。

进出口服装非法规性要求，依据对外贸易合同规定进行。符合要求判定合格，否则为不合格。对外贸易合同未规定非法规性要求的参照我国相关标准要求进行评定。

当该批产品判定为不合格时，可重新申请复验一次。复验时，只对不合格项目进行检验，以复验结果为最终检验结果。

2. 进出口服装常规项目要求与检验方法

进出口服装常规项目要求按产品标明的标准和 SN 1932 系列标准规定进行。内在质量以成品检验为主,也可以采用与成品同样品质的原料进行测试。

内在质量检验的项目按具体服装产品的检验要求进行。检验可依据的标准很多,不同国家或地区都有各自的规定,检验者根据输入国(或地区)的法律法规要求或合同协议选择适合的检验标准(表8-2)实施检验。如果没有列明方法标准的项目,依次采用国际标准、国家标准、行业标准或灵敏度最高标准的顺序选择试验方法。

表 8-2　进出口服装部分项目内在质量检验依据方法

项目	检测可依据的标准
甲醛	GB/T 2912.1,GB/T 2912.2,GB/T 2912.3,AATCC 112,BS 6806, BS EN ISO 14184-1, BS EN ISO 14184-2,CNS14940,DIN EN ISO 14184-1, EN ISO 14362-1,EN ISO 14362-2,ISO 14184-1,ISO 14184-2,JIS L1041, NF EN ISO 14184-1,NF EN ISO 14184-2,Oeko-Tex200,SFS 4996, SFS EN ISO 14184-1,TIS 2231-2548,§ 35 LMBG B82.02-1
可分解致癌芳香胺染料	GB/T 17592,GB/T 20382,GB/T 20383,GB/T 23344,GB/T 23345,SN/T 1045.1,SN/T 1045.2,SN/T 1045.3,CNS 15205-1,CNS 15205-2, DIN 53316,EN 14362-1,EN 14362-2,NF EN 14362-1,NF EN 14362-2,§ 35 LMBG B 82.02-2,§ 35 LMBG B 82.02-3,§ 35 LMBG B 82.02-4, § 64 LFGB B 82.02-9
pH 值	GB/T 7573,AATCC 81,BS EN 1413,DIN EN 1413、DIN 54275,DIN 54276, EN 1413,ISO 3071
异味	GB 18401,Oeko-Tex200—2005
耐水色牢度	GB/T 5713,AATCC 107,BS EN ISO 105-E01,DIN EN ISO 105-E01, DIN 54005,EN ISO 105-E01,ISO 105-E01,JIS L 0846
耐汗渍色牢度	GB/T 3922,AATCC 15,BS EN ISO 105-E04,DIN EN ISO 105-E04, DIN 53160,EN ISO 105-E04,ISO 105-E04,JIS L 0848, § 35 LMBG B82.10-1
耐干摩擦色牢度	GB/T 3920,AATCC 116,BS EN ISO 105-X12,CGSB-4.2 No 20,DIN EN ISO 105-X12, EN ISO 105-X12,ISO 105-X12,JIS L 0849
耐唾液色牢度	GB/T 18886,DIN 53160,Oeko-Tex200,§ 35 LMBG B82.10-1
尺寸变化率	GB/T 8628,GB/T 8629,GB/T 8630
单位面积质量	GB/T 4669

二、外观质量检验

进出口服装外观质量是指通过感官(异味除外)及简单工具即可进行质量判定的项目,包括外观品质量、标识规范性和包装质量三个方面。

1. 进出口服装外观质量检验

进出口服装外观品质质量要求包括品质、规格等,检验按 SN/T 1932 系列标准要求进行。

检验工具主要有卷尺、GB 250 评定变色用样卡。光源采用北向自然光或不低于 750 lx 照度的日光灯。

在工作台检验时,将样品平摊在工作台(宽 1 m 以上、长 2 m 以上)上,按检验规程逐件逐项进行检验,检验人员与被检产品的观察距离为 50 cm 左右。

在模型架上检验时,选择与被检品号型相适应的模型架,将模型架的位置调到适当高度,检验人员面对成衣保持站立。

2. 包装检验

① 抽样方案,按本章第二节"进出口服装检验抽样"进行。

② 外包装检验

首先进行唛头标记检验,要求箱(袋)外唛头标记清晰,端正,无污染。

纸箱包装检验:纸箱内外清洁、牢固、干燥,适宜长途运输;纸箱衬垫防潮材料,具有保护商品的作用;箱底箱盖封口严密、牢固,封箱纸贴正,两侧下垂达 10 cm;内外包装大小适宜;加固带正,松紧适宜,不脱落,卡扣牢固。

木箱包装检验:木板清洁,不准使用虫蛀、发霉、潮湿、腐朽的木材;木箱内无露钉尖;箱内衬垫防潮材料,具有保护商品的作用;加固带正,松紧适宜,不脱落,卡扣牢固。

塑料编织袋包装检验:内外清洁,无污染,牢固、平整。封口严实,商品不会漏失,编织袋无破裂。

③ 内包装检验

实物装入盒内松紧适宜,有衣架的要端正平整;纸包折叠端正,捆扎适宜;盒(袋)内外清洁、干燥;盒(袋)外标记字迹清晰;胶袋大小与实物相适应,实物装入胶袋平整,封口松紧适宜,不得有开胶、破损现象;胶袋透明度要强,印有字迹图案的清晰、不脱落,与服装上下方向一致。

④ 装箱检验

包装的数量、颜色、规格、搭配符合要求。

⑤ 结果判定

内外包装箱(袋)破损、潮湿、严重污染、箱体变形、标记写错、加固带脱落,木箱腐朽、霉变、虫蛀等影响服装质量及运输的判全批不合格。装箱不符合要求的判全批不合格。

对于出口服装如输入国或地区有规定的,也要符合其要求。

3. 标识检验

① 纤维含量标识的要求

进口服装的纤维含量标识,要求符合 GB 5296.4 和 FZ/T 01053 的规定。出口服装的纤维含量标识,要求符合输入国家或地区(组织)法律法规、标准的规定。

进出口服装纤维含量的标识检验,包括标识的要求、标注内容、纤维含量符合性检测。纤维含量符合性检测,以客户(企业)的检测报告为依据,根据我国或输出国(输入国)商品对应的法律法规、标准的规定进行符合性检测。

② 护理标识的要求

进口服装的护理标识要求,符合 GB/T 8685、GB 5296.4 的规定。出口服装的护理标识要求,符合输入国家或地区(组织)法律法规、标准的规定。

进出口服装护理标识的检验,包括标识的要求、标注内容、文字说明等符合性检验。护理标识的检验,以客户(或企业)的自我声明为依据,根据我国或输出国(输入国)商品对应的法律法规、标准的规定进行符合性项目的检测。

③ 原产地标识的要求

进口服装原产地标识要求,符合我国原产地标识的有关法律法规、标准的规定。出口服装原产地标识要求,符合输入国家或地区(组织)原产地标识的有关法律法规、标准的规定。

进出口服装原产地标识的判定,按我国或输入国的有关法律法规、标准的规定执行。进口服装原产地标识的检验,按 GB 5296.4 规定进行。出口纺织品原产地标识的检验,根据核查实物及生产、经营企业相关的生产、经营、财务凭证等进行。

三、检验结果判定

依据内在质量检验结果和外观质量检验结果进行综合判定,所有项目均符合规定要求,则判定全批合格;其中任一项不符合规定要求,则判定全批不合格。

外观品质质量、包装质量和标识中任何一项不合格,则判定全批外观质量不合格。内在质量中任何一项不合格,则判定全批内在质量不合格。

检验时进口服装质量要求必须符合我国相关服装商品的技术法规要求,出口服装同样要符合输入国或地区技术法规要求。

第二节 进出口服装检验抽样

一、几个术语定义

A 类缺陷:单位产品上出现非工艺要求的缝制不良、整烫不良、沾污、破洞、规格不符等严重影响整体外观及穿着性能的缺陷。

B 类缺陷:单位产品上出现非工艺要求的缝制不良、线头、沾污等轻微影响整体外观及穿着性能的缺陷。

A 类不合格:单位产品中有一个及以上 A 类缺陷,也可含 B 类缺陷。

B 类不合格:单位产品中有一个及以上 B 类缺陷,不含 A 类缺陷。

接收质量限:当一个连续系列被提交验收抽样时,可允许的最差过程平均质量水平。

接收数:作出批合格判定,样本中所允许的最大不合格品数。

拒收数:作出批不合格判定,样本中所允许的最小不合格品数。

二、外观质量检验抽样

1. 抽样

(1)检验水平

采用 GB/T 2828.1 规定的一般检验水平 Ⅰ。

(2)接收质量限(AQL)

A 类不合格品:AQL=2.5。

B 类不合格品:AQL=4.0。

(3)抽样方案

采用正常、放宽、加严检验一次抽样方案,见表8-3。

表8-3　进出口服装正常检验一次抽样方案　　　　　　单位:件(套)

批量 N	样本量 n			A类不合格品						B类不合格品					
				Ac			Re			Ac			Re		
	放宽	正常	加严	放宽	正常	加严	放宽	正常	加严	放宽	正常	加严	放宽	正常	加严
16~25	2	3	3	0	0	0	1	1	1	0	0	0	1	1	1
26~90	2	5	5	0	0	0	1	1	1	0	0	0	1	1	1
91~150	3	8	8	0	0	0	1	1	1	1	1	1	2	2	2
151~280	5	13	13	1	1	1	2	2	2	1	1	1	2	2	2
281~500	8	20	20	1	1	1	2	2	2	1	1	1	2	2	2
501~1 200	13	32	32	1	2	1	2	3	2	2	3	2	3	4	3
1 201~3 200	20	50	50	2	3	2	3	4	3	3	5	3	4	6	4
3 201~10 000	32	80	80	3	5	3	4	6	4	5	7	5	6	8	6
10 001~35 000	50	125	125	5	7	5	6	8	6	6	10	8	7	11	9
35 001~150 000	80	200	200	6	10	8	7	11	9	8	14	12	9	15	13

（4）检验批的构成

出口服装按同一合同、同一条件下加工的同一品种为一检验批或一个出口报验批为一检验批。进口服装按同一报检批中同一品种为一检验批。

（5）抽箱数量

抽箱数量 $=0.6\sqrt{总箱数}$,结果取整数。

（6）样品抽取

在总箱内随机抽取指定的箱数,然后按表8-3规定的数量按规格、款式、颜色在样品箱中均匀抽取应抽样品。如规格、款式、颜色超过所抽样箱数,则可不受抽箱数限制。如因规格、款式、颜色原因应抽样品数量超过抽样方案要求时,必须保证足够的样本量,这时将样本数进行靠档,按靠档后的方案实施抽样并判定。

（7）抽样实施

外观检验依据进出口各类服装检验规定要求进行,规格检验按所抽样品的10%,但每一规格不得少于3件(套)。

2. 外观检验合格批与不合格批的判定

A类、B类不合格品数同时小于等于Ac,则判定为全批合格。

A类、B类不合格品数同时大于等于Re,则判定为全批不合格。

A类不合格品数大于等于Re,则判定为全批不合格。

B类不合格品数大于等于Re,A类不合格品数小于Ac,两类不合格数相加,如小于两类不合格品Re总数,则判定为全批合格。如大于等于两类不合格品Re总数,则判定为全批不合格。

3. 外观检验抽样转移规则

无特殊规定,连续批的出口服装开始一般采用正常检验一次抽样方案,在特殊情况下,开始可使用加严检验或放宽检验抽样方案。

正常检验到加严检验抽样:使用正常检验抽样连续5批中或少于5批有2批是不合格的,应及时转向加严抽样。

　　加严检验到正常检验抽样:加严检验若连续5批是合格的,可恢复正常检验抽样。

　　正常检验到放宽检验抽样:正常检验抽样连续10批检验合格,被认为是可接收的,出口工厂长期质量稳定,可转向放宽检验抽样。

　　放宽检验发现一批检验不被接收的,应转向正常抽样。

　　进口服装及市场采购用于出口的服装采用正常检验一次抽样方案,不适用加严或放宽检验一次抽样方案。

三、内在质量检验抽样

1. 抽样

　　内在质量检验抽样应抽取加工完成的成品服装,样品的数量应满足所做试验的需要并包括所含的辅料。

　　① 抽取成品服装时,从每一检验批中按面料品种、颜色随机抽取代表性样品,每个面料品种和每个颜色至少各抽取1件样品。

　　② 抽取面料时,至少距布端2 m以上,样品尺寸为长度不小于0.5～1.0 m的整幅宽。

　　③ 安全、卫生性能项目样品抽取后密封放置,其他样品应妥善保管,不作任何处理。

　　a. 成分、甲醛、pH值、可萃取重金属、可分解芳香胺染料检测试样要求见表8-4。甲醛样品的抽取应包括所有主辅料(面料、各种标识、橡根等)。

表8-4　成分、甲醛、pH值、可萃取重金属、检测试样要求

国别	甲醛/g	pH值	可萃取重金属/g	可分解芳香胺染料/g	成分
中国、欧盟	成人:1±0.01 幼儿:2.5±0.01	2g±0.05 g 3份	10	10	1 g 2份
日本	成人:1±0.01 幼儿:2.5±0.01	5 g±0.1 g 2份	10	10	1 g 2份
美国	1±0.01	10 g±0.1 g 1份	10	10	1 g 2份

　　b. 色牢度、阻燃性能检测试样要求见表8-5。色牢度样品取样包括所有花型。

表8-5　色牢度、阻燃性能检测试样要求

国别	色　牢　度					阻燃性能
	耐水洗	耐汗渍	耐唾液	耐摩擦	耐光	
中国 欧盟 日本	10 cm×4 cm	10 cm×4 cm	10 cm×4 cm	20 cm×5 cm 经纬各一块	10 cm×6 cm	10 cm×30 cm 经纬各5块
美国	10 cm×5 cm	10 cm×5 cm		20 cm×5 cm 经纬各一块	10 cm×6 cm	10 cm×30 cm 经纬各5块

c. 羽绒羽毛测检试样要求见表8-6。

表8-6　羽绒羽毛检测试样要求

检　测　项　目		单个试样质量/g	试　样　个　数
成分分析	含绒≥30%	≥4	3,两个用于检测,一个备用
	含绒<30%	≥6	3,两个用于检测,一个备用
	纯毛片	≥30	3,两个用于检测,一个备用
耗氧量		10	2
透明度		10	2
残脂率	含绒≥30%	2~3	2
	含绒<30%	4~5	2
蓬松度		28.4	1
水分	含绒≥30%	≥50	2
	含绒<30%	≥100	2
气味		10	2

2. 内在质量检验举例

内在质量依据检验规则进行判定。如果样品内在质量的测试结果有一项不合格,则判定该批服装的内在质量不合格,但复验时只对不合格品种的不合格项目进行检测,同批中的其他品种或颜色不再重复检测。

第三节　进出口典型服装检验举例

不同类型的服装,内在质量检验只要项目相同,采用的检验方法也相同,包装检验、产品标识检验和检验结果判定方法也是如此,以上内容请参阅本章第一节"服装检验规则",本节不再赘述。下面介绍常见的几种服装外观品质的检验内容。

一、衬衫

1. 衬衫成衣部位划分

服装成衣部位划分与国标不完全相同,衬衫成衣部位划分见图8-1。

2. 衬衫成衣面料疵点

衬衫成衣面料疵点要求见表8-7,未列出的疵点参照类似疵点判定。

3. 衬衫规格检验

领大:领子领中量至底边,极限偏差为±0.5 cm。

衣长:由后领中量至底边或由衣肩最高点量至前身底边,极限偏差为±1.0 cm。

胸围:扣好纽扣,前后身摊平,在袖底缝十字口处横量(周围计算),极限偏差为±2.0 cm。

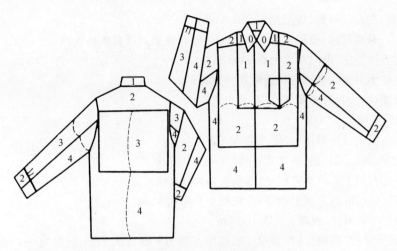

图8-1 衬衫成衣部位划分

表8-7 衬衫成衣面料疵点检验

缺陷名称	0 部位	1 部位	2 部位	3 部位	4 部位
粗纱	不允许	粗于1倍2根长2 cm 以下 粗于2倍以上2根长1 cm 以下	长不限	长不限	长不限
色档	不允许	不允许	不允许	轻微	轻微
油纱	不允许	不允许	轻微长1.5 cm 以下	轻微长2.5 cm 以下	轻微长5 cm 以下
断经断纬损伤	不允许	不允许	不允许	轻微长0.5 cm 以下	轻微长1.5 cm 以下
纱结跳花	不允许	不允许	3个(不影响外观)	不影响外观	不影响外观
经缩纬缩	不允许	不允许	轻微	轻微长不限	轻微长不限
双经双纬	不允许	不允许	轻微	轻微长不限	轻微长不限

长袖长:绱袖由袖山头最高处量至袖头边,极限偏差为 ±0.8 cm。插肩袖由后领中量至袖头边,极限偏差为 ±1.2 cm。

短袖长:绱袖由袖山头最高处量至袖口边,极限偏差为 ±0.4 cm。插肩袖由后领中量至袖口边极限偏差为 ±1.0 cm。

肩宽:由肩缝最高点的一端量至另一端,极限偏差为 ±0.8 cm。

4. 衬衫对条对格检验

左右前身:条料顺直,格料对横,极限互差为 0.2 cm。如面料格子有大小时,以前身二分之一上部为准。

袋与前身:条料对条,格料对格,极限互差为 0.1 cm。

斜料双袋:左右袋对称,极限互差为 0.3 cm。

左右领尖:条格对称,极限互差为 0.2 cm。阴阳条格以明显条格为准。

袖口:对直条为主,极限互差为 0.3 cm。

长袖:以袖子山头为准,对横,极限互差为 0.5 cm。

短袖:以袖口边为准,对横,极限互差为 0.3 cm。

5. 衬衫对称部位检验

领尖:左右领尖长短对比,极限互差为 0.2 cm。

长袖长:左右袖子袖山对齐对比,极限互差为 0.5 cm。

短袖长:左右袖子袖山对齐对比,极限互差为 0.3 cm。

双袋高低:以前肩点为准量至袋口,极限互差为 0.3 cm。

袖口:袖口平放对比,极限互差为 0.3 cm。

门里襟长短:门里襟对比(扣好纽扣),极限互差为平摆为 0.2 cm,圆摆为 0.4 cm。

过肩:左右肩对比,极限互差为 0.3 cm。

6. 衬衫外型检验

领窝:领窝圆顺对称,领面平服。

领尖:领尖对称,长短一致。

标签:商标、标记清晰端正。

包装:成衣折叠端正平服。

整烫:各部位整烫平挺,无烫黄、极光、水渍、变色等。

清洁:各部位保持清洁,无脏污,无线头。

洗涤:水洗后效果优良,有柔软感,无黄斑、水渍印等。

黏合衬:面料与黏合衬不脱胶、不渗胶,不引起面料皱缩。

色差:同件内色差不低于 4 级,件与件色差不低于 3~4 级,箱与箱色差不低于 3 级(GB 250)。

7. 衬衫缝制检验

缝线:各部位线路顺直、整齐、牢固、松紧适宜,无开线、断线、连续跳针(20 cm 内允许跳 1 针,0 号部位不允许跳针)。

锁眼、钉扣:位置准确,大小适宜,整齐牢固。

标签:商标、洗涤说明、尺寸码唛等位置准确、整齐、牢固。

绣花:花位准确、针法整齐平服、不错绣、不漏绣,黑印不露出。

包缝:包缝牢固、平整、宽窄适宜。各部位套结定位准确、牢固。

毛向:逆顺毛面料,全身顺向一致。整批产品顺向一致。

花型:特殊花型以主图为准全身一致;按惯例具有明显方向性的花型,以主图为准,全身一致,符合花型方向的合理性。

8. 针距密度检验

明暗线为 12~15 针/3 cm,三线包缝为 9 针/3 cm 以上,五线包缝为 12 针/3 cm 以上,锁眼为 9~12 针/cm,钉扣每眼不少于 6 根线。

9. 缺陷分类

缺陷分类见表 8-8,未列出的缺陷参照确定。

表 8-8　衬衫缺陷分类表

缺陷类别	缺　　陷	缺陷类别	缺　　陷
A类缺陷	0、1、2 号部位面料疵点超过允许范围	A类缺陷	扣眼未开、扣与眼不对位、残扣等
	规格偏差超出极限偏差		跳针,0 号部位明显跳针、其他部位连续跳针
	严重色差、烫黄、变色		明线线路明显不顺直、不等宽
	对条对格部位超出极限互差		针距低于规定 3 针及以上
	对称部位超出极限偏差	B类缺陷	明线线路不顺直,不等宽
	倒顺花、倒顺毛不一致		吃势不均,缝制吃纵
	领窝不圆顺,领面不平服,严重变形		钉扣不牢
	明显污渍		2、3、4 号部位接线双轨
	折叠明显不端正		2、3、4 号部位明线 20 cm 内单跳针 2 处及以上
	整烫严重不良		针距低于规定 3 针以下
	水洗过程中产生的黄斑、水渍印等		轻微整烫不良,折叠不端正
	漏序、缺件、开线、断线、破洞、渗胶、脱胶		纱头修剪不净
	绣花严重不良、错绣、漏绣、黑印明显外露		水洗过程中产生轻微水渍

二、西服、大衣

1. 西服、大衣成衣部位划分

大衣见图 8-2a,西服上装见图 8-2b,西服裤装见图 8-2c,西服裙装见图 8-2d。

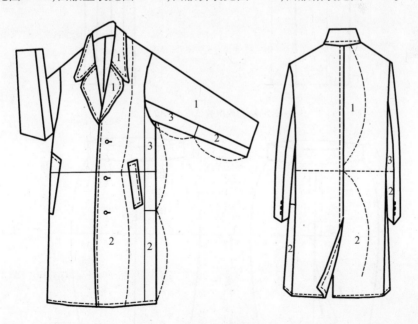

图 8-2a　大衣成衣部位划分

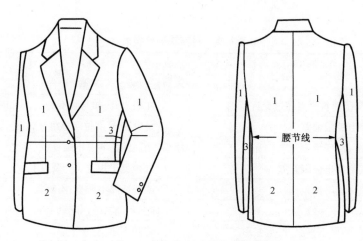

图 8-2b　西服上装成衣部位划分

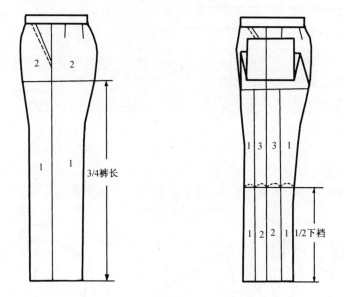

图 8-2c　西服裤装成衣部位划分

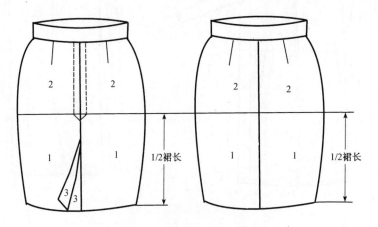

图 8-2d　西服裙装成衣部位划分

2. 西服、大衣成衣面料疵点

西服、大衣成衣面料疵点按表 8-9 进行检验。未列出的疵点参照类似疵点判定。

表 8-9　西服、大衣成衣面料疵点检验

缺陷名称	各部位允许程度		
	1 部位	2 部位	3 部位
粗于一倍大肚纱	不允许	1.0 cm 以下	1.0~1.2 cm
毛粒、纱结	不允许	3 个及以下	4 个及以下
条痕(折痕)	不允许	不允许	1.0~2.0 cm 不明显
斑疵污渍 (油、锈、污斑、色渍)	不允许	不允许	不大于 0.3 cm² 不明显

3. 西服、大衣规格检验

上衣长:由前身肩缝最高点垂直量至底边,极限偏差为 ±1.0 cm。

胸围:扣好纽扣,前后身摊平,在袖底缝处横量(周围计算),极限偏差为 ±3.0 cm。

领大:领子领中量至底边,极限偏差为 ±0.5 cm。

袖长:由袖山头最高点量至袖口边中间,极限偏差为 ±1.0 cm。

总肩宽:由肩袖缝的交叉点横量,极限偏差为 ±1.5 cm。

裤长:由腰上口沿侧缝摊平垂直量至脚口边,极限偏差为 ±1.5 cm。

腰围:扣好裤钩(纽扣),沿腰宽中间横量(周围计算),极限偏差为 ±1.5 cm。

臀围:从腰缝以下的上裆三分之二处,前后片分别横量(周围计算),极限偏差为 ±3.0 cm。

4. 西服、大衣对条对格检验

(1) 上衣

左右前身:条料对条,格料对横,互差不大于 0.3 cm。

手巾袋与前身:条料对条,格料对横,互差不大于 0.1 cm。

大袋与前身:条料对条,格料对横,互差不大于 0.2 cm。

袖与前身:袖肘线以上与前身格料对横,两袖互差不大于 0.5 cm。

袖缝:袖肘线以下与前后袖缝格料对横,互差不大于 0.2 cm。

背缝:条料对条,格料对横,互差不大于 0.1 cm。

背缝与后领面:条料对条,互差不大于 0.2 cm。

领子、驳头:领尖、驳头左右对称,互差不大于 0.2 cm。

摆缝:袖窿以下 10 cm 处,格料对横,互差不大于 0.3 cm。

袖子:条格顺直,格料对横,互差不大于 0.2 cm。

(2) 裤子

前后裆缝:条料对条,格料对横,互差不大于 0.2 cm。

袋盖与后身:条料对条,格料对横,互差不大于 0.2 cm。

侧缝:袋口 10 cm 以下,格料对横,互差不大于 0.1 cm。

5. 西服、大衣对称部位检验

领尖大小领缺嘴大小,极限互差为 0.2 cm。

袖子左右、大小、长短,极限互差为 0.5 cm。

上衣口袋大小、大小、长短,极限互差为 0.4 cm。

裤脚大小、长短,极限互差为 0.5 cm。

裤口大小,极限互差为 0.5 cm。

裤(裙)子口袋大小、进出、高低,极限互差为 0.3 cm。

6. 西服、大衣外型检验

(1) 上衣大衣外型检验

① 前身检验:

门襟平挺,左右两边下摆外型一致(圆、平摆),无搅豁。

止口平挺顺直,无起皱反吐,宽窄相等,圆的圆,方的方,尖的尖。

驳口平服顺直,左右两边长短一致,串口要直,左右领缺嘴相同。

胸部挺满,无皱无泡,省缝顺直,高低一致,省尖无泡形,省缝与袋口进出左右相等。

手巾袋平服,封口清晰牢固,经纬条格与大身对齐。

大袋平服,嵌线宽窄一致,袋盖与袋口大小适宜,封口方正牢固,袋盖、袋爿无宽窄,双袋大小、高低、进出斜势一致。

② 领子检验:

领子平服,不爬领、荡领、翘势准确。

前领丝缕正直,领面松紧适宜,左右两边丝缕一致,包领结实,花绷整齐,领里切线清晰。

③ 袖子检验:

两袖垂直,前后一致,长短相同,左右袖口大小、袖衩高低一致,袖口宽窄左右相同。

袖窿圆顺,吃势均匀,前后无吊紧曲皱。

袖口平服齐正,扣位正确。

连袖(套裤袖)中缝平顺,大袖中缝对准省缝。

④ 肩部检验:

肩头平服,无皱裂形,肩缝顺直,吃势均匀;连袖(套裤袖)左右大小一致。

肩头宽窄、左右一致;垫肩两边进出一致,里外适宜。

⑤ 后肩检验:

背部平服,背缝挺直,左右格条或丝缕对齐。

后背两边吃势平顺。

后叉平服无搅豁,里外长短一致。

⑥ 摆缝检验:

摆缝顺直平服,松紧适宜,腋下无波浪开下沉。

⑦ 下摆检验:

下摆平服顺直,贴边宽窄一致,缲针不外露。

⑧ 里子检验:

各部位平服,里子大小、长短与面子相适宜,余量适宜。

里料色泽、质地与面料相协调。

里子前身、后背不允许有影响美观和牢固的疵点;其他部位不能有影响牢固的疵点。

里袋高低、进出两边一致;封口清晰牢固,袋布平服,缉线牢固。

(2) 裤(裙)子外型检验

① 裤(裙)腰:

裤(裙)腰顺直平服,左右宽窄一致,缉线顺直,不吐止口,腰口无虚空。

串带部位准确、牢固、松紧适宜。

前身裥子及后省距离大小、左右相同,前后腰身大小、左右相同。

② 门里襟:

门襟小档封口平服,套结牢固,缉线顺直清晰。

门里襟长短一致,贴门祥不过紧外吐,里祥平服,尖嘴圆头准确。

扣子与扣眼位置准确,拉链松紧适宜,拉链布不外露。

③ 裤(裙)身:

左右裤脚长短、大小一致,贴脚布居中,进出适宜,前后挺缝丝缕正直;侧缝与下裆缝、中裆以下应对准。

侧缝顺直,松紧适宜,袋口平服、封口牢固,斜袋垫布对格条。

后袋部位准确,左右相同,嵌线宽窄一致;封口四角清晰,套结牢固。

下裆缝顺直,无吊紧,后身拼角大小相同;后缝松紧一致,十字缝须对准。

④ 裤(裙)里:

腰里整齐,松紧适宜,四件扣位置准确牢固,表袋平服。

膝盖绸大小适宜,大小裤底平服,后缝须缉双线。

袋布平服,封口无洞。

包缝线色泽须与面料相适宜。

里子大小长短应与面料相适应。

扯线祥位置准确,长短适宜。

里料色泽与面料相适宜,无影响美观和牢固的疵点。

(3) 其他检验

各部位整烫平服,不能压倒绒面,无烫黄、极光、水渍、变色等。

采用黏合衬的部位不渗胶、不脱胶。

同件(套)内色差不低于4级,件(套)之间色差不低于3~4级,箱与箱之间色差不低于3级(GB 250)。

7. 西服、大衣缝制检验

(1) 面料方向

面料丝缕和倒顺毛原料顺向一致,图案花型配合相适应。特殊花型以主图为准全身一致;具有明显方向性花型,以主图为准,全身一致,符合花型方向的合理性。

(2) 面里衬适宜

面料、里料和衬料的缝纫与整烫性能应配伍,面料与黏合衬黏合不脱胶、不渗胶、不引起面料变色、不引起面料皱缩。

(3) 纽扣与扣眼

钉扣,每孔双线二次绕扣脚两周以上,缠绕次数与面料厚度相适应(大衣四周以上)。绕脚平挺,结实牢固、不外露。扣与扣眼位置、大小配合,扣眼整齐牢固。

(4) 缝迹

缝线牢固、平整,缝头宽窄适宜,各部位套结定位准确,平整牢固。各部位针迹线路清晰、顺直,针距密度一致,双明线、三明线间距相等。

（5）标签

商标、洗涤说明、尺寸带、成分标志等位置准确、整齐、美观、牢固。

8. 西服、大衣针距密度检验

明线为(12~17)针/3 cm，装饰线除外。

暗线为(13~17)针/3 cm。

手缲针为7针/3 cm以上，袖窿、肩头、裤脚不少于9针/3 cm，单面计算。

花绷为5针/3 cm以上。

锁眼为8针/cm以上。

9. 缺陷分类

缺陷分类见表8-10，未列出的缺陷参照相似缺陷确定。

表8-10　西服大衣缺陷分类表

缺陷类别	缺陷	缺陷类别	缺陷
A类缺陷	主要规格超过极限偏差	A类缺陷	缺件、漏序、开线、断线、毛漏、破损
	一件(套)内色差低于4级		整烫严重不良，整烫变色，极光、水渍、污渍
	1、2部位面料疵点超过规定要求	B类缺陷	3部位面料疵点超过规定要求
	对条对格超过规定要求		应滴针(条)处未滴针(条)
	对称部位超过规定要求		缝制吃势不匀，吃纵，轻微影响外观
	黏合衬脱胶、渗胶		里料与面料松紧不适宜
	缺扣、掉扣、残扣，扣眼没开，锁眼断线，扣与眼不对位		整烫、折叠不良
	缝制吃势严重不匀，严重吃纵		缝制不顺直，不等宽

三、牛仔服装

牛仔服装内在质量指标需要考核尺寸变化率和单位面积质量，尺寸变化率要求经纬向均在±5%以内，单位面积重量要求不超过±5%。

1. 牛仔服装成衣部位划分

上衣部位划分如图8-3a、牛仔裤部位划分如图8-3b、牛仔裙部位划分如图8-3c。

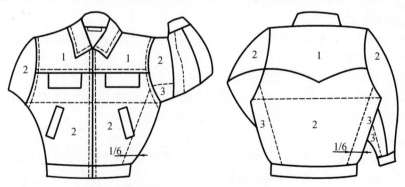

图8-3a　牛仔服上衣部位划分

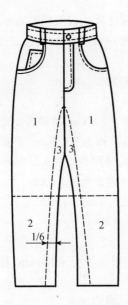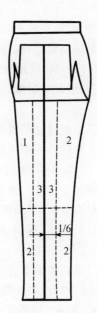

图 8-3b　牛仔裤部位划分

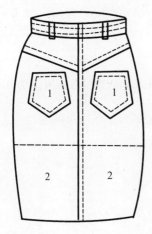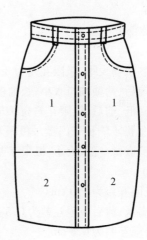

图 8-3c　牛仔裙部位划分

2. 牛仔服装规格检验

（1）上衣

前衣长:由肩缝最高点量至底边,极限偏差为 ±0.2 cm。

后衣长:由后领窝居中处量至底边,极限偏差为 ±2.0 cm。

领大:领子摊平,衬衣由扣眼中心至扣子中心横量;其他上衣由领子下口横量。极限偏差为 ±1.0 cm。

肩宽:有过肩的由袖缝过肩二分之一平放横量,无过肩的由两肩袖缝最高点平放横量。极限偏差为 ±2.0 cm。

胸围:扣好纽扣,前后身放平,在袖底缝处横量(周围计算),极限偏差为 ±3.0 cm。

下摆:扣好纽扣,前后身放平,在下摆边处横量(周围计算),极限偏差为±3.0 cm。

袖长:由袖子最高点量至袖口边,统袖由后领中沿着中线量至袖口边。极限偏差为长袖为±1.5 cm,短袖为±1.0 cm,统袖为±2.0 cm。

袖口:扣好袖扣,沿袖口横量(周围计算)。极限偏差为±1.0 cm。

（2）裤

裤长:由腰上口沿侧缝量至裤脚边,极限偏差长裤为±2.0 cm,短裤为±1.5 cm。

内长:由裤裆十字缝沿下裆缝量至脚口边,极限偏差长裤为±1.5 cm,短裤±为1.0 cm。

腰围:扣好纽扣(裤钩)沿腰宽中间横量(周围计算),极限偏差为±2.0 cm。

臀围:抽腰下前裆三分之二处横量(周围计算),极限偏差为±3.0 cm。

横裆:从下裆最高处横量(周围计算),极限偏差为±1.5 cm。

裤脚口:裤脚口处横量(周围计算),极限偏差为±1.0 cm。

（3）裙

裙长:由腰上口沿侧缝量至底边,长度90 cm以上极限偏差为±2.0 cm,长度为60~89 cm,极限偏差为±1.5 cm,59 cm以下极限偏差为±1.0 cm。

腰围:扣好裙钩(纽扣)沿腰宽中间横量(周围计算),极限偏差为±2.0 cm。

裙摆:裙下摆处横量(周围计算),长度150 cm以下极限偏差为±3.0 cm,50 cm以上极限偏差为±5.0 cm。

3. 牛仔服装对称部位检验

（1）上衣

领尖大小,领缺嘴大小,极限互差为0.5 cm。

两袖长短、前后、两袖袖口大小,长袖极限互差为0.8 cm,短袖极限互差为0.5 cm。

口袋大小、高低、前后,极限互差为0.5 cm。

门襟长短(里襟不能长于门襟),极限互差为0.5 cm。

前后过肩、身嵌拼高低、大小,极限互差为0.5 cm。

（2）裤(裙)

裤腿长短极限互差为1.0 cm。

口袋大小、高低、前后极限互差为0.5 cm。

串带对称极限互差为0.5 cm。

裤口对称极限互差为0.5 cm。

4. 牛仔服装外型检验

各部位整烫平服,无烫黄、极光、水渍。

同件(套)内色差不低于4级,件(套)之间色差不低于3~4级,箱与箱之间色差不低于3级(GB 250)。

5. 牛仔服装缝制检验

缝线:各部位线路顺直、整齐牢固、松紧适宜。无开线、断线、连续跳针(20 cm内允许跳1针)。

锁眼、钉扣:位置准确,大小适宜,整齐牢固。

标签:商标、洗涤说明、尺寸码唛等位置准确、整齐牢固。

绣花:绣花针法流畅,间隔均匀,花位准确、不错绣、不漏绣,绣花衬处理干净。

包缝:包缝牢固、平整、宽窄适宜。各部位套结定位准确、牢固,松紧适宜。

6. 牛仔服装针距密度检验

明暗线不少于8针/3 cm,三线包缝不少于9针/3 cm,五线包缝不少于11针/3 cm,锁眼不少于8针/cm,钉扣每眼不少于6根线。

7. 牛仔服装缺陷分类

牛仔服装缺陷分类见表8-11,未列出的缺陷参照相似缺陷确定。

表 8-11　牛仔服装缺陷分类表

缺陷类别	缺　陷	缺陷类别	缺　陷
A 类缺陷	规格偏差超出极限偏差	A 类缺陷	衬布的缩率、性能与面料不相适应
	1 部位水洗不当的缺陷		装饰用织物、袋布质地与面料不适应
	一件(套)内出现低于4级色差	B 类缺陷	线路不顺直,不等宽,缝纫、绣面起皱
	缺件、漏序、开线、断线、毛漏、破损		缝纫吃势不匀,缝制吃纵
	缺扣、掉扣、残扣、扣眼未开,扣与眼不对应		熨烫不平服、折叠不良
	拉链品质不良,金属附件(四合扣等)锈蚀		2、3 部位水洗不当的缺陷
	整烫不平、烫黄,严重污渍,异物残留		钉扣不牢
	袖筒、裤筒扭曲		线头修剪不净
	缝纫吃势严重、缝制严生吃纵		轻微污渍
	辅料与主料不符,线与面料不适应、掉色		里料与面料松紧不适宜
	1 部位明线跳线、链式线路跳线,针距密度低于规定要求3针及以上		针距密度低于规定3针以下
	缉线线路明显不顺直、不等宽		2、3 部位20 cm 内跳针2处

四、羽绒服装

羽绒服装内在质量指标需要考核羽绒品质,包括羽绒种类、组成成分、蓬松度、耗氧量、透明度、残脂率、气味、水分含量、微生物等,这些项目均按GB/T 10288 规定进行。质量检验按GB/T 14272 规定进行。裤后裆缝制强力不小于80N(按GB/T 3923 规定检验)。羽绒填充量误差不超过±4%,其他羽绒指标按GB/T 17685 规定。

1. 羽绒服装成衣部位划分

羽绒服装成衣部位划分见图7-7。

2. 羽绒服装表面绗线检验

要求表面绗线对格。各部位极限互差如下:

搭门:左右前身绗线极限互差≤0.5 cm。无搭门:左右前身绗线极限互差≤0.3 cm。

袖底缝:绗线对齐极限互差≤0.6 cm。

摆缝:绗线对齐极限互差≤0.6 cm。

裤下裆缝:绗线前后对齐极限互差≤0.8 cm。

3. 羽绒服装针距密度

明、暗线 12～16 针/3 cm,绗线 9～12 针/3 cm,锁眼≥14 针/cm,钉扣每眼不少于 8 根线,包缝 9～12 针/3 cm。

4. 羽绒服装对称部位检验

各对称部位极限偏差为:

领角大小为 0.3 cm,两袖长短为 0.3 cm,两袖袖口大小为 0.3 cm,口袋(大小、进出、高低)为 0.4 cm,脚口大小为 0.3 cm,裤脚长短为 0.5 cm,门襟长短(里襟不能长于门襟)为 0.3 cm,左右身嵌拼高低、大小为 0.3 cm。

5. 羽绒服装面料疵点检验

羽绒服装面料疵点见表 8-12,未列出的疵点参照类似疵点判定。

表 8-12　羽绒服装面料疵点

缺陷名称	1 部位	2 部位	3 部位
色档	0 cm	0 cm	0 cm
粗纱	0 cm	1.0 cm	2.0 cm
竹节纱	0 cm	1.5 cm	3.0 cm
缺经缺纬	0 cm	0 cm	0 cm
纱结跳花	0 cm	3 个以下	6 个以下
油纱	0 cm	轻微 1.0 cm 以下	轻微 2.0 cm 以下
轻微斑渍	0 cm	0 cm	0.3 cm

6. 羽绒服装规格检验

羽绒服装规格检验见表 8-13。

表 8-13　羽绒服装规格极限偏差

序号	部位		极限偏差/cm					
			上衣、短大衣	中、长大衣	童上衣	童中、长大衣	裤	童裤
1	衣长		±2.0	±2.5	±1.5	±2.0		
2	胸围		±2.5	±2.5	±2.0	±2.0		
3	领大		±1.0	±1.0	±1.0	±1.0		
4	总肩宽		±1.2	±1.2	±1.0	±1.0		
5	袖长	装袖	±1.5	±1.5	±1.0	±1.0		
		连肩袖	±2.0	±2.0	±1.5	±1.5		
6	裤长						±2.5	±2.0
7	腰围						±2.0	±1.5

7. 羽绒服装外型检验

表面:表面平服、对称。

标签:商标、标记清晰端正。

填充物:均匀平服。

清洁:各部位保持清洁,无脏污,无线头。

色差:同件内色差不低于4级,件与件色差不低于3~4级,箱与箱色差不低于3级(GB 250)。

8. 羽绒服装缝制检验

缝线:各部位缝制线路顺直、整齐牢固、松紧适宜,无开线、断线、连续跳针(20 cm内允许跳1针)及漏毛打褶。

锁眼、钉扣:位置准确,大小适宜,整齐牢固、松紧适宜。

绣花:花位准确、装饰物在规定的位置上,平整牢固。

标签:商标、洗涤唛、尺码唛等位置准确、整齐牢固。

起落针:起针落针必须回针1.0~1.5 cm,要回在原线上,断线、封口线接头要在原线上重叠1.0~2.0 cm。

止口:止口明显部位,双线行距宽窄一致,上下层坐齐,不得反吐,充绒封口必须封牢坐齐,不得夹毛绒。

内缝:内缝牢固、平整、宽窄适宜。各部位套结定位准确牢固。

包缝:包缝牢固、平整、宽窄适宜。各部位套结定位准确牢固。

方向:面料丝缕和倒顺毛原料顺向一致,图案花型配合相适应。

9. 羽绒服装缺陷分类

羽绒服装缺陷分类见表8-14,未列出的缺陷参照类似缺陷确定。

表8-14 羽绒服装缺陷分类表

缺陷类别	缺 陷	缺陷类别	缺 陷
A类缺陷	规格超出极限偏差	A类缺陷	羽绒重量偏差超过规定
	面子严重透色		衬布、松紧带、线、装饰物与面料不适应
	色差超过规定		有漏绒,严重影响使用和美观
	面、里子烫黄		里料使用不透气
	漏序、断线、开线、破洞、渗胶、脱胶		
	绣花不良、错绣、漏绣、墨印外露	B类缺陷	明线缉线不顺直、不等宽
	针距低于规定3针以上(粗线按工艺文件)		缝纫吃势不匀,缝制吃纵
	1号部位面料疵点超过允许范围		线头修剪不净
	纽扣、拉链品质不良、金属附件锈蚀		钉扣不牢,锁眼不良
	对称部位超出极限允差		2、3、4部位回针接头未在原线上
	面子严重污渍		2、3、4部位明线20 cm内单跳针2处
	扣位严重不对,残扣等		粉渍、轻微油污
	缝制吃势严重不匀,严重吃纵		轻微钻绒(缝子处除外)

五、儿童服装

儿童服装是指 14 岁及以下儿童穿着的服装。儿童服装又可分为婴幼儿服装和其他儿童服装,婴幼儿服装是指 36 个月及以下的婴幼儿穿着的服装。其他儿童服装又可分为直接接触皮肤儿童服装和不直接接触皮肤儿童服装。

许多国家对儿童服装和婴幼儿服装的安全性提出了更高的要求,进出口服装检验中尤其需要重视。

1. 儿童服装安全技术规范

(1) 内在质量安全要求

面料的甲醛含量、pH 值、色牢度、异味、可分解芳香胺染料符合"GB 18401 国家纺织产品基本安全技术规范"的要求。

面料有阻燃声明的,燃烧性能符合"GB 14644 纺织品　燃烧性能　45°方向燃烧速率的测定"中的"正常可燃性"要求。

可能被儿童拇指和食指抓起或牙齿咬住的附件的抗拉强力不得小于 70 N。三岁以上、八岁以下儿童穿着的服装上的小附件(能容入小零件试验器的)应设警示说明。

所用附件声明不含镍时,附件的镍标准释放量每周不得超过 $0.5~\mu g/cm^2$。

填充材料安全、卫生指标符合 GB 18383 或 FZ/T 81002 规定的要求。

(2) 外在质量安全要求

附件应耐用、光滑、无锈、无缺件,不允许有毛刺、可触及性锐利边缘和尖端。附件的种类参见附录 A。

三岁及以下儿童穿着的服装不应使用在外观上与食物相似的附件。

三岁及以下儿童穿着的服装不应使用含有刚性成分的组合纽扣。

不允许有昆虫、鸟类和啮齿动物及来自这些动物的不卫生物质颗粒。

颗粒状填充材料的最大尺寸小于或等于 3mm 时,应有内胆包裹。

不允许有断针。

附带供儿童玩耍的小物品,应符合 GB 6675 规定要求。

标识及使用说明符合 GB 5296.4 和 GB/T 1335.3 的要求。

(3) 包装安全要求

包装物及儿童服装包装过程中使用的定型用品不得使用金属材料。

包装用的塑料薄膜袋或面积大于 100 mm × 100 mm 的软塑料薄膜厚度应符合 GB 6675—2003 附录 A 要求。

塑料薄膜(袋)需附安全警示。

内外包装材料应清洁、干燥。

使用印有文字、图案的包装袋,其文字、图案不得污染产品。

2. 内在质量检验

除成人服装检验项目外,还有儿童服装特有的一些项目,下面说明这些项目的检验方法。

(1) 婴幼儿服装可能被幼儿抓起或牙齿咬住的附件扭力测试

固定好附件,使用扭力测试用夹具将测试物件夹好。用扭力计或扭力扳手顺时针方向施加 $0.45~N \cdot m \pm 0.02~N \cdot m$ 扭力至下列情况之一,未达到规定的扭力,但从原来的位置已转过 180°

或已达到要求的扭力。5 s 内施加最大的转角或最大扭力,并保持 10 s,移去扭力,测试部件回到松弛状态,逆时针方向重复上述测试过程。

（2）婴幼儿服装可能被幼儿抓起或牙齿咬住的附件抗拉强力测试

用合适的夹具将附件固定在一个适宜的位置,在 5 s 内平行于测试附件的主轴均匀施加 70 N ±2 N 的力保持 10 s。移去拉力夹具,装上另一个适合于垂直主轴没试施加拉力负载的夹具,在 5 s 内垂直于测试附件的主轴,均匀施加 70 N ±2 N 的力保持 10 s。

（3）小零件测试（抗扭或抗拉强力测试不合格的附件须做小零件测试）

在无外界压力的情况下,以任一方向将扭力试验或拉力试验脱落的附件放入图 8-4 所示的小零件试验器,以确定是否可完全容入小零件试验器。

（4）附件涂有染料、油漆或颜料的特定元素迁移测试

特定元素限量规定,见表 8-15。

这些元素测试方法在 GB 6675《国家玩具安全技术规范》附录 C 中有详细的规定,不建议服装检验人员进行检测,应送玩具检验部门进行检测。

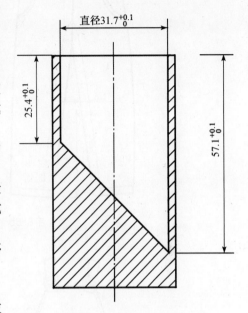

图 8-4　小零件试验器示意

表 8-15　特定元素限量规定

元素	锑	砷	钡	镉	铬	铅	汞	硒
限量值/（mg/kg）	60	25	1 000	75	60	90	60	500

（5）填充材料安全卫生指标测试

按 GB 18383《絮用纤维制品通用技术条件》规定要求,内充羽绒材料的品质如羽绒种类、组成成分、蓬松度、耗氧量、透明度、残脂率、气味、水分含量、微生物、充填质量检验见本节第四部分“羽绒服装”。

3. 儿童服装部位划分

儿童服装部位划分见图 8-5。

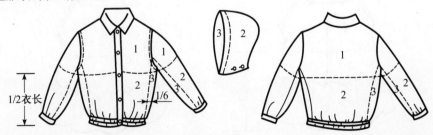

图 8-5a　儿童服装上衣部位划分

273

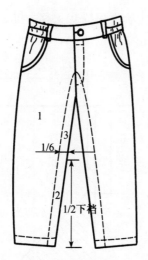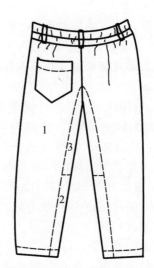

图8-5b　儿童服装裤子部位划分

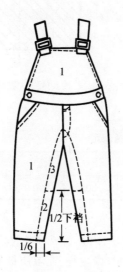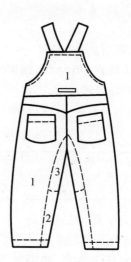

图8-5c　儿童服装连衣裤部位划分

图8-5d　儿童服装裙子部位划分

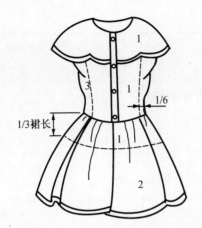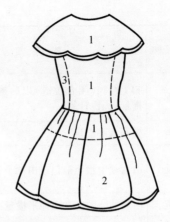

图 8-5e 儿童服装连衣裙部位划分

4. 儿童整体外观检验

基本技术要求如下:

面料方向:面料丝缕顺直,逆顺毛面料,全身顺向一致,特殊花型以主图为准,全身一致。

对称:各对称部位要求大小、高低、前后一致。

领子:领面平服,翻领底领不外露。

门襟:门襟顺直、平服、长短一致,里襟不长于门襟。

止口:止口顺直,无反吐,不起皱。

袖:袖筒、裤筒不扭曲。

里料:各部位里料大小,长短与面料相适宜。

填充物:填充物平服、均匀,羽绒填充无跑绒现象。

色差:同件(套)内色差不低于4级,件(套)之间不低于3~4级(GB 250)。

5. 面料检验内容和部位疵点允许程度

1号部位不允许存在面料缺陷,2号部位允许轻微缺陷1处,3号部位允许轻微缺陷2处。

面料缺陷包括:织疵、印染疵、后整理疵、污渍、破损等。

轻微缺陷是指最长处1.5 cm以下的疵点或疵点与面料色差3~4级以上(GB 250)。破损不属于轻微缺陷。

6. 规格检验

规格检验见表8-16,夹层服装,填充型服装,睡衣、浴衣类,水洗、砂洗服装等规格检验可参照其他类的极限偏差。

表 8-16 儿童服装规格检验

类别	部位名称	检 验 方 法	极限偏差/cm	
			单衣类	其他类
上衣	衣长	由肩缝最高点垂直量至底边;连肩袖扣上纽扣(闭合拉链)以后摊平由领侧最高点垂直量至底边;由后领窝居中处,垂直量至底边	±1.0	±1.5(衣长1 m以上) ±1.0(衣长1 m以下)

类别	部位名称	检验方法	极限偏差/cm	
			单衣类	其他类
上衣	胸围	扣上纽扣(闭合拉链)以后摊平,沿袖隆底缝横量(周围计算)	±1.6	±2.0
	领大	领子摊平横量	±0.6	±1.0
	袖长	由后领中量至袖口或由袖子最高点量至袖口	±0.7	±1.5(统袖) ±0.7
	肩宽	由肩袖缝的交叉点摊平横量	±0.7	±1.0
裤/裙	裤(裙)长	由腰上口沿侧缝摊平垂直量至裤(裙)边	±1.0	±1.5
	腰围	扣上裤(裙)扣,沿腰宽中间横量(周围计算)	±1.5	±1.5
	臀围	扣上裤扣,从腰缝以下的上裆三分之二处横量(周围计算)	±1.8	±2.5
	前裆	由腰上口沿门襟直量至十字裆缝处	±0.5	±0.8

7. 对称检验

(1) 上衣

领尖大小、长短、领缺嘴大小,极限偏差为 ±0.3 cm。

两袖长短,前后,两袖袖口大小,极限偏差为 ±0.5 cm。

口袋大小,高低,前后,极限偏差为 ±0.3 cm。

门襟长短(里襟不能长于门襟),极限偏差为 ±0.5 cm。

(2) 裤/裙

裤腿长短/裙左右侧缝,极限偏差为 ±0.5 cm。

口袋大小,高低,前后,极限偏差为 ±0.3 cm。

裤口大小,极限偏差为 ±0.5 cm。

8. 儿童服装对条对格检验

对于面料有 1 cm 以上明显条格的,对条对格互差要达到如下要求:

(1) 上衣

左右前身:条料对称,格料对横,互差不大于 0.3 cm。

袋与前身:条料对条,格料对横,互差不大于 0.3 cm。

领面、驳头:左右花型对称,互差不大于 0.3 cm。

袖子:格料对横,以袖山头为准,两袖互差不大于 0.5 cm。

背缝:条料对称,格料对横,互差不大于 0.2 cm。

(2) 裤子

前/后裆缝:条料对称,格料对横,互差不大于 0.3 cm。

侧缝:格料对横,互差不大于 0.3 cm。

（3）裙子

侧缝:格料对横,互差不大于0.3 cm。

后缝:条料对称,格料对横,互差不大于0.3 cm。

9. 儿童服装缝制质量检验

缝线:各部位缝制线路顺直、整齐牢固、松紧适宜,无开线、断线、连续跳针(20 cm 内允许跳1针)。

锁眼、钉扣:位置准确,大小适宜,整齐牢固。

绣花:花位准确、针法整齐平服、不错绣、不漏绣、墨印不明显外露。

标签:商标、洗涤唛、尺码唛等位置准确、整齐牢固。

包缝:包缝牢固、平整、宽窄适宜。各部位套结定位准确、牢固。

10. 针距密度

明暗线≥12 针/3 cm,三线包缝≥9 针/3 cm,五线包缝≥11 针/3 cm,锁眼≥8 针/cm。

11. 整烫检验

各部位整烫平服,清洁。不能压倒绒面,无烫黄、极光、水渍、变色等。

用黏合衬部位不渗胶、不脱胶。

12. 安全检验

附件耐用、光滑、无锈、牢固、无缺件,不允许有毛刺,可触及性锐利边缘和尖端。附件主要包括纽扣、金属扣件、拉链、绳带、商标及标志,各类附着物及随附儿童玩耍的小物品。

不允许有断针。

不能有昆虫、鸟类和啮类动物及来自这些动物的不卫生物质颗粒。

婴幼儿服装有绳带、弹性绳或易散绳带盘绕饰物,绳带长度不超过20 cm,大于时则不可连有可能使其缠绕成活结或固定环的其他附件。

随附供儿童玩耍的小物品,符合国家玩具安全技术规范规定要求。

13. 包装检验

除正常的包装检验外,特别注意包装物及儿童服装包装过程中使用的定型用品不应使用金属材料;使用印有文字、图案的包装袋,其文字、图案不应污染产品;供儿童玩耍的小物品包装应符合国家玩具安全技术规范要求。

14. 儿童服装缺陷分类

根据缺陷影响服装整体外观、穿着性能及安全卫生的轻重程度分为 A 类缺陷、B 类缺陷、否定性缺陷。

断针为否定性缺陷,发现断针,全批不合格。

儿童服装缺陷分类见表8-17。未列出的缺陷参照相似缺陷确定。

表8-17 儿童服装缺陷分类表

缺陷类别	缺陷	缺陷类别	缺陷
A 类缺陷	丝缕不顺直	A 类缺陷	缺件、漏序、错序
	逆顺毛面料,同件(套)内顺向不一致		袖筒、裤筒扭曲
	对称部位偏差超出规定范围		同件(套)内出现低于 4 级色差,件(套)之间出现低于 3~4 级色差

续表

缺陷类别	缺　　陷	缺陷类别	缺　　陷
A类缺陷	面料与辅料大小、长短不相配	A类缺陷	黏合衬脱胶、渗胶、起泡
	填充物明显不均匀,羽绒钻出明显		附件品持不良,金属附件锈蚀,附件有毛刺或可触及性锐利边缘和尖端
	1、2、3号部位出现严重缺陷		婴幼儿服装绳带长度超过20 cm,并存在可连有可能使其缠绕形成活结或固定环的其他附件
	1、2、3号部位轻微缺陷超过允许范围1处以上		
	1、2、3号部位累计轻微缺陷超过允许范围1处以上		有昆虫、鸟类和啮类动物及来自这些动物的不卫生物质颗粒
	规格偏差超出极限规定		随附供儿童玩耍的小物品,符合国家玩具安全技术规范规定要求
	缝制吃势严重不匀,严重吃纵		
	明线线路不顺直、不等宽	B类缺陷	线头修剪不净
	开线、断线、毛漏		1、2、3号部位轻微缺陷超过允许范围1处
	1号部明显跳针,其他部位连续跳针,链式线路跳针		针距密度低于规定3针以下
	针距密度低于规定3针及以上		2、3部位明线20 cm单跳针2处
	掉扣、残扣、扣眼未开,扣与眼不对位		缝纫吃势不匀,缝制吃纵
			钉扣不牢,锁眼不良
	整烫变色,极光,整烫严重不良		整烫、折叠不良

15. 其他说明

　　儿童服装检验是按我国进出口儿童服装规定要求编写的,出口儿童服装要按输入国或地区有关儿童服装的检验规定进行,特别是安全要求必须符合输入国或地区的有关规定。

思考与实践

1. 进口服装和出口服装的质量要求有什么不同?

2. 什么是A类缺陷、B类缺陷?什么是A类不合格、B类不合格?

3. 简述进出口服装检验抽样规定。

4. 分析对比衬衫进出口质量要求与国内生产销售质量要求的差异。

5. 分析对比西服大衣进出口质量要求与国内生产销售质量要求的差异。

6. 分析对比羽绒服装进出口质量要求与国内生产销售质量要求的差异。

服装检验相关标准

一、检验抽样类标准

GB/T 2828.1—2012 计数抽样检验程序 第 1 部分:按接收质量限(AQL)检索的逐批检验抽样计划

GB/T 2828.2—2008 计数抽样检验程序 第 2 部分:按极限质量 LQ 检索的孤立批检验抽样方案

GB/T 2828.3—2008 计数抽样检验程序 第 3 部分:跳批抽样程序

GB/T 2828.5—2011 计数抽样检验程序 第 5 部分:按接收质量限(AQL)检索的逐批序贯抽样检验系统

GB/T 2828.10—2010 计数抽样检验程序 第 10 部分:GB/T 2828 计数抽样检验系列标准导则

GB/T 6378.1—2008 计量抽样检验程序 第 1 部分:按接收质量限(AQL)检索的对单一质量特性和单个 AQL 的逐批检验的一次抽样方案

GB/T 8052—2002 单水平和多水平计数连续抽样检验程序及表

GB/T 8054—2008 计量标准型一次抽样检验程序及表

GB/T 10111—2008 随机数的产生及其在产品质量抽样检验中的应用程序

GB/T 13262—2008 不合格品百分数的计数标准型一次抽样检验程序及抽样表

GB/T 13264—2008 不合格品百分数的小批计数抽样检验程序及抽样表

GB/T 13393—2008 验收抽样检验导则

GB/T 13732—2009 粒度均匀散料抽样检验通则

GB/T 16307—1996 计量截尾序贯抽样检验程序及抽样表(适用于标准差已知的情形)

二、服装基础类标准

GB/T 8170—2008 数值修约规则与极限数值的表示与判断

GB/T 6529—2008 纺织品 调湿和试验用标准大气

GB 9994—2008 纺织材料公定回潮率

GB/T 18631—2002 纺织纤维分级室的北空昼光采光

GB/T 6682—2008 分析实验室用水规格和试验方法

GB/T 15557—2008 服装术语

QB/T 2262—1996 皮革工业术语

GB/T 23560—2009 服装分类代码

GB/T 16160—2008 服装用人体测量的部位与方法

GB 5296.4—2012 消费品使用说明 第 4 部分:纺织品和服装

GB/T 8685—2008 纺织品 维护标签规范 符号法

GB/T 24280—2009 纺织品 维护标签上维护符号选择指南

GB/T 29862—2013 纺织品 纤维含量的标识

GB/T 1335.1—2008 服装号型 男子

GB/T 1335.2—2008 服装号型 女子

GB/T 1335.3—2009 服装号型 儿童

GB/T 6411—2008 针织内衣规格尺寸系列

FZ/T 80003—2006 纺织品与服装　缝纫型式　分类和术语

FZ/T 01019—2008 纺织品　缝迹形式　分类和术语

GB/T 24118—2009 纺织品　线迹型式　分类和术语

FZ/T 80002—2008 服装标志、包装、运输和贮存

GB/T 21294—2007 服装理化性能的检验方法

三、服装安全与生态类标准

GB 18401—2010 国家纺织产品基本安全技术规范

GB 31701—2015 婴幼儿及儿童纺织产品安全技术规范

GB 20400—2006 皮革和毛皮　有害物质限量

GB/T 22282—2008 纺织纤维中有毒有害物质的限量

GB/T 22702—2008 儿童上衣拉带安全规格

GB/T 22704—2008 提高机械安全性的儿童服装设计和生产实施规范

GB/T 22705—2008 童装绳索和拉带安全要求

GB/T 18885—2009 生态纺织品技术要求

HJ/T 307—2006 环境标志产品技术要求　生态纺织品

HJ/T 309—2006 环境标志产品技术要求　毛纺织品

HJ/T 307—2006 环境标志产品技术要求生态纺织品

GB/T 7573—2009 纺织品　水萃取液 pH 值的测定

GB/T 2912.1—2009 纺织品　甲醛的测定　第 1 部分:游离和水解

GB/T 2912.2—2009 纺织品　甲醛的测定　第 2 部分:释放的甲醛(蒸汽吸收法)

GB/T 2912.3—2009 纺织品　甲醛的测定　第 3 部分:高效液相色谱法

GB/T 17592—2011 纺织品　禁用偶氮染料的测定

GB/T 20382—2006 纺织品　致癌染料的测定

GB/T 20383—2006 纺织品　致敏性分散染料的测定

GB/T 23344—2009 纺织品　4-氨基偶氮苯的测定

GB/T 17593.1—2006 纺织品　重金属的测定　第 1 部分:原子吸收分光光度法

GB/T 17593.2—2007 纺织品重金属的测定　第 2 部分:电感耦合等离子体原子发射光谱法

GB/T 17593.3—2006 纺织品　重金属的测定　第 3 部分:六价铬　分光光度法

GB/T 17593.4—2006 纺织品　重金属的测定　第 4 部分:砷、汞原子荧光分光光度法

GB/T 18412.1—2006 纺织品　农药残留量的测定　第 1 部分:77 种农药

GB/T 18412.2—2006 纺织品　农药残留量的测定　第 2 部分:有机氯农药

GB/T 18412.3—2006 纺织品　农药残留量的测定　第 3 部分:有机磷农药

GB/T 18412.4—2006 纺织品　农药残留量的测定　第 4 部分:拟除虫菊酯农药

GB/T 18412.5—2008 纺织品　农药残留量的测定　第 5 部分:有机氮农药

GB/T 18412.6—2006 纺织品　农药残留量的测定　第 6 部分:苯氧羧酸类农药

GB/T 18412.7—2006 纺织品　农药残留量的测定　第 7 部分:毒杀芬

GB/T 18413—2001 纺织品　2-萘酚残留量的测定

GB/T 18414.1—2006 纺织品　含氯苯酚的测定　第 1 部分:气相色谱-质谱法

GB/T 18414.2—2006 纺织品　含氯苯酚的测定　第 2 部分:气相色谱法

GB/T 24121—2009 纺织制品　断针类残留物的检测方法

四、染色牢度类标准

GB 250—2008 纺织品　色牢度试验　评定变色用灰色样卡

GB 251—2008 纺织品　色牢度试验　评定沾色用灰色样卡

GB/T 730—2008 纺织品　色牢度试验　蓝色羊毛标样 (1～7) 级的品质控制

GB/T 4841.1—2006 染料染色标准深度色卡 1/1

GB/T 4841.2—2006 染料染色标准深度色卡藏青和黑色

GB/T 4841.3—2006 染料染色标准深度色卡 2/1、1/3、1/6、1/12、1/25

GB/T 21898—2008 纺织品颜色表示方法

GB/T 8424.1—2001 纺织品　色牢度试验　表面颜色的测定通则

GB/T 8424.2—2001 纺织品　色牢度试验　相对白度的仪器评定方法

GB/T 8424.3—2001 纺织品　色牢度试验　色差计算

FZ/T 01023—1993 贴衬织物沾色程度的仪器评级方法

FZ/T 01024—1993 试样变色程度的仪器评级方法

GB/T 7568.1—2002 纺织品　色牢度试验　毛标准贴衬织物规格

GB/T 7568.2—2008 纺织品　色牢度试验　标准贴衬织物　第 2 部分:棉和黏胶纤维

GB/T 7568.3—2008 纺织品　色牢度试验　标准贴衬织物　第 3 部分:聚酰胺纤维

GB/T 7568.4—2002 纺织品　色牢度试验　聚酯标准贴衬织物规格

GB/T 7568.5—2002 纺织品　色牢度试验　聚丙烯腈标准贴衬织物规格

GB/T 7568.6—2002 纺织品　色牢度试验　丝标准贴衬织物规格

GB/T 7568.7—2008 纺织品　色牢度试验　标准贴衬织物　第 7 部分:多纤维

GB/T 7568.8—2014 纺织品　色牢度试验　标准贴衬织物　第 8 部分:二醋酯纤维

GB/T 13765—1992 纺织品　色牢度试验　亚麻和苎麻标准贴衬织物规格

GB/T 6151—1997 纺织品　色牢度试验　试验通则

GB/T 3920—2008 纺织品　色牢度试验　耐摩擦色牢度

GB/T 3921—2008 纺织品　色牢度试验　耐皂洗色牢度

GB/T 3922—2013 纺织品　色牢度试验　耐汗渍色牢度

GB/T 5711—1997 纺织品　色牢度试验　耐干洗色牢度

GB/T 5712—1997 纺织品　色牢度试验　耐有机溶剂摩擦色牢度

GB/T 5713—2013 纺织品　色牢度试验　耐水色牢度

GB/T 5714—1997 纺织品　色牢度试验　耐海水色牢度

GB/T 5718—1997 纺织品　色牢度试验　耐干热(热压除外)色牢度

GB/T 18886—2002 纺织品　色牢度试验　耐唾液色牢度

FZ/T 01096—2006 纺织品耐光色牢度试验方法:碳弧

GB/T 12490—2014 纺织品　色牢度试验　耐家庭和商业洗涤色牢度

GB/T 14575—2009 纺织品　色牢度试验　综合色牢度

GB/T 14576—2009 纺织品　色牢度试验　耐光、汗复合色牢度

GB/T 16991—2008 纺织品　色牢度试验　高温耐人造光色牢度及抗老化性能　氙弧

GB/T 23343—2009 纺织品　色牢度试验　耐家庭和商业洗涤色牢度　使用含有低温漂白活性剂的无磷标准洗涤剂的氧化漂白反应

GB/T 29255—2012 纺织品　色牢度试验　使用含有低温漂白活性剂无磷标准洗涤剂的耐家庭和商业洗涤色牢度

GB/T 31127—2014 纺织品　色牢度试验　拼接互染色牢度

GB/T 420—2009 纺织品　色牢度试验　颜料印染纺织品耐刷洗色牢度

GB/T 6152—1997 纺织品　色牢度试验　耐热压色牢度

GB/T 7065—1997 纺织品　色牢度试验　耐热水色牢度

GB/T 7066—1997 纺织品　色牢度试验　耐沸煮色牢度

GB/T 7067—1997 纺织品　色牢度试验　耐加压汽蒸色牢度

GB/T 7068—1997 纺织品　色牢度试验　耐汽蒸色牢度

GB/T 8426—1998 纺织品　色牢度试验　耐光色牢度:日光

GB/T 8427—2008 纺织品　色牢度试验　耐人造光色牢度:氙弧

GB/T 8429—1998 纺织品　色牢度试验　耐气候色牢度:室外曝晒

GB/T 8430—1998 纺织品　色牢度试验　耐人造气候色牢度:氙弧

GB/T 8431—1998 纺织品　色牢度试验　光致变色的检验和评定

GB/T 8433—2013 纺织品　色牢度试验　耐氯化水色牢度(游泳池水)

五、纤维鉴别与定量分析类标准

GB/T 10629—2009 纺织品　用于化学试验的实验室样品和试样的准备

FZ/T 01057.1—2007 纺织纤维鉴别试验方法　第1部分:通用说明

FZ/T 01057.2—2007 纺织纤维鉴别试验方法　第2部分:燃烧法

FZ/T 01057.3—2007 纺织纤维鉴别试验方法　第3部分:显微镜法

FZ/T 01057.4—2007 纺织纤维鉴别试验方法　第4部分:溶解法

FZ/T 01057.5—2007 纺织纤维鉴别试验方法　第5部分:含氯含氮呈色反应法

FZ/T 01057.6—2007 纺织纤维鉴别试验方法　第6部分:熔点法

FZ/T 01057.7—2007 纺织纤维鉴别试验方法　第7部分:密度梯度法

FZ/T 01057.8—2012 纺织纤维鉴别试验方法　第8部分:红外光谱法

FZ/T 01057.9—2012 纺织纤维鉴别试验方法　第9部分:双折射率法

GB/T 2910.1—2009 纺织品　定量化学分析　第1部分:试验通则

GB/T 2910.3—2009 纺织品　定量化学分析　第3部分:醋酯纤维与某些其他纤维的混合物(丙酮法)

GB/T 2910.4—2009 纺织品　定量化学分析　第4部分:某些蛋白质纤维与某些其他纤维的混合物(次氯酸盐法)

GB/T 2910.5—2009 纺织品　定量化学分析　第5部分:黏胶纤维、铜氨纤维或莫代尔纤维与棉的混合物(锌酸钠法)

GB/T 2910.6—2009 纺织品　定量化学分析　第6部分:黏胶纤维、某些铜氨纤维、莫代尔纤维或莱赛尔纤维与棉的混合物(甲酸-氯化锌法)

GB/T 2910.7—2009 纺织品　定量化学分析　第7部分:聚酰胺纤维与某些其他纤维混合物(甲酸法)

GB/T 2910.8—2009 纺织品　定量化学分析　第8部分:醋酯纤维与三醋酯纤维混合物(丙酮法)

GB/T 2910.9—2009 纺织品　定量化学分析　第9部分:醋酯纤维与三醋酯纤维混合物(苯甲醇法)

GB/T 2910.10—2009 纺织品　定量化学分析　第10部分:三醋酯纤维或聚乳酸纤维与某些其他纤维的混合物(二氯甲烷法)

GB/T 2910.11—2009 纺织品　定量化学分析　第11部分:纤维素纤维与聚酯纤维的混合物(硫酸法)

GB/T 2910.12—2009 纺织品　定量化学分析　第12部分:聚丙烯腈纤维、某些改性聚丙烯腈纤维、某些含氯纤维或某些弹性纤维与某些其他纤维的混合物(二甲基甲酰胺法)

GB/T 2910.13—2009 纺织品　定量化学分析　第13部分:某些含氯纤维与某些其他纤维的混合物(二硫化碳 丙酮法)

GB/T 2910.14—2009 纺织品　定量化学分析　第14部分:醋酯纤维与某些含氯纤维的混合物(冰乙酸法)

GB/T 2910.15—2009 纺织品　定量化学分析　第15部分:黄麻与某些动物纤维的混合物(含氮量法)

GB/T 2910.16—2009 纺织品　定量化学分析　第16部分:聚丙烯纤维与某些其他纤维的混合物(二甲

苯法）

　　GB/T 2910.17—2009 纺织品　定量化学分析　第 17 部分:含氯纤维(氯乙烯均聚物)与某些其他纤维的混合物(硫酸法)

　　GB/T 2910.18—2009 纺织品　定量化学分析　第 18 部分:蚕丝与羊毛或其他动物毛纤维的混合物(硫酸法)

　　GB/T 2910.19—2009 纺织品　定量化学分析　第 19 部分:纤维素纤维与石棉的混合物(加热法)

　　GB/T 2910.20—2009 纺织品　定量化学分析　第 20 部分:聚氨酯弹性纤维与某些其他纤维的混合物(二甲基乙酰胺法)

　　GB/T 2910.21—2009 纺织品　定量化学分析　第 21 部分:含氯纤维、某些改性聚丙烯腈纤维、某些弹性纤维、醋酯纤维、三醋酯纤维与某些其他纤维的混合物(环己酮法)

　　GB/T 2910.22—2009 纺织品　定量化学分析　第 22 部分:黏胶纤维、某些铜氨纤维、莫代尔纤维或莱赛尔纤维与亚麻、苎麻的混合物(甲酸 氯化锌法)

　　GB/T 2910.23—2009 纺织品　定量化学分析　第 23 部分:聚乙烯纤维与聚丙烯纤维的混合物(环己酮法)

　　GB/T 2910.24—2009 纺织品　定量化学分析　第 24 部分:聚酯纤维与某些其他纤维的混合物(苯酚-四氯乙烷法)

　　GB/T 2910.101—2009 纺织品　定量化学分析　第 101 部分:大豆蛋白复合纤维与某些其他纤维的混合物

　　GB/T 2910.2—2009 纺织品　定量化学分析　第 2 部分:三组分纤维混合物

　　FZ/T 01101—2008 纺织品　纤维含量的测定　物理法

　　FZ/T 01095—2002 纺织品　氨纶产品纤维含量的试验方法

　　FZ/T 01102—2009 纺织品　大豆蛋白复合纤维混纺产品　定量化学分析方法

　　FZ/T 01103—2009 纺织品　牛奶蛋白改性聚丙烯腈纤维混纺产品定量化学分析方法

　　FZ/T 01120—2014 纺织品　定量化学分析　聚烯烃弹性纤维与其它纤维的混合物

　　FZ/T 01125—2014 纺织品　定量化学分析　壳聚糖纤维与某些其他纤维的混合物(胶体滴定法)

　　FZ/T 01126—2014 纺织品　定量化学分析　金属纤维与某些其他纤维的混合物

　　FZ/T 01127—2014 纺织品　定量化学分析　聚乳酸纤维与某些其他纤维的混合物

六、服装面料分析与性能测试

　　GB/T 4666—2009 纺织品　织物长度和幅宽的测定

　　GB/T 4668—1995 机织物密度的测定

　　GB/T 4669—2008 纺织品　机织物　单位长度质量和单位面积质量的测定

　　FZ/T 20008—2006 毛织物单位面积质量的测定

　　FZ/T 01041—2014 绒毛织物　绒毛长度和绒毛高度的测定

　　FZ/T 01033—2012 绒毛织物单位面积质量和含(覆)率的试验方法

　　GB/T 29256.1—2012 纺织品　机织物结构分析方法　第 1 部分:织物组织图与穿综、穿筘及提综图的表示方法

　　GB/T 29256.5—2012 纺织品　机织物结构分析方法　第 5 部分:织物中拆下纱线线密度的测定

　　GB/T 3923.1—2013 纺织品　织物拉伸性能　第 1 部分:断裂强力和断裂伸长率的测定(条样法)

　　GB/T 3923.2—2013 纺织品　织物拉伸性能　第 2 部分:断裂强力的测定(抓样法)

　　GB/T 3917.1—2009 纺织品　织物撕破性能　第 1 部分:冲击摆锤法撕破强力的测定

　　GB/T 3917.2—2009 纺织品　织物撕破性能　第 2 部分:裤形试样(单缝)撕破强力的测定

　　GB/T 3917.3—2009 纺织品　织物撕破性能　第 3 部分:梯形试样撕破强力的测定

　　GB/T 3917.4—2009 纺织品　织物撕破性能　第 4 部分:舌形试样(双缝)撕破强力的测定

GB/T 3917.5—2009 纺织品 织物撕破性能 第5部分:翼形试样(单缝)撕破强力的测定

GB/T 19976—2005 纺织品顶破强力的测定 钢球法"

GB/T 7742.1—2005 纺织品 织物胀破性能 第1部分:胀破强力和胀破扩张度的测定 液压法

GB/T 3819—1997 纺织品 织物折痕回复性的测定 回复角法

GB/T 23329—2009 纺织品 织物悬垂性的测定

GB/T 8628—2013 纺织品 测定尺寸变化的试验中织物试样和服装的准备、标记及测量

GB/T 8629—2001 纺织品 试验用家庭洗涤和干燥程序

GB/T 8630—2013 纺织品 洗涤和干燥后尺寸变化的测定

GB/T 8632—2001 纺织品 机织物 近沸点商业洗烫后尺寸变化的测定

GB/T 8631—2001 纺织品 织物因冷水浸渍而引起的尺寸变化的测定

FZ/T 20021—2012 织物经汽蒸后尺寸变化试验方法

FZ/T 20009—2006 毛织物尺寸变化的测定 静态浸水法

FZ/T 20010—2012 毛织物尺寸变化的测定 温和式家庭洗涤法

FZ/T 20014—2010 毛织物干热熨烫尺寸变化试验方法

GB/T 19980—2005 纺织品 服装及其他纺织最终产品经家庭洗涤和干燥后外观的评价方法

GB/T 19981.1—2014 纺织品 织物和服装的专业维护、干洗和湿洗 第1部分:清洗和整烫后性能的评价

GB/T 19981.2—2014 纺织品 织物和服装的专业维护、干洗和湿洗 第2部分:使用四氯乙烯干洗和整烫时性能试验的程序

GB/T 19981.3—2009 纺织品 织物和服装的专业维护、干洗和湿洗 第3部分:使用烃类溶剂干洗和整烫时性能试验的程序

GB/T 19981.4—2009 纺织品 织物和服装的专业维护、干洗和湿洗 第4部分:使用模拟湿清洗和整烫时性能试验的程序

GB/T 4802.1—2008 纺织品 织物起毛起球性能的测定 第1部分:圆轨迹法

GB/T 4802.2—2008 纺织品 织物起毛起球性能的测定 第2部分:改型马丁代尔法

GB/T 4802.3—2008 纺织品 织物起毛起球性能的测定 第3部分:起球箱法

GB/T 4802.4—2009 纺织品 织物起毛起球性能的测定 第4部分:随机翻滚法

GB/T 5453—1997 纺织品 织物透气性的测定

GB/T 12704.1—2009 纺织品 织物透湿性试验方法 第1部分:吸湿法

GB/T 12704.2—2009 纺织品 织物透湿性试验方法 第2部分:蒸发法

GB/T 11048—2008 纺织品 生理舒适性 稳态条件下热阻和湿阻的测定

FZ/T 01004—2008 涂层织物 抗渗水性的测定

GB/T 14577—1993 织物拒水性测定 邦迪斯门淋雨法

GB/T 4744—2013 纺织品 防水性能的检测和评价 静水压法

GB/T 4745—2012 纺织品 防水性能的检测和评价 沾水法

GB/T 23321—2009 纺织品 防水性 水平喷射淋雨试验

GB/T 12705.1—2009 纺织品 织物防钻绒性试验方法 第1部分:摩擦法

GB/T 12705.2—2009 纺织品 织物防钻绒性试验方法 第2部分:转箱法

GB/T 17595—1998 纺织品 织物燃烧试验前的家庭洗涤程序

GB/T 17596—1998 纺织品 织物燃烧试验前的商业洗涤程序

GB/T 5454—1997 纺织品 燃烧性能试验 氧指数法

GB/T 5455—2014 纺织品 燃烧性能 垂直方向损毁长度、阴燃和续燃时间的测定

GB/T 5456—2009 纺织品 燃烧性能 垂直方向试样火焰蔓延性能的测定

GB/T 8745—2001 纺织品　燃烧性能织物表面燃烧时间的测定

GB/T 8746—2009 纺织品　燃烧性能　垂直方向试样易点燃性的测定

GB/T 14644—2014 纺织品　燃烧性能　45°方向燃烧速率测定

GB/T 14645—2014 纺织品　燃烧性能　45°方向损毁面积和接焰次数测定

GB/T 23467—2009 用假人评估轰燃条件下服装阻燃性能的测试方法

GB/T 12703.1—2008 纺织品　静电性能的评定　第1部分:静电压半衰期

GB/T 12703.2—2009 纺织品　静电性能的评定　第2部分:电荷面密度

GB/T 12703.3—2009 纺织品　静电性能的评定　第3部分:电荷量

GB/T 12703.4—2010 纺织品　静电性能的评定　第4部分:电阻率

GB/T 12703.5—2010 纺织品　静电性能的评定　第5部分:摩擦带电电压

GB/T 12703.6—2010 纺织品　静电性能的评定　第6部分:纤维泄漏电阻

GB/T 12703.7—2010 纺织品　静电性能的评定　第7部分:动态静电压

GB/T 13769—2009 纺织品　评定织物经洗涤后外观平整度的试验方法

GB/T 13770—2009 纺织品　评定织物经洗涤后褶裥外观的试验方法

GB/T 13771—2009 纺织品　评定织物经洗涤后接缝外观平整度的试验方法

GB/T 23319.1—2009 纺织品　洗涤后扭斜的测定　第1部分:针织服装纵行扭斜的变化

GB/T 23319.2—2009 纺织品　洗涤后扭斜的测定　第2部分:机织物和针织物

GB/T 23319.3—2010 纺织品　洗涤后扭斜的测定　第3部分:机织服装和针织服装

GB/T 13773.1—2008 纺织品　织物及其制品的接缝拉伸性能　第1部分:条样法接缝强力的测定

GB/T 13773.2—2008 纺织品　织物及其制品的接缝拉伸性能　第2部分:抓样法接缝强力的测定

GB/T 13772.1—2008 纺织品　机织物接缝处纱线抗滑移的测定　第1部分:定滑移量法

GB/T 13772.2—2008 纺织品　机织物接缝处纱线抗滑移的测定　第2部分:定负荷法

GB/T 13772.3—2008 纺织品　机织物接缝处纱线抗滑移的测定　第3部分:针夹法

GB/T 13772.4—2008 纺织品　机织物接缝处纱线抗滑移的测定　第4部分:摩擦法

FZ/T 01030—1993 针织物和弹性机织物接缝强力和扩张度的测定顶破法

FZ/T 20019—2006 毛机织物脱缝程度试验方法

FZ/T 80007.1—2006 使用黏合衬服装剥离强度测试方法

FZ/T 80007.2—2006 使用黏合衬服装耐水洗测试方法

FZ/T 80007.3—2006 使用黏合衬服装耐干洗测试方法

FZ/T 10005—2008 棉及化纤纯纺、混纺印染布检验规则

FZ/T 10010—2009 棉及化纤纯纺、混纺印染布标志与包装

GB/T 15552—2007 丝织物试验方法和检验规则

GB/T 28465—2012 服装衬布检验规则

GB/T 14334—2006 化学纤维　短纤维取样方法

FZ/T 80001—2002 水洗羽毛羽绒试验方法

七、进出口服装类标准

SN/T 1932.1—2007 进出口服装检验规程　第1部分:通则

SN/T 1932.2—2008 进出口服装检验规程　第2部分:抽样

SN/T 1932.4—2008 进出口服装检验规程　第4部分:牛仔服装

SN/T 1932.5—2008 进出口服装检验规程　第5部分:西服大衣

SN/T 1932.6—2008 进出口服装检验规程　第6部分:羽绒服装及羽绒制品

SN/T 1932.7—2008 进出口服装检验规程　第7部分:衬衫

SN/T 1932.8—2008 进出口服装检验规程　第8部分:儿童服装

SN/T 3702.1—2014 进出口纺织品质量符合性评价　抽样方法　第1部分:通则

SN/T 3702.6—2014 进出口纺织品质量符合性评价　抽样方法　第6部分:服装

SN/T 2872—2011 进出口纺织品标识检验规范

SN/T 0718—1997 出口服装纺织品类商品运输包装检验规程

SN/T 1649—2012 进出口纺织品安全项目检验规范

SN/T 1622—2005 进出口生态纺织品检测技术要求

SN/T 3335—2012 进出口纺织品微生物项目检验规范

SN/T 3317.9—2012 进出口纺织品质量安全风险评估规范　第9部分:服装

SN/T 1929—2007 进出口纺织品安全项目检验术语

SN/T 1523—2005 纺织品　表面 pH 值的测定

SN/T 2195—2008 纺织品中释放甲醛的测定　无破损法

SN/T 3310—2012 进出口纺织品　甲醛的测定　气相色谱法

SN/T 1045.1—2010 进出口染色纺织品和皮革制品中禁用偶氮染料的测定　第1部分:液相色谱法

SN/T 1045.2—2010 进出口染色纺织品和皮革制品中禁用偶氮染料的测定　第2部分:气相色谱法/质谱法

SN/T 1045.3—2010 进出口染色纺织品和皮革制品中禁用偶氮染料的测定　第3部分:气相色谱法

SN/T 3227—2012 进出口纺织品中9种致癌染料的测定　液相色谱-串联质谱法

SN/T 3339—2012 进出口纺织品中重金属总量的测定　电感耦合等离子体发射光谱法

SN/T 3788—2014 进出口纺织品中四种有机氯农药的测定　气象色谱法

SN/T 2470—2010 纺织品颜色迁移测试方法

SN/T 1461—2004 进出口纺织品耐光、汗复合色牢度试验方法

SN/T 1058.1—2013 进出口纺织品色牢度试验方法　第1部分:耐唾液色牢度试验方法

SN/T 1058.2—2013 进出口纺织品色牢度试验方法　第2部分:耐氯漂和非氯漂色牢度快速检测法

SN/T 3337—2012 进出口纺织品纤维成分定性定量检验规范

SN/T 1062—2010 进出口纱线及纺织品中 山羊绒含量的检测方法

SN/T 1205—2003 纺织品　羊毛、腈纶、锦纶和氨纶定量化学分析方法

SN/T 1206—2003 纺织品　氨纶/胶乳定量化学分析方法

SN/T 1507—2005 LYOCELL 与羊毛、桑蚕丝、锦纶、腈纶、涤纶、丙纶二组分纤维混纺纺织品定量化学分析方法

SN/T 1901—2014 进出口纺织品　纤维鉴别方法　聚酯类纤维(聚乳酸、聚对苯二甲酸丙二醇酯、聚对苯二甲酸丁二醇酯)

SN/T 2841—2011 进出口纺织品中改性腈纶与其他纤维混纺产品纤维含量的测定

SN/T 3507—2013 进出口纺织品中山羊绒和绵羊毛的鉴别　PCR 法和实时荧光 PCR 法

SN/T 3582—2013 进出口纺织品　纤维定性分析　麻类纤维

SN/T 3780—2014 进出口纺织品　纤维定性分析　香焦、菠萝、莲、椰壳和桑皮纤维

SN/T 3896.1—2014 进出口纺织品　纤维定量分析　近红外法 第1部分:聚酯纤维与棉的混合物

SN/T 3905—2014 进出口纺织品　纤维鉴别及定量分析方法　聚烯烃弹性纤维

SN/T 3906—2014 进出口纺织品中 Kelevan 的检测方法　液相色谱-串联质谱法

SN/T 4106—2015 进出口纺织品纤维定量分析溶解法　金属纤维混纺产品

SN/T 3980—2014 进出口纺织品质量符合性评价方法　通则

SN/T 3471.1—2013 进出口纺织品质量符合性评价方法　服装　梭织服装

SN/T 3472—2012 进出口纺织品质量符合性评价方法　服装　针织服装

SN/T 3474—2014 进出口纺织品质量符合性评价方法　服装　皮革服装及制品

SN/T 3475—2015 进出口纺织品质量符合性评价方法服装　真丝　服装

SN/T 3477—2015 进出口纺织品质量符合性评价方法　服装　服饰

SN/T 3982.3—2014 进出口纺织品质量符合性评价方法　梭织服装　第 3 部分:牛仔服装

SN/T 3982.4—2014 进出口纺织品质量符合性评价方法　梭织服装　第 4 部分:便服

SN/T 3982.7—2014 进出口纺织品质量符合性评价方法　梭织服装　第 7 部分:羽绒服及其制品

SN/T 3982.8—2014 进出口纺织品质量符合性评价方法　梭织服装　第 8 部分:儿童服装

八、样照或实物标准样品类标准

GSB 16-2951—2012 衬衫外观疵点标准样照

GSB 16-2952—2012 衬衫外观缝制起皱五级标准样照

GSB 16-2178—2008 丝绸服装缝制起皱五级样照

GSB 16-2179—2008 丝绸服装外观疵点样照

GB/T 2664—2001 男西服外观起皱样照

GB/T 2664～2666—2001 男女毛呢服装外观疵点样照

FZ/T 81006—1992 牛仔服装外观疵点样照

GB/T 2662—1999 男女单、棉服装,男女儿童单服装外观疵点样照

FZ/T 81003—2003 男女单、棉服装,男女儿童单服装外观疵点样照

FZ/T 81007—2003 男女单、棉服装,男女儿童单服装外观疵点样照

FZ/T 81009—1994 人造毛皮服装外观疵点样照

GB/T 14272—2002 羽绒服装外观疵点及缝纫起皱五级样照

GSB 16-2926—2012 落水变形评级标准样照

GSB 16-1523—2013 针织物起毛起球样照

GSB 16-3088—2013 针织品勾丝样照

GSB 16-3239—2014 羊绒针织品起球标准样照

GSB 16-2921—2012 粗梳毛织品起球标准样照

GSB 16-2922—2012 粗梳毛针织品起球标准样照

GSB 16-2923—2012 精梳毛针织品起球标准样照

GSB 16-2924—2012 精梳毛织品(光面)起球标准样照

GSB 16-2925—2012 精梳毛织品(绒面)起球标准样照

GSB 16-2927—2012 机织物起球试验用磨料标准样品(圆轨迹法)

GSB 16-2540—2013 纺织品色牢度试验用 L-组氨酸盐酸盐标准样品

GSB 16-2541—2013 纺织品色牢度试验用标准皂片标准样品

GSB 16-2542—2013 纺织品色牢度试验用标准合成洗涤剂标准样品

GSB 16-2543—2013 纺织品洗涤试验用无磷 ECE 标准洗涤剂标准样品

GSB 16-2083—2010 评定变色、沾色用灰色样卡

GSB 16-2082—2010 标准贴衬织物(棉、毛、丝、苎麻、聚酯、聚丙烯腈、黏胶、聚酰胺)

FZ/T 01068—2009 评定纺织品白度用白色样卡

九、服装面料与辅料类标准

GB/T 406—2008 棉本色布

FZ/T 13007—2008 色织棉布

FZ/T 13005—2009 大提花棉本色布

FZ/T 13004—2006 黏胶纤维本色布

FZ/T 13029—2014 棉竹节本色布

FZ/T 13027—2013 高支高密色织布

FZ/T 13023—2009 莫代尔纤维本色布

FZ/T 13018—2014 莱赛尔纤维本色布

FZ/T 13019—2007 色织氨纶弹力布

FZ/T 13021—2009 棉氨纶弹力本色布

FZ/T 13020—2008 纱罗色织布

FZ/T 13022—2009 竹浆黏胶纤维本色布

FZ/T 13006—2014 涤黏混纺本色布

FZ/T 13013—2011 精梳棉涤混纺本色布

FZ/T 13012—2014 普梳涤与棉混纺本色布

FZ/T 13014—2014 棉维混纺本色布

FZ/T 13025—2012 精梳棉黏混纺本色布

FZ/T 13026—2013 棉强捻本色绉布

GB/T 411—2008 棉印染布

FZ/T 14019—2010 棉提花印染布

FZ/T 14004—2014 黏胶纤维印染布

FZ/T 14012—2009 竹浆黏胶纤维印染布

FZ/T 14013—2009 莫代尔纤维印染布

FZ/T 14014—2009 莱赛尔纤维印染布

FZ/T 14015—2009 大豆蛋白纤维印染布

FZ/T 14016—2009 棉氨纶弹力印染布

FZ/T 14017—2009 锦纶印染布

FZ/T 14003—2009 棉印染起毛绒布

FZ/T 14005—2014 涤黏混纺印染布

FZ/T 14007—2011 棉涤混纺印染布

FZ/T 14008—2005 棉维混纺印染布

FZ/T 14010—2006 普梳涤与棉混纺印染布

FZ/T 14011—2007 纯棉真蜡防印花布

FZ/T 14018—2010 锦纶、棉交织印染布

FZ/T 14021—2011 防水、防油、易去污、免烫印染布

FZ/T 14022—2012 芳纶 1313 印染布

FZ/T 14024—2012 棉黏混纺印染布

FZ/T 14026—2013 棉强捻印染绉布

FZ/T 14027—2014 棉竹节印染布

FZ/T 14028—2014 棉与羊毛混纺印染布

FZ/T 14029—2014 棉磨毛印染布

FZ/T 33009—2010 苎麻色织布

FZ/T 34001—2012 苎麻印染布

FZ/T 34002—2006 亚麻印染布

FZ/T 34004—2012 涤麻(苎麻)混纺印染布

FZ/T 34005—2006 苎麻棉混纺印染布

FZ/T 34006—2009 黄麻印染布

FZ/T 34007—2009 黄麻混纺牛仔布

FZ/T 34009—2012 亚麻(或大麻)棉混纺印染布

GB/T 22851—2009 色织提花布

FZ/T 13001—2013 色织牛仔布

FZ/T 34007—2009 黄麻混纺牛仔布

FZ/T 72008—2006 针织牛仔布

GB/T 26382—2011 精梳毛织品

GB/T 26378—2011 粗梳毛织品

FZ/T 24004—2009 精梳低含毛混纺及纯化纤毛织品

FZ/T 24014—2010 印花精梳毛织品

FZ/T 24015—2011 精梳丝毛织品

FZ/T 24016—2012 超高支精梳毛织品

GB/T 22861—2009 精粗梳交织毛织品

GB/T 22863—2009 半精纺毛织品

GB/T 26383—2011 抗电磁辐射精梳毛织品

GBT 15551—2007 桑蚕丝织物

FZ/T 43010—2014 桑蚕绢丝织物

FZ/T 40007—2014 丝织物包装和标志

FZ/T 43001—2010 桑蚕䌷丝织物

FZ/T 43006—2011 柞蚕绢丝织物

FZ/T 43009—2009 桑蚕双宫丝织物

FZ/T 43021—2011 柞蚕莨绸

FZ/T 43011—2011 织锦丝织物

FZ/T 43020—2011 色织大提花桑蚕丝织物

FZ/T 43025—2013 蚕丝立绒织物

GB/T 16605—2008 再生纤维素丝织物

GB/T 17253—2008 合成纤维丝织物

FZ/T 43012—2013 锦纶丝织物

FZ/T 43023—2013 牛津丝织物

FZ/T 43026—2013 高密超细旦涤纶丝织物

FZ/T 43013—2011 丝绒织物

FZ/T 43017—2011 桑蚕丝/氨纶弹力丝织物

FZ/T 72001—2009 涤纶针织面料

FZ/T 72013—2011 服用经编间隔织物

GB/T 28464—2012 纺织品　服用涂层织物

QB/T 4203—2011 水貂毛皮

QB/T 1872—2004 服装用皮革

QB/T 2958—2008 服装用聚氨酯合成革

QB/T 4342—2012 服装用聚氨酯合成革安全要求

FZ/T 72002—2006 毛条喂入式针织人造毛皮

GB/T 28460—2012 马尾衬布

FZ/T 64001—2011 机织树脂黑炭衬

GB/T 23327—2009 机织热熔黏合衬

FZ/T 64007—2010 机织树脂衬

FZ/T 64030—2012 棉型芯垫肩衬

FZ/T 81002—2002 水洗羽毛羽绒

FZ/T 52004—2007 充填用中空涤纶短纤维

FZ/T 64003—2011 喷胶棉絮片

GB/T 17685—2003 羽绒羽毛

QB/T 2171—2014 金属拉链

QB/T 2172—2014 注塑拉链

QB/T 2171—2014 尼龙拉链

GB/T 29290—2012 纽扣通用技术要求和检测方法　不饱和聚酯树脂类

GB/T 6836—2007 缝纫线

十、服装成品类标准

GB/T 2660—2008 衬衫

FZ/T 81008—2011 茄克衫

GB/T 2666—2009 西裤

FZ/T 81010—2009 风衣

GB/T 2664—2009 男西服、大衣

GB/T 2665—2009 女西服、大衣

GB/T 14272—2011 羽绒服装

FZ/T 81004—2012 连衣裙、裙套

FZ/T 81007—2012 单、夹服装

GB/T 2662—2008 棉服装

GB/T 18132—2008 丝绸服装

FZ/T 81001—2007 睡衣套

QB/T 2822—2006 毛皮服装

FZ/T 81009—2014 人造毛皮服装

FZ/T 81003—2003 儿童服装、学生服

FZ/T 81014—2008 婴幼儿服装

FZ/T 73012—2008 文胸

GB/T 23314—2009 领带

GB/T 22703—2008 旗袍

FZ/T 81015—2008 婚纱和礼服

GB/T 22700—2008 水洗整理服装

GB/T 23328—2009 机织学生服

FZ/T 81017—2012 非黏合衬西服

GB/T 21980—2008 专业运动服装和防护用品通用技术规范

随 机 数 表

03	47	43	73	86	36	96	47	36	61	46	98	63	71	62	33	26	16	80	45	60	11	14	10	95
97	74	24	67	62	42	81	14	57	20	42	53	32	37	32	27	07	36	07	51	24	51	79	89	73
16	76	62	27	66	56	50	26	71	07	32	90	79	78	53	13	55	38	58	59	88	97	54	14	10
12	56	85	99	26	96	96	68	27	31	05	03	72	93	15	57	12	10	14	21	88	26	49	81	76
55	59	56	35	64	38	54	82	46	22	31	62	43	09	90	06	18	44	32	53	23	83	01	30	30
16	22	77	94	39	49	54	43	54	82	17	37	93	23	78	87	35	20	96	43	84	26	34	91	64
84	42	17	53	31	57	24	55	06	88	77	04	74	47	67	21	76	33	50	25	83	92	12	06	76
62	01	63	78	59	16	95	55	67	19	98	10	50	71	75	12	86	73	58	07	44	39	52	38	79
33	21	12	34	29	78	64	56	07	82	52	42	07	44	38	15	51	00	13	42	99	66	02	79	54
57	60	86	32	44	09	47	27	96	54	49	17	46	09	62	90	52	84	77	27	08	02	73	43	28
18	18	07	92	45	44	17	16	58	09	79	83	86	19	62	06	76	50	03	10	55	23	64	05	05
26	62	38	97	75	84	16	07	44	99	83	11	46	32	24	20	14	85	88	45	10	93	72	88	71
23	42	40	64	74	82	97	77	77	81	07	45	32	14	08	32	98	94	07	72	93	85	79	10	75
52	36	28	19	95	50	92	26	11	97	00	56	76	31	38	80	22	02	53	53	86	60	42	04	53
37	85	94	35	12	83	39	50	08	30	42	34	07	96	88	54	42	06	87	98	35	85	29	48	39
70	29	17	12	13	40	33	20	38	26	13	89	51	03	74	17	76	37	13	04	07	74	21	19	30
56	62	18	37	35	96	83	50	87	75	97	12	25	93	47	70	33	24	03	54	97	77	46	44	80
99	49	57	22	77	88	42	95	45	72	16	64	36	16	00	04	43	18	66	79	94	77	24	21	90
16	08	15	04	72	33	27	14	34	09	45	59	34	68	49	12	72	07	34	45	99	27	72	95	14
31	16	93	32	43	50	27	89	87	19	20	15	37	00	49	52	85	66	60	44	38	68	88	11	80
68	34	30	13	70	55	74	30	77	40	44	22	78	84	26	04	33	46	09	52	68	07	97	06	57
74	57	25	65	76	59	29	97	68	60	71	91	38	67	54	13	58	18	24	76	15	54	55	95	52
27	42	37	86	53	48	55	90	65	72	96	57	69	36	10	96	46	92	42	45	97	60	49	04	91
00	39	68	29	61	66	37	32	20	30	77	84	57	03	29	10	45	65	04	26	11	04	96	67	24

29 94 98 94 24   68 49 69 10 82   53 75 91 93 30   34 25 20 57 27   40 48 73 51 92

16 90 82 66 59   83 62 64 11 12   67 19 00 71 74   60 47 21 29 68   02 02 37 03 31

11 27 94 75 06   06 09 19 74 66   02 94 37 34 02   76 70 90 30 86   38 45 94 30 38

35 24 10 16 20   33 32 51 26 38   79 78 45 04 91   16 92 53 56 16   02 75 50 95 98

38 23 16 86 38   42 38 97 01 50   87 75 66 81 41   40 01 74 91 62   48 51 84 08 32

31 96 25 91 47   96 44 33 49 13   34 86 82 53 91   00 52 43 48 85   27 55 26 89 62

66 67 40 67 14   64 05 71 95 86   11 05 65 09 68   76 83 20 37 90   57 16 00 11 66

14 90 84 45 11   75 73 88 05 90   52 27 41 14 86   22 98 12 22 08   07 52 74 95 80

68 05 51 18 00   33 96 02 75 19   07 60 62 93 55   59 33 82 43 90   49 37 38 44 59

20 46 78 73 90   97 51 40 14 02   04 02 33 31 08   39 54 16 49 36   47 95 93 13 30

64 19 58 97 79   15 06 15 93 20   01 90 10 75 06   40 78 78 89 62   02 67 74 17 33

66 67 40 67 14   64 05 71 95 86   11 05 65 09 68   76 83 20 37 90   57 16 00 11 66

14 90 84 45 11   75 73 88 05 90   52 27 41 14 86   22 98 12 22 08   07 52 74 95 80

68 05 51 18 00   33 96 02 75 19   07 60 62 93 55   59 33 82 43 90   49 37 38 44 59

20 46 78 73 90   97 51 40 14 02   04 02 33 31 08   39 54 16 49 36   47 95 93 13 30

64 19 58 97 79   15 06 15 93 20   01 90 10 75 06   40 78 78 89 62   02 67 74 17 33

17 53 77 58 71   71 41 61 50 72   12 41 94 96 26   44 95 27 36 99   02 96 74 30 83

90 26 59 21 19   23 52 23 33 12   96 93 02 18 39   07 02 18 36 07   25 99 32 70 23

41 23 52 55 99   31 04 49 69 96   10 47 48 45 88   13 41 43 89 20   97 17 14 49 17

60 20 50 81 69   31 99 73 68 68   35 81 33 03 76   24 30 12 48 60   18 99 10 72 34

91 25 38 05 90   94 58 28 41 36   45 37 59 03 09   90 35 57 29 12   82 62 54 65 60

34 50 57 74 37   98 80 33 00 91   09 77 93 19 82   74 94 80 04 04   45 07 31 66 49

85 22 04 39 43   73 81 53 94 79   33 62 46 86 28   08 31 54 46 31   53 94 13 38 47

09 79 13 77 48   73 82 97 22 21   05 03 27 24 83   72 89 44 05 60   35 80 39 94 88

88 75 80 18 14   22 95 75 42 49   39 32 82 22 49   02 49 07 70 37   16 04 61 67 87

90 96 23 70 00   39 30 03 06 90   55 85 78 38 36   94 34 30 69 32   90 89 00 76 33

参 考 文 献

［1］蒋晓文.服装品质控制与检验［M］.上海:东华大学出版社,2011.

［2］陈丽华.服装面辅料测试与评价［M］.北京:中国纺织出版社,2015.

［3］王鸿霖.服装质量管理［M］.北京:中国纺织出版社,2015.

［4］褚结.纺织品检验［M］.北京:高等教育出版社,2008.

［5］中国标准出版社.服装工业常用标准汇编(第八版)(上).北京:中国标准出版社,2014.

［6］中国标准出版社.服装工业常用标准汇编(第八版)(中).北京:中国标准出版社,2014.

［7］纺织工业标准化研究所.中国纺织标准汇编　基础标准与方法标准卷(第二版)(一)［S］.北京:中国
　　标准出版社,2007.

［8］纺织工业标准化研究所.中国纺织标准汇编　基础标准与方法标准卷(第二版)(二)［S］.北京:中国
　　标准出版社,2007.

［9］纺织工业标准化研究所.中国纺织标准汇编　基础标准与方法标准卷(第二版)(三)［S］.北京:中国
　　标准出版社,2007.

［10］纺织工业标准化研究所.中国纺织标准汇编　基础标准与方法标准卷(第二版)(四)［S］.北京:中国
　　标准出版社,2007.

［11］纺织工业标准化研究所.中国纺织标准汇编　基础标准与方法标准卷(第二版)(五)［S］.北京:中国
　　标准出版社,2007.

［12］GB/T 10111—2008 随机数的产生及其在产品质量抽样检验中的应用程序［S］.北京:中国标准出版
　　社,2008.

［13］GB/T 2828.1—2012 计数抽样检验程序　第1部分:按接收质量限(AQL)检索的逐批检验抽样计划
　　［S］.北京:中国标准出版社,2012.

［14］GB/T 6529—2008 纺织品　调湿和试验用标准大气［S］.北京:中国标准出版社,2008.

［15］GB 5296.1—2012 消费品使用说明　第1部分:总则［S］.北京:中国标准出版社,2012.

［16］GB 5296.4—2012 消费品使用说明　第4部分:纺织品和服装［S］.北京:中国标准出版社,2012.

［17］GB/T 29862—2013 纺织品　纤维含量的标识［S］.北京:中国标准出版社,2013.

［18］GB/T 8685—2008 纺织品　维护标签规范　符号法［S］.北京:中国标准出版社,2008.

［19］GB 18401—2010 国家纺织产品基本安全技术规范［S］.北京:中国标准出版社,2010.

［20］GB/T 7573—2009 纺织品　水萃取液 pH 值的测定［S］.北京:中国标准出版社,2009.

［21］GB/T 2912.1—2009 纺织品　甲醛的测定　第1部分:游离和水解的甲醛(水萃取法)［S］.北京:中
　　国标准出版社,2009.

［22］GB/T 5713—2013 纺织品　色牢度试验　耐水色牢度［S］.北京:中国标准出版社,2013.

［23］GB/T 3922—2013 纺织品　色牢度试验　耐汗渍色牢度［S］.北京:中国标准出版社,2013.

［24］GB/T 3920—2008 纺织品　色牢度试验　耐摩擦色牢度［S］.北京:中国标准出版社,2008.

［25］FZ/T 01057.1—2007 纺织纤维鉴别试验方法　第1部分:通用说明［S］.北京:中国标准出版
　　社,2007.

［26］FZ/T 01057.2—2007 纺织纤维鉴别试验方法　第2部分:燃烧法［S］.北京:中国标准出版社,2007.

［27］FZ/T 01057.3—2007 纺织纤维鉴别试验方法　第 3 部分：显微镜法［S］.北京：中国标准出版社,2007.

［28］FZ/T 01057.4—2007 纺织纤维鉴别试验方法　第 4 部分：溶解法［S］.北京：中国标准出版社,2007.

［29］FZ/T 01057.6—2007 纺织纤维鉴别试验方法　第 6 部分：熔点法［S］.北京：中国标准出版社,2007.

［30］GB/T 2910.1—2009 纺织品　定量化学分析　第 1 部分：试验通则［S］.北京：中国标准出版社,2009.

［31］GB/T 2910.4—2009 纺织品　定量化学分析　第 4 部分：某些蛋白质纤维与某些其他纤维的混合物（次氯酸盐法）［S］.北京：中国标准出版社,2009.

［32］GB/T 2910.11—2009 纺织品　定量化学分析　第 11 部分：纤维素纤维与聚酯纤维［S］.北京：中国标准出版社,2009.

［33］GB/T 29256.1—2012 纺织品　机织物结构分析方法　第 1 部分：织物组织图与穿综、穿筘及提综图的表示方法［S］.北京：中国标准出版社,2012.

［34］GB/T 4669—2008 纺织品　机织物　单位长度质量和单位面积质量的测定［S］.北京：中国标准出版社,2008.

［35］GB/T 29256.5—2012 纺织品　机织物结构分析方法　第 5 部分：织物中拆下纱线线密度的测定［S］.北京：中国标准出版社,2012.

［36］GB/T 4666—2009 纺织品　织物长度和幅宽的测定［S］.北京：中国标准出版社,2009.

［37］GB/T 8628—2013 纺织品　测定尺寸变化的试验中织物试样和服装的准备、标记及测量［S］.北京：中国标准出版社,2013.

［38］GB/T 8630—2013 纺织品　洗涤和干燥后尺寸变化的测定［S］.北京：中国标准出版社,2013.

［39］GB/T 13772.1—2008 纺织品　机织物接缝处纱线抗滑移的测定　第 1 部分：定滑移量法［S］.北京：中国标准出版社,2008.

［40］GB/T 13772.2—2008 纺织品　机织物接缝处纱线抗滑移的测定　第 2 部分：定负荷法［S］.北京：中国标准出版社,2008.

［41］GB/T 23329—2009 纺织品　织物悬垂性的测定［S］.北京：中国标准出版社,2009.

［42］GB/T 4802.1—2008 纺织品　织物起毛起球性能的测定　第 1 部分：圆轨迹法［S］.北京：中国标准出版社,2008.

［43］GB/T 4802.2—2008 纺织品　织物起球试验　马丁代尔法［S］.北京：中国标准出版社,2008.

［44］GB/T 4802.3—2008 纺织品　织物起毛起球性能的测定　第 3 部分：起球箱法［S］.北京：中国标准出版社,2008.

［45］GB/T 4802.4—2009 纺织品　织物起毛起球性能的测定　第 4 部分：随机翻滚法［S］.北京：中国标准出版社,2009.

［46］GB/T 12704.1—2009 纺织品　织物透湿性试验方法　第 1 部分：吸湿法［S］.北京：中国标准出版社,2009.

［47］GB/T 12704.2—2009 纺织品　织物透湿性试验方法　第 2 部分：蒸发法［S］.北京：中国标准出版社,2009.

［48］GB/T 11048—2008 纺织品　生理舒适性　稳态条件下热阻和湿阻的测定［S］.北京：中国标准出版社,2008.

［49］FZ/T 01004—2008 涂层织物　抗渗水性的测定［S］.北京：中国标准出版社,2008.

［50］GB/T 4745—2012 纺织品　防水性能的检测和评价　沾水法［S］.北京：中国标准出版社,2012.

［51］GB/T 23321—2009 纺织品　防水性　水平喷射淋雨试验［S］.北京：中国标准出版社,2009.

[52] GB/T 12705.1—2009 纺织品　织物防钻绒性试验方法　第1部分:摩擦法[S].北京:中国标准出版社,2009.

[53] GB/T 12705.2—2009 纺织品　织物防钻绒性试验方法　第2部分:转箱法[S].北京:中国标准出版社,2009.

[54] GB/T 5455—2014 纺织品　燃烧性能　垂直方向损毁长度、阴燃和续燃时间的测定[S].北京:中国标准出版社,2014.

[55] GB/T 14644—2014 纺织品　燃烧性能　45°方向燃烧速率测定[S].北京:中国标准出版社,2014.

[56] GB/T 14645—2014 纺织品　燃烧性能　45°方向损毁面积和接焰次数测定[S].北京:中国标准出版社,2014.

[57] GB/T 411—2008 棉印染布[S].北京:中国标准出版社,2008.

[58] FZ/T 10005—2008 棉及化纤纯纺、混纺印染布检验规则[S].北京:中国标准出版社,2008.

[59] FZ/T 10010—2009 棉及化纤纯纺、混纺印染布标志与包装[S].北京:中国标准出版社,2009.

[60] FZ/T13007—2008 色织棉布[S].北京:中国标准出版社,2008.

[61] GB/T 26382—2011 精梳毛织品[S].北京:中国标准出版社,2011.

[62] GB/T 26378—2011 粗梳毛织品[S].北京:中国标准出版社,2011.

[63] FZ/T 24004—2009 精梳低含毛混纺及纯化纤毛织品[S].北京:中国标准出版社,2009.

[64] GBT 15551—2007 桑蚕丝织物[S].北京:中国标准出版社,2007.

[65] GB/T 16605—2008 再生纤维素丝织物[S].北京:中国标准出版社,2008.

[66] GB/T 17253—2008 合成纤维丝织物[S].北京:中国标准出版社,2008.

[67] GB/T 15552—2007 丝织物试验方法和检验规则[S].北京:中国标准出版社,2007.

[68] FZ/T 72001—2009 涤纶针织面料[S].北京:中国标准出版社,2009.

[69] FZ/T 72002—2006 毛条喂入式针织人造毛皮[S].北京:中国标准出版社,2006.

[70] QB/T 4203—2011 水貂毛皮[S].北京:中国标准出版社,2011.

[71] GB 20400—2006 皮革和毛皮　有害物质限量[S].北京:中国标准出版社,2006.

[72] QB/T 1872—2004 服装用皮革[S].北京:中国标准出版社,2004.

[73] QB/T 2958—2008 服装用聚氨酯合成革[S].北京:中国标准出版社,2008.

[74] QB/T 4342—2012 服装用聚氨酯合成革安全要求[S].北京:中国标准出版社,2012.

[75] QB/T 2822—2006 毛皮服装[S].北京:中国标准出版社,2006.

[76] GB/T 28460—2012 马尾衬布[S].北京:中国标准出版社,2012.

[77] FZ/T 64001—2011 机织树脂黑炭衬[S].北京:中国标准出版社,2011.

[78] GB/T 23327—2009 机织热熔黏合衬[S].北京:中国标准出版社,2009.

[79] FZ/T 64007—2010 机织树脂衬[S].北京:中国标准出版社,2010.

[80] FZ/T 64030—2012 棉型芯垫肩衬[S].北京:中国标准出版社,2012.

[81] FZ/T 80007.1—2006 使用黏合衬服装剥离强力测试方法[S].北京:中国标准出版社,2006.

[82] FZ/T 80007.2—2006 使用黏合衬服装耐水洗测试方法[S].北京:中国标准出版社,2006.

[83] FZ/T 80007.3—2006 使用黏合衬服装耐干洗测试方法[S].北京:中国标准出版社,2006.

[84] FZ/T 81002—2002 水洗羽毛羽绒[S].北京:中国标准出版社,2002.

[85] FZ/T 80001—2002 水洗羽毛羽绒试验方法[S].北京:中国标准出版社,2002.

[86] FZ/T 52004—2007 充填用中空涤纶短纤维[S].北京:中国标准出版社,2007.

[87] GB/T 14334—2006 化学纤维　短纤维取样方法[S].北京:中国标准出版社,2006.

[88] FZ/T 64003—2011 喷胶棉絮片[S].北京:中国标准出版社,2011.

［89］SN/T 1649—2012 进出口纺织品安全项目检验规范［S］.北京:中国标准出版社,2013.

［90］SN/T 1932.1—2007 进出口服装检验规程 第1部分:通则［S］.北京:中国标准出版社,2007.

［91］SN/T 1932.2—2008 进出口服装检验规程 第2部分:抽样［S］.北京:中国标准出版社,2008.

［92］SN/T 1932.4—2008 进出口服装检验规程 第4部分:牛仔服装［S］.北京:中国标准出版社,2008.

［93］SN/T 1932.5—2008 进出口服装检验规程 第5部分:西服大衣［S］.北京:中国标准出版社,2008.

［94］SN/T 1932.6—2008 进出口服装检验规程 第6部分:羽绒服装及羽绒制品［S］.北京:中国标准出版社,2008.

［95］SN/T 1932.7—2008 进出口服装检验规程 第7部分:衬衫［S］.北京:中国标准出版社,2008.

［96］SN/T 1932.8—2008 进出口服装检验规程 第8部分:儿童服装［S］.北京:中国标准出版社,2008.